농촌지도사 · 농업연구사 시험대비

# 작물생리학 동형모의고사 400제

김동이 편저

최신 기출 문제 반영

전범위 20회 모의고사 문제 · 해설 수록

시험 직전 실전 테스트를 위한 문제집

## 이 책에 대하여

사회·경제 및 기후의 변화와 더불어 농업에 대한 요구도가 증대하고 있으며, 더불어 농촌지도사 및 농업연구사의 역할 역시 중차대해질 것이라 예상된다. 저자는 농촌지도사 및 농업연구사를 준비하는 수험생들이 실전모의고사를 통해 실력을 확인하고 부족한 부분을 체크하여 보다 효율적으로 학습하는 길에 도움이 되고자 본서를 저술하였다.

## 본 교재의 특징

### 기출문제의 완벽한 분석 및 실전 난도의 문제 수록

기출문제 유형을 완벽히 분석하여 실전유형에 맞는 문제들을 수록하였으며, 실제 기출문제들 또한 일부 포함하였다.
수험생들이 실전 난도의 문제 연습을 통해 시험장에서 문제들을 맞닥뜨렸을 때 당황하지 않고 답을 찾는데 도움이 되길 바란다.

### 관련 이론을 확인할 수 있는 해설

채점 시 문제와 관련된 이론을 확인할 수 있도록 핵심이론을 해설에 수록하였기에, 문제를 푼 후 반드시 해설을 읽어보기를 바란다.

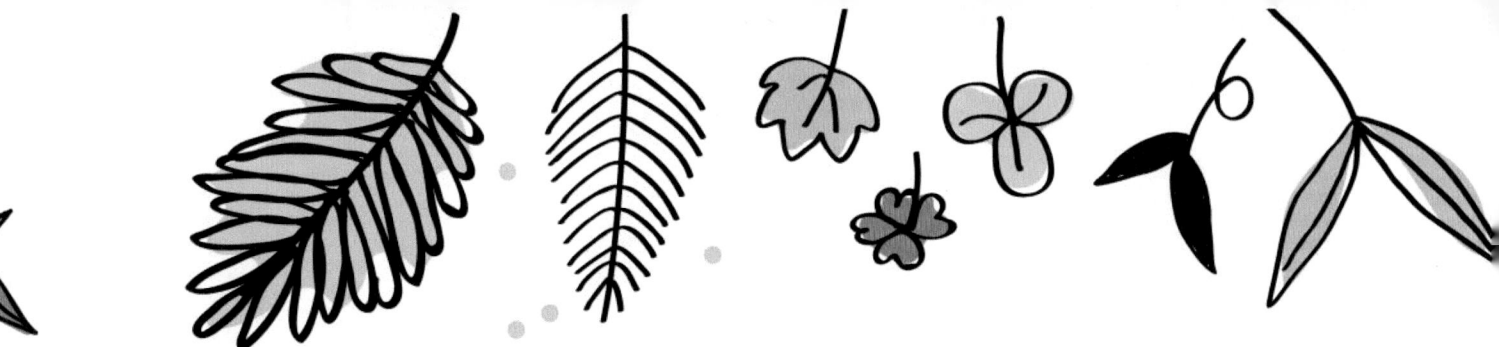

# PROLOGUE

### 최근 출제 경향

**자주 출제되는 내용들은 계속 반복 출제되는 경향이 있다.**

작물생리학 이론과 관련하여 자주 출제되는 내용들은 꾸준히 계속 출제가 되고 있다.
따라서 수험생들은 반복 출제되는 내용들을 먼저 확실하게 숙지한 후 지엽적인 부분으로 범위를 넓혀 가면서 공부하기를 바란다.

**단순 암기문제 외에도 개념 이해를 묻는 문제가 출제된다.**

단순 암기문제와 더불어 개념이해와 관련한 문제들의 출제 비중이 높아지고 있다.
따라서 수험생들은 이해를 통한 효과적인 학습을 해야 할 것이며, 이해를 한다면 암기의 양도 줄어들게 될 것이다.


본 수험서의 내용은 대학교재들의 내용을 근간으로 하였으며, 또한 농촌지도사 및 농업연구사를 준비하는 수험생들의 합격에 도움이 되고자 하는 저자의 간절한 바람이 들어있다.
이 책이 디딤돌이 되어 수험생들의 밝은 미래의 시작에 함께할 수 있길 소망한다.
본서를 집필할 기회를 주신 박태순 대표님과 출간하기까지 도움을 주신 지안에듀 임직원분들께 감사를 드린다.

2024. 06. 11

김동이 씀

### 작물생리학 동형모의고사

01회 동형모의고사 ········································································································· 9
   *정답 및 해설* ········································································································· 95

02회 동형모의고사 ········································································································· 13
   *정답 및 해설* ········································································································· 99

03회 동형모의고사 ········································································································· 17
   *정답 및 해설* ········································································································· 103

04회 동형모의고사 ········································································································· 21
   *정답 및 해설* ········································································································· 107

05회 동형모의고사 ········································································································· 25
   *정답 및 해설* ········································································································· 111

06회 동형모의고사 ········································································································· 29
   *정답 및 해설* ········································································································· 115

07회 동형모의고사 ········································································································· 33
   *정답 및 해설* ········································································································· 119

08회 동형모의고사 ········································································································· 37
   *정답 및 해설* ········································································································· 123

09회 동형모의고사 ········································································································· 41
   *정답 및 해설* ········································································································· 127

10회 동형모의고사 ········································································································· 45
   *정답 및 해설* ········································································································· 133

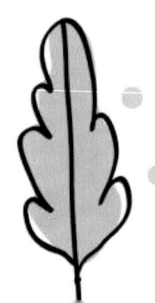

## CONTENTS

**11회 동형모의고사** ......... 49
    *정답 및 해설* ......... 137

**12회 동형모의고사** ......... 53
    *정답 및 해설* ......... 141

**13회 동형모의고사** ......... 57
    *정답 및 해설* ......... 145

**14회 동형모의고사** ......... 61
    *정답 및 해설* ......... 151

**15회 동형모의고사** ......... 65
    *정답 및 해설* ......... 157

**16회 동형모의고사** ......... 69
    *정답 및 해설* ......... 165

**17회 동형모의고사** ......... 74
    *정답 및 해설* ......... 171

**18회 동형모의고사** ......... 79
    *정답 및 해설* ......... 175

**19회 동형모의고사** ......... 84
    *정답 및 해설* ......... 181

**20회 동형모의고사** ......... 88
    *정답 및 해설* ......... 187

오늘도 빛나는
당신을 응원합니다

## 작물생리학 01회 동형모의고사

**01** 다음의 보기 중 저장 중의 종자 수명이 감소하는 원인은 무엇인가?

① 낮은 습도
② 낮은 저장 온도
③ 산소부족
④ 단백질의 변성

**02** 다음의 보기 중 광합성에 대한 기여도가 가장 낮은 광은 무엇인가?

① 적색광
② 녹색광
③ 청색광
④ 등황색광

**03** 다음의 보기 중 작물의 증산작용에 가장 깊게 관여하는 식물호르몬은 무엇인가?

① Cytokinin
② ABA
③ Gibberellin
④ IAA

**04** 작물의 수분퍼텐셜에 대한 설명으로 옳지 않은 것은 무엇인가?

① 증산작용에 의하여 엽육세포가 상당한 양의 물을 잃으면 잎의 세포 내에서 수분퍼텐셜은 감소되어 엽맥의 물관 내의 물기둥을 잡아당겨 물은 잎 안으로 들어온다.
② 용질의 농도가 높아짐에 따라 물의 농도가 감소하게 되어 삼투퍼텐셜은 높아진다.
③ 초본식물에서 성숙된 액포를 갖고 있는 조직은 매트릭퍼텐셜이 거의 0에 가깝다.
④ 뿌리에 의한 물의 흡수는 뿌리의 표면에 접해있는 토양 또는 용액으로부터 뿌리의 내부에 존재하는 물관부까지 수분퍼텐셜의 구배가 존재하기 때문에 일어난다.

**05** 다음의 보기 중 광주기 반응에 감응하는 장소는?

① 생장점
② 잎
③ 줄기
④ 뿌리

**06** 모관수에 대한 설명으로 옳지 않은 것은 무엇인가?

① 토양간의 모관인력에 의하여 흡수, 보유되어 있는 물이다.
② 유효수분의 범위는 중력에 견디어 토양에 남아 있는 물인 포장용수량에서 위조계수까지이며, 거의 대부분이 모관수이다.
③ 모관수는 토양입자에 직접 닿아 있다.
④ 작물에 가장 유효하게 이용되는 것은 모관수이다.

**07** 다음의 보기 중 식물세포의 단백질 합성장소에 속하지 않는 것은 무엇인가?

① 세포질
② 엽록체
③ 액포
④ 미토콘드리아

**08** 세포소기관에 대한 설명으로 옳지 않은 것은 무엇인가?

① 식물의 소포체는 막, 액포 또는 분비경로로 운송될 단백질의 합성·가공 및 분류 등의 기능을 수행한다.
② 골지체는 분비경로의 중앙에 위치하여 소포체에서 합성된 단백질과 지질을 받아서 액포나 세포의 표면으로 보낸다.
③ 미토콘드리아는 진핵세포에 존재하며, 시트르산회로와 산화적 전자전달계를 통해 ATP를 생성하는 호흡계를 내포하고 있다
④ 미소체는 용질의 농도가 높아 물을 흡수하고 세포의 팽압을 유지하는 역할을 한다.

**09** 일액현상에 대한 설명으로 옳지 않은 것은 무엇인가?

① 뿌리에서의 물의 흡수가 왕성하게 이루어지고 또 증산작용이 억제되어 있을 경우에는 외떡잎 작물에서는 잎의 선단에서, 쌍떡잎식물에서는 잎의 가장자리에서 물이 물방울 형태로 되어 배출된다.
② 밤에 토양온도가 낮고 토양함수량이 많으며, 공기의 온도가 높고 습도가 높아 포화상태에 가까울 때 일어난다.
③ 일액현상은 초본작물에서는 널리 발견되고, 화곡류·토마토·양배추·양딸기·클로버·고구마 등에서는 특히 뚜렷하다.
④ 액압(液壓)은 뿌리의 능동적 흡수에 의하여 물관부 안에 성립되는 압력, 즉 근압(根壓)에 기인하는 것으로 간주된다.

**10** 다음의 보기 중 발아 시 수분을 가장 많이 필요로 하는 것은 무엇인가?

① 벼 · 옥수수
② 밀 · 보리
③ 완두 · 잠두
④ 콩 · 양귀비

**11** 다음의 보기 중 순환적 광인산화 반응에 대한 설명으로 옳지 않은 것은 무엇인가?

① 제1광계만이 이 과정에 관계한다.
② 산소는 방출되지 않고 NADP는 전자를 받지 않기 때문에 환원되지 않는다.
③ 순환적 광인산화반응은 $CO_2$를 환원시키고 당을 형성하는 데 충분하다.
④ 전자가 전자수용체를 지나 순환과정을 거치는 동안에 방출되는 에너지에 의하여 ATP가 형성된다.

**12** 다음의 보기 중 작물체의 호흡에 크게 영향을 주는 것은 무엇인가?

① 온도
② 광도
③ 잎의 질소 함량
④ 잎의 엽록소 함량

**13** 수분퍼텐셜에 대한 다음 설명 중 옳지 않은 것은?

① 순수한 물의 수분퍼텐셜은 0이다.
② 세포 내에서 수분은 수동적으로뿐만 아니라 능동적으로도 이동할 수 있다.
③ 수분퍼텐셜은 용질의 농도와 압력이 높아지면 감소하고, 온도가 높아지면 증가한다.
④ 식물세포 내 팽압은 벽압과 같은 값이나 방향이 정반대이다.

**14** 식물에 의해 흡수된 수분이 식물체 밖으로 배출될 때 액체상태인 것을 〈보기〉에서 고른 것은?

| ㉠ 일액현상 | ㉢ 증산작용 |
| ㉡ 일비현상 | ㉣ 증발작용 |

① ㉠, ㉡
② ㉡, ㉢
③ ㉢, ㉣
④ ㉠, ㉢

**15** 뿌리혹박테리아의 질소고정에 대한 설명으로 옳지 않은 것은 무엇인가?

① 공생적 질소고정에서는 질소는 질소고정효소의 촉매작용으로 암모니아로 환원된다.
② nitrogenase는 몰리브덴과 철을 함유하는 이질4합체 복합체 하나에 철을 함유하는 동질2합체 2개가 양쪽에 하나씩 결합되어 있다.
③ Mo-Fe단백질과 철단백질은 결합과 해리를 반복적으로 진행하면서 전자를 전달한다.
④ 질소의 고정은 Mo-Fe단백질 복합체에서 진행되며, 질소고정에 필요한 환원에너지는 몰리브덴단백질로부터 공급받는다.

**16** 작물생육에 영향을 끼치는 온도에 대한 설명으로 옳지 않은 것은 무엇인가?

① 식물의 생장에 미치는 온도의 영향을 나타내는 지표로 DIF가 사용된다.
② 적산온도는 하루의 평균온도가 기준온도보다 높은 날의 평균온도를 누적한 것이며, 기준온도는 보통 0℃를 설정한다.
③ 야간에 온도가 낮으면 당 함량이 높아지고, 뿌리로의 당 이동이 증가하고, 호흡에 의한 탄수화물의 소모가 감소하기 때문에 생장에 유리하다.
④ 온실 내에서 DIF값에 반응이 좋은 식물은 백합·국화·제라늄·거베라·피튜니아·토마토 등이다.

**17** 세포외피에 대한 설명으로 옳지 않은 것은 무엇인가?

① 1차세포벽의 주성분은 헤미셀룰로스와 펙틴이며, 이 두 물질은 세포벽의 약 15~30%를 차지한다.
② 2차세포벽의 주성분은 섬유소, 헤미셀룰로스, 펙틴, 그리고 리그닌 등이다.
③ 원형질연락사는 자극의 전달과 물, 신호전달물질 및 합성된 세포 밖에서 작용하는 특별한 종류의 단백질 등의 수송통로로 이용되어 세포사이의 소통 및 물질교환에 기여한다.
④ 세포벽에 리그닌이 쌓이게 되면 목화되어 딱딱해지며, 수베린 및 큐틴질이 첨가되면 코르크화 및 큐틴화되어 물과 공기의 유통을 차단하는 튼튼한 세포벽이 된다.

**18** 원형질막에 대한 설명으로 옳지 않은 것은 무엇인가?

① 원형질막은 세포의 가장 바깥쪽 경계를 형성하고 외부와 세포 사이의 접점으로 작용한다.
② 원형질막은 소포체의 특별한 영역을 관모양으로 둘러싸서 세포 사이의 소통의 통로인 원형질연락사를 형성한다.
③ 식물세포의 원형질막은 지질·단백질·탄수화물 분자가 대략 20 : 20 : 60의 비율로 구성되어 있다.
④ 원형질막에 있는 단백질은 운송과 신호전달, 세포골격 요소의 세포벽 분자에 대한 고정, 세포질의 기질로부터 섬유소 미세섬유의 조립과 같은 매우 다양한 기능을 수행한다.

**19** 작물의 수동적 수분흡수에 대한 설명으로 옳지 않은 것은 무엇인가?

① 증산작용이 왕성하게 일어나는 식물에서 수분흡수를 일으키는 원동력으로 가장 주요한 것은 뿌리의 흡수능력이다.
② 증산작용에 의하여 엽육세포가 상당한 양의 물을 잃으면 잎의 세포 내에서 수분퍼텐셜은 감소되어 엽맥의 물관 내의 물기둥을 잡아당겨 물은 잎 안으로 들어온다.
③ 뿌리에 의한 물의 흡수는 뿌리의 표면에 접해 있는 토양 또는 용액으로부터 뿌리의 내부에 존재하는 물관부까지 수분퍼텐셜의 구배가 존재하기 때문에 일어난다
④ 증산작용이 왕성할 때에는 수동적 흡수가 능동적 흡수의 10~100배에 달한다.

**20** 광합성의 명반응 중 전자전달과정에서 생성되는 것은 무엇인가?

① 산소
② ADP
③ NADPH
④ ATP

## 작물생리학 02회 동형모의고사

**01** 다음의 보기 중 복막 구조계에 속하는 것은?

① 액포
② 소포체
③ 골지체
④ 엽록체

**02** 다음 중 셀룰로오스가 주요 성분인 세포 내 기관은 무엇인가?

① 세포벽
② 세포막
③ 리보솜
④ 리소좀

**03** 다음의 보기 중 $C_3$식물과 비교한 $C_4$ 식물의 특성이 아닌 것은 무엇인가?

① $C_4$식물은 $C_3$식물에 비하여 광호흡을 왕성하게 한다.
② $C_4$식물은 $C_3$식물에 비하여 광의 보상점이 낮고 포화점이 높으므로 광합성효율이 매우 높다.
③ $C_4$식물은 $CO_2$보상점이 낮고 $CO_2$포화점은 매우 높다.
④ $C_4$식물은 특수한 조직배열이 있는 크란츠해부구조를 가진다.

**04** 다음의 보기 중 광이 있어야 발아하는 것은 무엇인가?

① 가지
② 상추
③ 수박
④ 수세미

**05** 광합성에 대한 설명으로 옳지 않은 것은 무엇인가?

① 광합성의 명반응은 에너지의 획득과정으로서 엽록체의 그라나에서 일어난다.
② 엽록체의 광화학반응에 의하여 암반응 과정을 유도하는 데 필요한 ATP를 생성하는 과정을 광인산화반응이라고 한다.
③ 명반응은 낮에 일어나며 암반응은 밤에 일어난다.
④ 잎의 함수량이 적으면 광합성은 매우 감퇴된다.

**06** 내건성 기작에 대한 설명으로 옳지 않은 것은 무엇인가?

① 수분소비형은 엽면적이 작고 요수량이나 증산량이 많지 않지만 땅속 깊은 곳까지 뿌리를 뻗고 근계발달이 좋아 수분 흡수량을 증가시켜 한발에 잘 견딘다.
② 상대습도가 낮고 풍속이 빠를 경우 공변세포가 물을 증산하는 속도가 주위 세포로부터 물이 공급되는 속도보다 빠르면 기공이 닫힌다.
③ 수분함량이 감소하면 세포의 크기와 팽압이 감소되고 세포가 신장되지 않으므로 엽면적과 증산량을 줄여 건조에 적응한다.
④ 건조한 지표 가까이 있는 뿌리는 팽압을 잃고 토양도 단단하여 자랄 수 없으므로 수분이 있는 깊은 곳으로 뿌리가 신장하여 한발에 적응한다.

**07** 다음의 보기 중 어린잎에서 먼저 결핍 현상이 나타나는 무기양분은 무엇인가?

① N, P, K
② K, Ca, Cu
③ Ca, Fe, Cu
④ P, Ca, Fe

**08** 춘화현상에 대한 설명으로 옳지 않은 것은 무엇인가?

① 춘화현상이란 침윤종자나 생장 중인 식물에 저온을 처리함으로써 개화가 유도 또는 촉진되는 것을 말한다.
② 호밀은 화성유도를 위해 저온이 필수적으로 필요하다.
③ 춘화처리 동안은 물론 처리 후에도 저온처리 효과를 지속시키기 위해서는 종자나 어린 식물에 대한 산소공급이 필요하다.
④ 생장점뿐만 아니라 식물체의 어느 부위든지 분열하고 있는 세포는 춘화처리 자극에 감응할 수 있다.

**09** 다음의 보기 중 '삼투'에 대한 설명으로 옳은 것은 무엇인가?

① 반투성 막을 통하여 물이 확산되는 현상이다.
② 압력퍼텐셜 또는 정수압의 구배가 원동력이 되는 경우에 일어나는 물의 이동이다.
③ 수분퍼텐셜의 구배가 관여되는 경우에 일어나는 물의 이동이다.
④ 압력구배에 따라 분자들이 이동하는 것이다.

**10** 다음의 보기 중 전구물질이 메싸이오닌이며 종자 저장 수명에 관계되는 물질은 무엇인가?

① 지베렐린
② 에틸렌
③ ABA
④ 사이토키닌

**11** 다음 원소 중 식물체 건물 중의 농도가 가장 높은 것은 무엇인가?

① Fe
② S
③ Mn
④ B

**12** 다음의 보기 중 산성비에 대한 설명으로 옳지 않은 것은 무엇인가?

① 잎 표면의 왁스와 칼슘을 비롯하여 칼륨·마그네슘 등 무기염류를 잎에서 유실시킨다.
② 표피세포와 엽육세포의 생리적 교란을 일으킨다.
③ 피해가 심하면 잎에 갈색·황색·흰색의 괴사 반점이 발생한다.
④ 작물은 기공의 개폐가 조절되지 않고, 엽록체의 틸라코이드막이나 효소가 영향을 받아 광합성이 저해된다.

**13** 다음의 보기 중 기공 개폐에 대한 내용으로 옳지 않은 것은 무엇인가?

① 공변세포가 팽만상태에 있을 때 열리고 팽압을 잃을 때 닫힌다.
② 기공이 열릴 때에는 공변세포에서 주위 세포로 $K^+$의 이동이 일어남으로써 삼투퍼텐셜이 저하되어 기공이 열린다.
③ 수분결핍이 증가하면 공변세포로 확산되는 수분 속에 앱시스산이 들어 있어 엽육세포에서 ABA가 방출되거나 생산되어 공변세포가 $K^+$양이온을 방출하도록 유도하여 기공이 닫힌다.
④ 광이 가장 강한 정오에 기공의 개도는 최대가 된다.

**14** 작물 종자의 발아와 관련된 외적조건 중 광(빛)의 필요 유무에 따라 구분한 내용으로 바르게 짝지어진 것을 〈보기〉에서 고른 것은?

> ㉠ 광발아성 종자 －가지
> ㉡ 광발아성 종자 －상추
> ㉢ 암발아성 종자 －옥수수
> ㉣ 암발아성 종자 －호박

① ㉠, ㉡
② ㉠, ㉢
③ ㉡, ㉢
④ ㉡, ㉣

**15** 색소단백질인 피토크롬의 특징으로 옳지 않은 것은 무엇인가?

① 종자발아의 광가역성 반응에 관여한다.
② 줄기의 신장생장 반응에 관여한다.
③ 개화반응에 관여한다.
④ 일반적으로 피토크롬은 암조건에서 원적색광흡수형(Pfr)으로 전환된다.

**16** 돼지감자나 우엉, 민들레 등 국화과식물의 괴경에 저장되어 있는 약 35개의 과당으로 이루어진 다당류는?

① 아밀로오스
② 이눌린
③ 펙틴
④ 셀룰로오스

**17** 식물 노화의 징후에 대한 설명으로 옳지 않은 것은 무엇인가?

① 노화가 진행되는 잎에서 감소되는 대표적인 단백질은 rubisco로 분해되어 질소원으로 재이용된다.
② 식물에서 노화가 일어나면서 세포막·소포체막·액포막 등으로부터 활성산소의 하나인 과산화물유리기의 생성이 증가한다.
③ 잎에 발현되는 대부분의 mRNA 수준은 노화기 동안에 현저히 증가한다.
④ 일반적으로 엽록체는 잎의 노화가 개시될 때 파괴되는 최초의 세포기관이다.

**18** 질소의 동화과정에서 질산태질소가 1단계로 환원되는 곳은?

① 엽록체
② 세포질
③ 세포막
④ 리보솜

**19** 식물체 내에서의 수분퍼텐셜에 대한 설명으로 옳지 않은 것은 무엇인가?

① 수분퍼텐셜은 토양에서 가장 높고 대기에서 가장 낮으며, 식물에서는 중간값을 나타낸다.
② 식물세포와 조직에서 수분퍼텐셜이 높아질수록 조직은 좀 더 탈수된 다른 세포와 조직에 물을 공급할 수 있는 능력이 커진다.
③ 사막지대에 있는 관목의 잎은 수분퍼텐셜이 낮은 상태에 놓이면 오랫동안 생존하지 못한다.
④ 물관 내에 있는 물은 용질이 거의 없기 때문에 삼투퍼텐셜은 다소 낮은 -값을 나타낸다.

**20** 광합성의 암반응 과정인 $CO_2$환원은 어디에서 이루어지며 최초로 생성되는 안정된 유기화합물은 무엇인가?

① 그라나, β-Keto산
② 기질, β-Keto산
③ 그라나, PGA
④ 기질, PGA

## 작물생리학 03회 동형모의고사

**01** 다음의 보기 중 세포가 성장할수록 용적이 증가하는 것은 무엇인가?

① 핵
② 액포
③ 페록시솜
④ 미토콘드리아

**02** 다음의 보기 중 춘화처리의 효과에 영향을 주지 않는 것은 무엇인가?

① 화학약품
② 수분함량
③ 처리기간
④ 탄수화물

**03** 다음의 보기 중 영구위조점에 대한 설명으로 옳은 것은 무엇인가?

① 작물의 생육이 둔화되다가 관수를 하면 다시 회복된다.
② 작물은 영구위조상태라면 극단의 건조된 상태에서도 잘 견딘다.
③ 관수해도 작물이 회복되지 못하는 상태이다.
④ 증산량이 많은 낮에는 잎이 시들다가 밤에는 기공이 닫히며 수분함량이 증가하여 정상적으로 회복된다.

**04** 다음의 보기 중 지구 온난화현상을 일으키는 가스는 무엇인가?

① $Cl_2$, $F_2$, $O_3$
② $SO_2$, PAN, $NO_2$
③ $F_2$, $O_3$, $SO_2$
④ $CO_2$, $CH_4$, $N_2O$

**05** 다음의 보기 중 호흡의 과정에서 최초로 일어나는 과정은 무엇인가?

① 해당과정
② 전자전달경로
③ 산화적 인산화반응
④ 크렙스회로

**06** 다음의 보기 중 CAM식물에 대한 설명으로 옳은 것은 무엇인가?

① CAM식물은 일반적으로 잎의 울타리 조직 세포가 있고, 엽육세포에는 커다란 액포가 없다.
② 나트륨은 CAM식물에서는 필수원소로서 최초 카복시화반응에 참여하는 포스포에놀피루브산을 재생성하는 데 필수적이다.
③ 낮에 $CO_2$를 고정하여 다량의 말산 또는 시트르산을 액포에 축적한다.
④ 밤에는 산과 탄수화물 함량이 급격히 증가되지만, 낮에는 이와 반대로 산과 탄수화물 함량이 감소된다.

**07** 광합성의 과정 중 물의 광분할에 대한 설명으로 옳은 것은 무엇인가?

① $O_2$의 발생은 물분자가 직접적으로 광분할 되는 것이다.
② 물의 광분할은 암반응 과정을 유도하는 데 필요한 ATP를 생성하는 과정이다.
③ 물의 광분할로부터 축적된 전자는 전자전달 경로를 경유하여 $NADP^+$로 전달된다.
④ 엽록체의 스트로마에서 일어나는 과정이다.

**08** 다음의 보기 중 전자 전달에 관여하는 것은 무엇인가?

① B
② S
③ Fe
④ Mg

**09** 다음의 보기 중 세포분열이 활발하게 일어나는 곳에 속하지 않는 것은?

① 형성층
② 생장점
③ 모용
④ 코르크형성층

**10** 다음의 보기 중 작물이 침수되었을 때 나타나는 현상은 무엇인가?

① 밭작물은 과습한 곳에서 통기조직이 발달되며, 뿌리 세포가 코르크화나 목질화된다.
② 침수상태에서는 산소가 고갈되어 ACC가 에틸렌으로 전환되는 과정이 억제되어 에틸렌 생성이 저하된다.
③ 콩은 과습상태에서는 제1차 뿌리가 썩으면서 경근부(莖根部)의 통기조직이 파괴된다.
④ 벼는 통기조직이 발달되어 있지만, 과습으로 산소가 부족하면 피층의 세포가 죽어 파생통기조직이 줄어든다.

**11** 식물체 내 물질의 전류에 대한 설명 중 옳지 않은 것은?

① 유조직 세포는 체관부를 통한 양분의 이동에 필요한 에너지를 공급한다.
② 합성된 양분은 심플라스트나 아포플라스트를 통하여 이동한다.
③ 체관부에서 전류되는 물질은 대부분 탄수화물이다.
④ 작물에 따라 환원당인 포도당과 과당이 전류되기도 한다.

**12** 다음의 보기 중 −SH기를 포함하는 아미노산은 무엇인가?

① 프롤린
② 세린
③ 류신
④ 시스테인

**13** 질소동화에 대한 설명으로 옳지 않은 것은 무엇인가?

① 글루탐산은 α-케토글루타르산의 α-탄소에 암모니아(NH₃)가 동화되어 생성된다.
② 아미노산을 동화하고 동화된 아미노기를 전이시키는 과정을 GS/GOGAT회로라고 하며, 이 회로가 식물의 주요한 질소동화 경로이다
③ 글루탐산은 아미노기전이반응을 통하여 글루탐산 이외의 아미노산과 핵산의 생합성 시발물질로 사용된다.
④ 아미노기전이반응의 가장 잘 알려진 예는 옥살초산의 카보닐에 글루탐산의 아미노기가 전이되어 글루타민이 생합성되는 반응이다.

**14** 수분퍼텐셜에 대한 설명으로 옳지 않은 것은 무엇인가?

① 물의 이동은 수분퍼텐셜이 높은 곳에서 낮은 곳으로 평형에 도달할 때까지 이루어진다.
② 수분퍼텐셜은 용질의 농도가 높아짐에 따라 증가된다.
③ 수분퍼텐셜은 압력이 증가되고 온도가 높아지면 증가된다.
④ 수분퍼텐셜은 압력퍼텐셜, 삼투퍼텐셜과 매트릭퍼텐셜에 따라 결정된다.

**15** 작물의 필수원소에 대한 설명으로 옳지 않은 것은 무엇인가?

① 대량원소 중에는 산소·탄소·수소는 물이나 이산화탄소에서 공급된다.
② 칼슘과 마그네슘은 토양의 산도를 중화하기 때문에 이들이 함유되어 있는 물질은 흔히 토양의 산성을 중화시킬 목적으로 사용된다.
③ 미량원소 중 철과 망간은 토양에 많이 존재하지만 산화상태로 있으면 물에 녹지 않는다.
④ 배추과 채소와 콩과작물은 나트륨요구량이 많다.

**16** 다음의 보기 중 피토크롬에 대한 설명으로 옳은 것은 무엇인가?

① 파이토크롬은 광에 불안정한 형(Ⅰ형)과 광에 안정한 형(Ⅱ형)으로 나눌 수 있다.
② 잎의 엽록소는 원적색광을 잘 흡수하는 반면에 적색광을 많이 투과시키기 때문에 초관 아래에서는 높은 R : FR 값을 나타낸다.
③ 양지식물에 적색광의 비율을 변화시켜 생육시킬 경우, 적색광의 비율이 높을 때 줄기 신장률이 현저히 증가하는 것을 볼 수 있다.
④ 원적색광 비율이 높아지면 발아는 촉진된다.

**17** 다음의 보기 중 식물세포벽물질이 아닌 것은 무엇인가?

① 헤미셀룰로스
② 셀룰로스
③ 아밀로펙틴
④ 리그닌

**18** 다음의 보기 중 요수량에 대한 설명으로 옳지 않은 것은 무엇인가?

① 요수량이란 단위중량의 건물량을 생산하는 데 필요한 수분량을 나타내는 수치이다.
② 요수량은 생육기간 중에 흡수된 수분량을 그 기간 중에 축적된 건물량으로 나누어 구할 수 있다.
③ 옥수수·수수·기장 등은 요수량이 적으며, 콩과작물은 요수량이 높다.
④ 요수량을 수분이용효율이라고도 한다.

**19** 다음의 보기 중 식물에서 DNA를 합성하는 곳에 속하지 않는 것은 무엇인가?

① 핵
② 색소체
③ 미토콘드리아
④ 액포

**20** 종자에서 지방이 자당으로 되는 과정과 가장 관계가 깊은 것은 무엇인가?

① 캘빈회로
② TCA회로
③ Hatch-Slack회로
④ 글리옥실산회로

## 작물생리학 04회 동형모의고사

**01** 단백질은 어떤 물질이 결합하여 이루어진 것인가?

① DNA
② 아미노산
③ 인산
④ 지질

**02** 광합성에 대한 다음 설명 중 옳지 않은 것은?

① 광합성은 적색광과 청색광에서 최대에 달한다.
② 명반응의 결과 ATP와 NADPH를 생성한다.
③ 광합성은 제1광계와 제2광계가 서로 연관되어 일어난다.
④ 물의 광분해에서 생성된 전자는 제1광계로 들어가 ATP를 생성한다.

**03** 식물 세포막에 대한 설명으로 옳지 않은 것은 무엇인가?

① 세포질의 경계이다.
② 인지질과 단백질로 구성되어 있다.
③ 인지질은 소수성과 친수성 부분으로 이루어져 있다.
④ 이온들이 자유자재로 통과할 수 있는 구조이다.

**04** 다음의 보기 중 미토콘드리아에 대한 설명으로 옳지 않은 것은 무엇인가?

① 미토콘드리아는 고리형의 2중가닥 DNA를 갖고 있다.
② 매우 복잡한 틸라코이드막계가 발달되어 있다.
③ 유기산과 아미노산 등의 합성에 사용되는 다양한 화합물을 공급한다.
④ 모양은 구형 또는 타원형이며, 2중막으로 둘러싸여 있다.

**05** 증산작용에 대한 설명으로 옳지 않은 것은 무엇인가?

① 증산작용의 대부분은 기공증산작용에 의하여 이루어지고, 각피증산작용은 기공이 열려 있을 때에는 전체 증산작용의 10% 정도에 지나지 않는다.
② 증산작용에 의하여 다량의 수분이 잎에서 배출되면 잎세포의 수분퍼텐셜이 높아진다.
③ 기공을 통해 이루어지는 증산작용을 기공증산이라고 한다.
④ 수목의 가지는 표피세포의 바로 밑에 코르크층이 발달하고, 코르크화된 세포벽은 물을 통과시키지 않으므로 증산작용이 거의 이루어지지 않는다.

**06** 작물의 요수량에 대한 설명으로 옳지 않은 것은 무엇인가?

① 요수량이란 단위중량의 건물량을 생산하는 데 필요한 수분량을 나타내는 수치이다.
② 요수량은 생육기간 중에 축적된 건물량을 흡수된 수분량으로 나누어 구할 수 있다.
③ 대체적인 경향을 보면 건성작물의 요수량은 일반작물에 비하여 적다.
④ 요수량을 증산계수라고도 한다.

**07** 다음의 보기 중 광합성과 호흡작용에서 공통적으로 볼 수 있는 과정은 무엇인가?

① 전자전달과정
② 해당작용
③ 칼빈회로
④ 크렙스회로

**08** 무기원소의 생리작용에 대한 설명으로 옳지 않은 것은 무엇인가?

① 질소(N)는 식물이 가장 많이 필요로 하는 무기원소로 단백질·핵산·엽록소 등의 구성원소이다.
② 인(P)은 핵산의 구성성분으로 세포분열과 생장에 필수적인 성분이며, 세포막을 구성하고 있는 인지질에도 들어 있다.
③ 칼륨(K)은 화곡류의 성숙을 촉진하는데, 벼에서는 장기간 칼륨을 사용하지 않으면 출수가 다소 지연된다.
④ 칼슘(Ca)은 세포벽의 구성성분으로 중층(中層; middle lamella)에 있는 펙틴(pectin)과 결합하여 세포를 서로 결합하는 역할을 하므로 세포분열과 생장에 중요하다.

**09** 다음의 보기 중 광합성에 있어서 카로티노이드계 색소의 역할은 무엇인가?

① 엽록소의 흡광도 증진
② 엽록소의 광산화 방지
③ 엽록체의 구조 안정화
④ 엽록체의 적응성 강화

**10** 다음의 보기 중 해당과정과 크렙스회로를 연결시키는 역할을 하는 것은 무엇인가?

① pyruvic acid
② acetyl CoA
③ lipoic acid
④ oxaloacetic acid

**11** 다음의 보기 중 뿌리에 동화물질을 저장하는 것은 무엇인가?

① 감자
② 토란
③ 고구마
④ 마늘

**12** 다음의 보기 중 완두에서 관찰되는 운반세포가 생성되는 세포는 무엇인가?

① 반세포
② 유세포
③ 섬유세포
④ 사관요소

**13** 다음의 보기 중 저장물질에 대한 내용으로 옳지 않은 것은 무엇인가?

① 식물이 저장하는 주된 탄수화물은 전분이다.
② 마늘은 프락탄의 형태로 저장한다.
③ 과실에서는 포도당이나 프락토오스와 같은 단당류가 축적되기도 한다.
④ 지방은 아미노산의 형태로 전류되어 저장기관에서 합성된다.

**14** 다음의 보기 중 알코올발효(alcoholic fermentation)의 반응은 무엇인가?

① $C_6H_{12}O_6 \rightarrow 2C_2H_5OH + 2CO_2 + 54kcal$
② $C_3H_{12}O_6 \rightarrow C_2H_5OH + 2CO_2 + 54kcal$
③ $C_6H_{12}O_6 \rightarrow C_2H_3OH + 2CO_2 + 54kcal$
④ $C_6H_{12}O_2 \rightarrow 2C_2H_5OH + CO_2 + 54kcal$

**15** 반응중심(反應中心; reaction center)에 대한 설명으로 옳지 않은 것은 무엇인가?

① 반응중심엽록소로 불리는 엽록소 a 한 분자와 단백질 및 보조인자로 구성되어 있다.
② 반응중심은 광화학반응의 장소이다.
③ 광에너지를 실질적으로 화학에너지로 전환시킨다.
④ 제1광계의 반응중심을 P680으로 지칭한다.

**16** 다음의 보기 중 자스몬산의 생리작용과 가장 관련이 깊은 것은 무엇인가?

① 식물노화 및 이층형성 촉진
② 꽃가루관 생장
③ 세포팽창과 세포분열 촉진
④ 물관부 분화촉진

**17** 다음의 보기 중 호흡급증형 과실에 속하지 않는 것은 무엇인가?

① 복숭아
② 토마토
③ 파인애플
④ 아보카도

**18** 추파맥류를 봄에 파종했을 때 나타나는 현상은 무엇인가?

① 수량이 감소된다.
② 수발아가 많이 발생한다.
③ 출수가 되지 않는다.
④ 깜부기병이 많아진다.

**19** 작물의 착과에 대한 설명으로 옳지 않은 것은 무엇인가?

① 수정과 함께 과실의 발육이 시작되는 것을 착과라 한다.
② 생장을 시작한 과실은 그 자체가 옥신의 공급부위가 된다.
③ 화곡류는 착과율이 70%에 이를 수 있다.
④ 착과 후 어린 과실의 왕성한 생장은 영양분의 강력한 공급부위가 된다.

**20** 벼의 수량형성에 대한 설명으로 옳지 않은 것은 무엇인가?

① 단위면적당 이삭수, 이삭당 영화수, 등숙률, 종실입중을 수량구성요소라 한다.
② 먼저 발달하는 수량구성요소가 적으면 뒤에 오는 수량구성요소가 증가하여 서로 보상하는 효과가 있다.
③ 일반적으로는 수량구성요소 중 이삭당 영화수가 수량에서 차지하는 비율이 가장 높다.
④ 출수기에 엽면적은 최대가 된다.

## 01 수분이동의 원리에 대한 설명으로 옳지 않은 것은 무엇인가?

① 압력퍼텐셜 또는 정수압의 구배가 원동력이 되는 경우에 일어나는 물의 이동을 일반적으로 집단류라 한다.
② 수분퍼텐셜의 구배가 관여되는 경우에 일어나는 물의 이동을 확산이라고 한다.
③ 삼투는 반투성 막을 통하여 물이 확산되는 현상으로 정의될 수 있다.
④ 확산의 대표적 예는 대류, 고무호스를 통한 물의 이동, 강물의 흐름, 강우에서 볼 수 있다.

## 02 세포분열에 대한 설명으로 옳지 않은 것은 무엇인가?

① 체세포분열은 유사분열의 기본형으로, 진핵세포를 갖고 있는 하등생물의 개체발생 및 다세포생물의 체세포 분열방식이다.
② 감수분열은 체세포분열의 변형으로서, 종의 보존 및 발달에 기여한다.
③ 정지기(interphase)에는 핵막의 소실, 염색사 및 염색체의 출연, 인(핵소체)의 소실, 방추사의 출현, 염색분체의 양극으로의 이동 등의 형태적으로 뚜렷한 변화가 진행된다.
④ 감수분열에서는 상동염색체의 접합과 교차를 통한 유전자재조환에 의해 새로운 유전자형을 갖는 개체가 발생한다.

## 03 작물의 기공이 닫힐 때 증가하는 물질과 방출물질은 무엇인가??

① GA와 $CO_2$
② 에틸렌과 $K^+$
③ ABA과 $K^+$
④ 시토키닌과 $Cl^-$

## 04 특수원소에 대한 설명으로 옳지 않은 것은 무엇인가?

① 모든 식물에서 필수원소는 아니지만 생장을 촉진하거나, 어떤 특수한 작물이나 특수한 조건에서만 필수적이거나 생육을 촉진하는 원소를 특수원소라 한다.
② 코발트는 조효소인 비타민 $B_{12}$의 구성분이다.
③ 셀레늄을 축적하는 식물은 셀레늄이 증가하면 인산이 많이 축적되어 생육이 증가된다.
④ 알루미늄에 내성이 강한 작물에서는 알루미늄이 잎의 녹색유지에 효과적이다.

## 05 식물의 무기호흡에 대한 설명으로 옳은 것은 무엇인가?

① 에너지를 더 효율적으로 생성할 수 있다.
② 수생식물에서 볼 수 있는 호흡이다.
③ 무기호흡과정의 최종산물은 구연산이다.
④ 무기호흡과정에서 ATP가 생성된다.

## 06 일비현상에 대한 설명으로 옳지 않은 것은 무엇인가?

① 작물의 줄기를 절단하거나 또는 물관부에 도달하는 구멍을 뚫으면 절단면에서 다량의 수액이 배출되는 것이 일비현상이다.
② 일비현상은 주로 근압에 의하여 생긴 물관부 안의 액압에 의하여 일어난다.
③ 일비액(溢泌液)은 봄 발아 전에 최대가 되고 발아 이후에는 급격히 감소된다.
④ 증산작용이 왕성한 여름에 지상부를 절단하면 일비현상이 일어나지 않는다.

**07** 광합성의 명반응에 대한 설명으로 옳지 않은 것은 무엇인가?

① 엽록체의 그라나에서 일어난다.
② 물의 광분할과 광인산화반응이 일어난다.
③ 광에너지를 NADPH와 ATP와 같은 불안정한 상태의 화학에너지로 전환시키는 광화학반응이다.
④ 온도변화에 민감하게 반응한다.

**08** 토양수분에 대한 설명으로 옳지 않은 것은 무엇인가?

① 흡착수는 분자 간 인력에 의하여 토양입자에 흡착되어 있는 물이나 토양콜로이드 입자의 팽윤에 의하여 흡수, 보유되어 있는 물이다.
② 흡착수는 토양간의 모관인력에 의하여 흡수, 보유되어 있는 물이다.
③ 중력수는 중력에 의하여 토양입자 사이를 자유로이 내려가는 물이다.
④ 지하수는 토양이 건조하면 모관인력에 의하여 다시 토양 중에 올라오므로 작물에 대한 물 공급원의 하나이다.

**09** 다음의 보기 중 Hatch-Slack회로를 거치는 식물은 무엇인가?

① 수수
② 벼
③ 양배추
④ 보리

**10** 다음의 보기 중 사관부하적을 가장 바르게 설명한 것은 무엇인가?

① 사부에서 동화물질이 수용부위로 빠져나가는 것이다.
② 공급부위에서 동화물질이 사부로 들어가는 것이다.
③ 사관의 상부에서 동화물질이 하부로 이동하는 것이다.
④ 사관의 하부에서 동화물질이 상부로 이동하는 것이다.

**11** 다음의 보기 중 근류에서 산소를 전달하는 것은 무엇인가?

① leghemoglobin
② hemoglobin
③ biohemoglobin
④ redhemoglobin

**12** 프로토펙틴에 대한 설명으로 옳지 않은 것은 무엇인가?

① 프로토펙틴은 불용성인 모든 펙틴물질을 가리키는 용어이다.
② 프로토펙틴은 펙트산이나 펙틴보다 분자량이 크다.
③ 사과나 배에는 축적되지 않는 특성을 가지고 있다.
④ 과실이 성숙되는 동안에 프로토펙틴은 용해성인 펙틴이나 펙트산으로 변한다.

**13** 질산환원효소(NR)에 대한 설명으로 옳지 않은 것은 무엇인가?

① 금속플라보단백질의 복합체이다.
② 전자공여체로 환원형 피리딘뉴클레오티드(NADPH, NADH)를 이용한다.
③ 질산환원 과정의 속도를 조절하는 단계로 작용한다.
④ NR활성은 질산·글루타민·이산화탄소·설탕·사이토키닌·빛 등에 의해 조절되며, 질산농도가 높아지면 감소한다.

**14** 다음의 보기 중 제초제 글리포세이트(glyphosate, Roundup)의 작용점은 무엇인가?

① EPSPS
② chorimatic acid
③ shikimic acid
④ PEP

**15** 단백질의 구조에 대한 설명으로 옳지 않은 것은 무엇인가?

① 아미노산 잔기가 펩타이드결합에 의해 배열된 순서는 단백질의 1차구조를 결정한다.
② 폴리펩타이드 사슬은 펩타이드 평면구조와 인접한 아미노산 잔기의 상호작용을 통하여 나선이나 병풍 구조로 정렬될 수 있는데, 이러한 구조를 2차구조라고 한다.
③ 단백질의 폴리펩타이드 사슬이 접히고 구부러져서 치밀한 3차원적 모양을 형성한 구조가 3차구조이다.
④ 3차구조는 수소결합, 이온결합, 소수성 상호작용, 반데르발스의 인력 및 배위결합 등의 비공유결합과 이황화결합에 의하여 형성된다.

**16** 식물의 생장에 영향을 미치는 광에 대한 설명으로 옳지 않은 것은 무엇인가?

① 식물은 광도가 증가하면 광포화점에 이를 때까지 계속해서 광합성 속도가 증가한다.
② 식물을 암조건에 두면 단자엽식물의 잎이 황화현상을 일으키는데, 이 황화현상은 적색광을 단시간 조사함으로써 방지할 수 있다.
③ 적색광은 굴광반응, 마디의 신장생장 등에 관여한다.
④ 식물의 생육에 중요한 광선은 390~760nm의 가시광선이다.

**17** 쌍떡잎식물 줄기의 신장생장에 가장 밀접한 관련이 있는 것은 무엇인가?

① 절간분열조직
② 형성층
③ 세포벽
④ 정단의 생장점

**18** 보리와 밀 등에서 발아 중 배유의 저장 양분을 분해하는데 필요한 효소단백질을 저장·분비하는 곳은 어디인가?

① 과피
② 종피
③ 호분층
④ 배반

**19** 다음의 보기 중 식물의 타발휴면을 가장 잘 설명하고 있는 것은 무엇인가?

① 내적 요인에 의하여 일어나는 휴면
② 외적 환경에 의하여 일어나는 휴면
③ 주변 식물체에 의하여 일어나는 휴면
④ 복합적 요인에 의하여 일어나는 휴면

**20** 벼의 지연형 냉해에 대한 설명으로 옳지 않은 것은 무엇인가?

① 저온으로 인해 출수가 지연된다.
② 등숙이 불량해져서 수량이 감소한다.
③ 영양생장기에 저온으로 인하여 생육이 제대로 이루어지지 않는다.
④ 개화기에 온도가 20℃보다 낮으면 개영(開穎) 되지 않아 수분이 안 되어 불임이 된다.

## 작물생리학 06회 동형모의고사

**01** 작물의 생장에 관여하는 환경조건에 대한 설명으로 옳지 않은 것은 무엇인가?

① 작물의 생장은 필요한 여러 무기물 중 가장 최대량으로 존재하는 성분에 의하여 제한되어진다.
② 작물의 생장은 광의 강도, 광의 지속시간에 의해 영향을 받는다.
③ 옥수수는 30℃ 부근에서 최대의 생장속도를 보인다.
④ 광에 따른 식물의 형태적 변화를 광형태형성작용이라 부른다.

**02** 철(iron, Fe)에 대한 설명으로 옳지 않은 것은 무엇인가?

① 철은 산화환원계에 존재하는 헤모프로테인과 철-황 단백질의 구성분이며, 약 80%가 엽록체에 존재한다.
② 철은 토양에는 많고 식물에는 미량원소이므로 해로울 수도 있다.
③ 극단적인 산성토양이나 배수가 불량하여 산소가 부족한 토양에서는 철이 환원되어 용해도가 커진다.
④ 철은 다량원소이므로 흡수량이 많으면 철 과잉의 해가 일어난다.

**03** 다음의 보기 중 미세소관의 기능에 해당하지 않는 것은 무엇인가?

① 세포 형태의 형성과 유지
② 세포의 분화와 세포벽 건축
③ 원형질 유동에 관여
④ 염색체 이동과 세포판 형성

**04** 증산작용에 영향을 미치는 내적 조건에 대한 설명으로 옳지 않은 것은 무엇인가?

① 엽면적(葉面積)이 감소하면 1개체 당 증산량이 증가한다.
② 잎의 표피에 기공이 발달해 있으면 증산작용이 왕성해진다.
③ 뿌리에 대한 물의 공급이 충분할 때에는 공중습도가 감소하면 어느 정도까지 기공이 잘 열리고 증산작용이 왕성해진다.
④ 기공은 보통 저녁에 닫히고 일출 후에 급속히 열리는데, 기공의 개도는 광의 강도와 밀접한 관계가 있다.

**05** 다음의 보기 중 광합성과 가장 거리가 먼 것은 무엇인가?

① $C_4$회로
② 칼빈회로
③ CAM회로
④ 크렙스회로

**06** 작물체 내에서 전분의 합성에 대한 설명으로 옳지 않은 것은 무엇인가?

① 전분은 광합성을 통하여 직접 형성되어 엽록체에서 축적된다.
② 전분은 전분의 형태로 잎으로부터 이동된 후 저장기관의 백색체에 축적된다.
③ 전분은 광합성이 일어나는 낮에 보통 생성되지만 밤에는 호흡작용과 계속적인 전류 때문에 전분의 일부는 소실된다.
④ 전분이 생성되려면 자당형성에 요구되는 바와 같이 먼저 glucose-1-phosphate가 형성되어야 한다.

**07** 다음의 보기 중 구조단백질에 속하지 않는 것은 무엇인가?

① 케라틴(keratin)
② 콜라겐(collagen)
③ 엘라스틴(elastin)
④ 마이오신(myosin)

**08** 단백질의 합성과정이 바르게 나열된 것은 무엇인가?

① 사슬연장 → 사슬합성의 시작 → 사슬종결
② 사슬합성의 시작 → 사슬종결 → 사슬연장
③ 사슬합성의 시작 → 사슬연장 → 사슬종결
④ 사슬연장 → 사슬종결 → 사슬합성

**09** 생장해석과 관련된 용어로 그 내용이 바르게 연결되지 않은 것은 무엇인가?

① 상대생장률(RGR) - 일정기간동안의 식물체의 건물생산 능력
② 순동화율(NAR) - 단위면적 당 단위시간의 건물생산능력
③ 엽면적률(LAR) - 식물체의 단위무게에 대한 엽면적의 비율
④ 비엽중(SLW) - 단위무게당의 엽면적

**10** 다음의 보기 중 배의 미숙이 원인이 되어 휴면하는 종자는 무엇인가?

① 콩
② 클로버
③ 도꼬마리
④ 인삼

**11** 양상추 종자에서 파장이 다른 여러 광선의 발아촉진효과를 보면 어디에서 발아율이 높아지는가?

① 적색광
② 청색광
③ 원적색광
④ 백색광

**12** 작물체의 노화하향조절유전자(SDG)와 가장 관련이 깊은 것은 무엇인가?

① 광합성과 관련된 단백질을 암호화하는 유전자
② 에틸렌의 생합성 유전자
③ 지질 가수분해효소 합성 유전자
④ 핵산단백질 분해효소 증가

**13** 다음의 보기 중 작물 체내에서 봄이 되면 증가하는 물질은 무엇인가?

① ABA
② 사이토키닌
③ 지베렐린
④ 옥신

**14** 일반적인 작물체의 생장곡선의 모양은 무엇인가?

① S자형
② L자형
③ C자형
④ L자형

**15** 작물체의 노화의 징후에 대한 설명으로 옳지 않은 것은 무엇인가?

① 일반적으로 엽록체는 잎의 노화가 개시될 때 파괴된다.
② 여러 가지 분해효소의 활성이 증가하여 거대분자들이 가수분해된다.
③ 노화가 진행되면서 불포화지방산의 산화 중간산물의 양이 크게 감소한다.
④ 노화가 진행되는 세포 내에서는 단백질의 양이 지속적으로 줄어든다.

**16** 과습장해를 극복하기 위해 내습성이 강한 식물이 보이는 현상에 속하지 않는 것은 무엇인가?

① 통기조직의 발달
② 세포벽의 목질화
③ 청고와 적고현상
④ 유독물질의 불용화

**17** 광합성과 작물의 수량에 대한 설명으로 옳지 않은 것은 무엇인가?

① 고립상태에서는 광과 이산화탄소가 광합성을 하는 데 크게 제한받지 않으므로 광합성량은 엽면적에 비례한다.
② 종실·괴근·괴경·인경 등 특정 양분저장기관을 이용하는 작물은 광합성 산물이 저장기관에 축적되어야 이용할 수 있다.
③ 작물이 생장함에 따라 엽면적이 커지고 하위엽이 광을 충분히 받지 못하므로 엽면적 크기는 물론, 잎의 형태·위치 등도 총광합성량에 영향을 끼친다.
④ 포장상태에서 작물이 어릴 때의 광합성량은 군락상태와 같다.

**18** 다음의 보기 중 어린 잎의 이면 광택화와 엽맥 간 갈색 점이 나타나게 하는 대기오염물질은 무엇인가?

① $SO_2$
② PAN
③ $NO_2$
④ $O_3$

**19** 식물의 눈휴면에 대한 설명으로 옳지 않은 것은 무엇인가?

① 털로 덮여 있는 비늘눈은 겨울철의 찬바람으로부터 온도저하와 수분손실을 방지함과 동시에 기계적 보호의 역할도 하여 내한성을 돕는다.
② 단일조건은 신장생장을 억제하고 휴면눈의 형성을 촉진한다.
③ 사과·배·복숭아 등의 휴면형성은 비교적 일장에 대한 반응 정도가 높다.
④ 온대지방의 휴면눈은 겨울기간 동안 저온에 노출되어야만 휴면이 각성되어 정상적인 생육이 가능하다.

**20** 다음의 보기 중 호흡급증형 과실은 무엇인가?

① 파인애플
② 수박
③ 무화과
④ 딸기

## 작물생리학 07회 동형모의고사

**01** 다음의 보기 중 단자엽식물로 구성된 것은 무엇인가?

① 콩, 배추
② 옥수수, 마늘
③ 해바라기, 선인장
④ 백합, 사과

**02** 다음의 보기 중 마늘의 매운 맛을 나타내는 것과 가장 관계가 깊은 것은 무엇인가?

① 피루브산
② 알리신
③ 암모니아
④ 글루코시놀레이트

**03** 종자의 발아과정을 올바르게 나열한 것은?

① 저장양분의 이동 - 흡수 - 양분의 소화 - 호흡 - 생장
② 흡수 - 저장양분의 이동 - 호흡 - 양분의 소화 - 생장
③ 흡수 - 저장양분의 소화 - 양분의 이동 - 호흡 - 생장
④ 저장양분의 이동 - 호흡 - 양분의 소화 - 흡수 - 생장

**04** 식물의 생장상관을 바르게 설명한 것은?

① 질소부족이나 건조 등의 조건에서는 뿌리보다 줄기의 생장률이 높아진다.
② 강낭콩에서는 어린잎이 겨드랑이눈(액아)의 생장을 촉진한다.
③ 식물체의 화아원기를 제거하면 영양생장이 촉진된다.
④ 정부우세성의 원인은 높은 농도의 시토키닌이 어린잎에서 극성으로 이동하기 때문이다.

**05** 다음의 보기 중 진과로 구성된 것은 무엇인가?

① 자두, 감
② 사과, 배
③ 호박, 딸기
④ 토마토, 참외

**06** 작물체 기관의 발달에 대한 설명으로 옳지 않은 것은 무엇인가?

① 뿌리의 신장은 생장점에서 다소 떨어진 신장대에서 일어나며, 신장대에서 멀어질수록 점차 생장이 둔화된다.
② 줄기의 비대생장은 형성층의 기능이 유지되는 정도에 따라 결정된다.
③ 엽원기는 정단분열조직의 상부에 있는 것일수록 빨리 생장하고, 초기에는 주변생장을 한다.
④ 콩의 경우 유한신육형은 개화기에 도달하면 원줄기·분지 및 가지의 신장과 잎의 전개가 중지되고 개화기간이 짧다.

**07** 종자의 성숙에 대한 설명으로 옳지 않은 것은 무엇인가?

① 종자의 충실도는 개화 후의 동화산물 공급능력에 의하여 결정된다.
② 종자의 성숙이란 종자가 최종 크기에 도달하여 건물중 증가율이 100에 가깝다.
③ 일반적으로 화곡류나 콩류는 완전히 성숙한 상태에서 수확한다.
④ 단옥수수나 풋콩(green bean) 등은 미성숙 상태에서 수확하기도 한다.

**08** 광주기 반응에 영향을 끼치는 조건에 대한 설명으로 옳지 않은 것은 무엇인가?

① 장일식물은 Pfr에 의하여 개화가 촉진되므로 암기가 짧아야 한다.
② 보통 잎의 최대의 크기에 도달하기 전후에 최대의 감응성을 보이며 늙은 잎에서는 다소 감소한다.
③ 개화와 결실이 양호하려면 질소의 공급이 다소 적고 탄수화물의 생성이 많아야 한다.
④ 일장유도 처리된 식물은 비교적 온도의 영향을 받지 않는다.

**09** 암조건에서 키운 완두 유식물에 많은 파이토크롬의 형은 무엇인가?

① Ⅰ형
② Ⅱ형
③ Ⅲ형
④ Ⅳ형

**10** 다음의 보기 중 1차적 및 2차적 기능을 동시에 갖는 대사물질은 무엇인가?

① lignin
② flavonoid
③ benzoate
④ diterpenoid

**11** 다음의 보기 중 지방종자는 무엇인가?

① 옥수수, 콩
② 땅콩, 콩
③ 벼, 참깨
④ 참깨, 아마

**12** 단위결과에 대한 설명으로 옳지 않은 것은 무엇인가?

① 수정이 끝난 후 배의 발달이 불완전하여 씨 없는 과실이 생기는 일도 있는데, 파인애플·포도 등이 이에 속한다.
② 유전적으로 불임성인 3배체 멜론의 경우에는 수분은 되지만 꽃가루관이 배주에 이르지 못하여 종자가 형성되지 못한다.
③ 지베렐린 옥신 계통 화합물(PCA, NAA)로 단위결과를 유기할 수 있다.
④ 고온에서 단위결과를 일으키는 것에는 배와 토마토가 있다.

**13** 내건성 작물의 특징에 대한 설명으로 옳지 않은 것은 무엇인가?

① 수분이 있는 깊은 곳으로 뿌리가 신장하여 한발에 적응한다.
② 수분결핍시 기공을 닫아 수분을 유지할 수 있다.
③ 수분이 부족해지면 엽면적과 증산량을 줄여 건조에 적응한다.
④ 수분퍼텐셜이 높은 세포는 내건성이 강하다.

**14** 작물의 호흡작용에 영향을 미치는 요인에 대한 설명으로 옳지 않은 것은 무엇인가?

① 식물 주변의 공기가 20% 이하이면 호흡작용은 저하되고, 5% 이하이면 유기호흡은 현저하게 감소된다.
② 호흡작용이 최저온도에서 최적온도에 이를 때까지의 사이에는 온도가 10℃ 상승할 때마다 호흡률은 약 2배가 된다.
③ 보통 $CO_2$ 농도가 높아지면 호흡작용은 증가되는데, 이와 같은 영향은 온도가 높고 $O_2$가 부족할 때 특히 현저하다.
④ 건조종자가 수분을 흡수할 때 호흡률은 어느 정도의 수분함량까지는 서서히 증가하지만 수분함량이 약간 더 증가됨에 따라 급격히 증가한다.

**15** 무기물의 엽면시비가 효과적인 경우에 해당하지 않는 것은 무엇인가?

① 토양 속에서 불용태가 되기 어렵고, 요구량이 많은 무기양분을 시용할 경우
② 토양조건에 따라 무기물의 흡수가 저해되는 경우
③ 시비를 원하지 않는 작물과 같이 재배할 경우
④ 지효성 무기물을 시용할 경우

**16** 세포소기관에 대한 설명으로 옳지 않은 것은 무엇인가?

① 식물의 소포체는 막, 액포 또는 분비경로로 운송될 단백질의 합성·가공 및 분류 등의 기능을 수행한다.
② 골지체는 분비경로의 중앙에 위치하여 소포체에서 합성된 단백질과 지질을 받아서 액포나 세포의 표면으로 보낸다.
③ 미토콘드리아는 진핵세포에 존재하며, 시트르산회로와 산화적 전자전달계를 통해 ATP를 생성하는 호흡계를 내포하고 있다
④ 미소체는 용질의 농도가 높아 물을 흡수하고 세포의 팽압을 유지하는 역할을 한다.

**17** 작물체 내의 함수량에 대한 설명으로 옳지 않은 것은 무엇인가?

① 작물의 함수량은 수분의 흡수와 배출의 상호관계에 의해 결정된다.
② 물의 배출은 거의 증산작용이 차지하고 있으므로 흡수량(A)과 증산량(T)의 비, 즉 물의 출납률 q=T/A는 수분경제를 고찰하는 데 있어서 하나의 기준이 된다.
③ q〉1의 경우는 수분의 흡수가 과잉이고, q〈1의 경우는 수분배출의 과잉으로 함수량이 감퇴하고, q=1의 경우는 흡수와 배출이 같고 작물은 정상 또는 정상에 가까운 상태에 있다.
④ 대체로 작물체 안에서 함수량은 어린 잎이나 생장 중인 줄기 등에서는 많고 줄기의 아랫부분 또는 휴면 중인 종자 등에서는 적다.

**18** 다음의 보기 중 작물의 황(Sulfur, S) 요구도가 바르게 나열된 것은 무엇인가?

① 콩과 < 배추과 < 볏과
② 볏과 < 콩과 < 배추과
③ 콩과 < 볏과 < 배추과
④ 배추 < 콩과 < 볏과

**19** 기공의 개폐기구에 대한 설명으로 옳지 않은 것은 무엇인가?

① 기공의 개폐는 공변세포의 팽압 변화에 따라 일어나며, 공변세포가 팽만상태에 있을 때 열리고 팽압을 잃을 때 닫힌다.
② 팽압에 의하여 기공의 개도가 조절된다.
③ 세포액의 삼투퍼텐셜이 저하되면 기공이 열린다.
④ 팽만된 공변세포는 기공의 닫힘을 유도할 수 있다.

**20** 다육식물의 광합성에 대한 설명으로 옳지 않은 것은 무엇인가?

① 많은 다육식물은 밤에 $CO_2$를 고정하여 다량의 말산 또는 시트르산을 액포에 축적한다.
② 밤에 $CO_2$를 효율적으로 포착하여 기공이 닫히는 낮에 잎 안에서 광합성을 하는 데 이용한다.
③ 밤에는 다육식물의 산 함량은 증가된다.
④ 낮에는 탄수화물 함량이 감소된다.

## 작물생리학 08회 동형모의고사

**01** 미량원소의 엽면시비에 대한 설명으로 옳지 않은 것은 무엇인가?

① 앵두나무와 호두나무는 눈이 트기 전 휴면하는 가지에 황산아연을 살포하면 효과적이다.
② 감귤에서는 개화 30일 전에 구리석화액을 엽면시비 하면 구리결핍증이 발생하지 않고, 과실이 커져서 품질이 좋아질 뿐만 아니라 수량도 증가한다.
③ 붕소의 요구량이 많은 콩과작물이나 배추과 채소에는 붕사를 토양시비 하는 것이 좋으며, 결핍증상이 보이면 엽면시비 한다.
④ 몰리브덴의 요구량은 필수원소 중에서 가장 적지만, 산성토양에서는 용해도가 낮아 이 토양에서 자라는 작물에서 결핍증이 나타날 수 있다.

**02** 산성비에 대한 저항성이 바르게 나열된 것은 무엇인가?

① 쌍떡잎 초본식물<쌍떡잎 목본식물<침엽수<외떡잎식물
② 침엽수<외떡잎식물<쌍떡잎 초본식물<쌍떡잎 목본식물
③ 쌍떡잎 초본식물<침엽수<쌍떡잎 목본식물<외떡잎식물
④ 쌍떡잎 초본식물<쌍떡잎 목본식물<외떡잎식물<침엽수

**03** 다음의 보기 중 개화하기 위해 장일조건이 필수적으로 요구되는 작물은 무엇인가?

① 사탕무·귀리
② 완두·순무
③ 포인세티아·딸기
④ 고추·감자

**04** 사이토키닌에 대한 설명으로 옳지 않은 것은 무엇인가?

① 근단분열조직은 식물체에서 유리 사이토키닌을 합성하는 주요 부위이다.
② 뿌리에서 합성된 사이토키닌은 물관부를 거쳐 줄기로 수송된다.
③ 조직배양시 옥신에 비해 사이토키닌의 농도가 높을 때에는 뿌리의 형성이 촉진된다.
④ 식물체의 여러 잎들 가운데 한 잎에만 사이토키닌을 처리할 경우 처리한 잎은 비슷한 연령의 다른 잎들이 황변되는 데에도 불구하고 녹색을 유지한다.

**05** 다음의 보기 중 식물체 내 에틸렌 생합성의 출발물질은 무엇인가?

① 아르기닌
② 트립토판
③ 메티오닌
④ ACC

**06** 식물에서 자스몬산의 생합성에 필요한 리놀렌산(linolenic acid)의 주요 공급부위는 무엇인가?

① 세포막과 엽록체막
② 세포질과 엽록소
③ 세포막과 세포벽
④ 엽록체막과 엽록소

**07** 작물체 내의 수분의 이동에 대한 설명으로 옳지 않은 것은 무엇인가?

① 증산류의 통로는 통도조직이며, 유관속 안에 있는 물관 또는 헛물관이다.
② 밤에 증산작용이 정지하고 있을 때에도 엽육세포가 낮의 높은 흡수력을 지속하고 있으면 그들의 세포가 최대의 팽만상태에 도달할 때까지 물의 상승이 계속된다.
③ 증산작용에 의하여 엽육세포가 수분을 잃으면 그들 세포의 흡수력이 증대되고 세포액의 수분 퍼텐셜이 저하되어 물은 잎 유관속의 수분통도조직에서 엽육세포 안으로 이행한다.
④ 증산작용이 강할 때 수분은 근압(根壓)에 의하여 통도조직 안으로 밀려 올라간다.

**08** 작물체 내에서의 규소(硅素; silicon, Si)의 역할에 대한 설명으로 옳지 않은 것은 무엇인가?

① 벼에서는 잎몸에 침적되어 규질화세포를 형성한다.
② 규소는 물관에 집적되어 증산이 심할 때 받는 압력에 견디게 하고, 뿌리의 표피세포에서는 토양 해충과 병균의 침입을 막는다.
③ 뿌리 표면에서 철과 망간을 산화시켜 가용태로 만들어 흡수를 촉진한다.
④ 잎을 직립하게 하여 수광태세를 좋게 한다.

**09** 다음의 보기 무기호흡과정에서 일어나는 포도당의 변화과정이 바르게 나열된 것은 무엇인가?

① 포도당 → 피루브산 → 아세트알데히드 → 에틸알코올+$CO_2$
② 포도당 → 아세트알데히드 → 피루브산 → 에틸알코올+$CO_2$
③ 포도당 → 에틸알코올+$CO_2$ → 피루브산 → 아세트알데히드
④ 포도당 → 피루브산 → 에틸알코올+$CO_2$ → 아세트알데히드

**10** 5탄당인산회로에 대한 설명으로 옳지 않은 것은 무엇인가?

① 해당과정은 $NADP^+$가 전자수용체인 반면, 5탄당인산회로는 보통 $NAD^+$가 전자수용체이다.
② 포도당대사의 10%정도는 5탄당인산회로를 통하여 산화된다.
③ 5탄당인산회로는 해당과정과 유사하여 공통의 반응물을 가지며, 주로 세포질에서 일어난다.
④ 6탄당인산분지회로라고도 한다.

**11** 다음의 보기 중 단순단백질에 속하는 것은 무엇인가?

① 핵단백질(nucleoprotein)
② 글로불린(globulin)
③ 당단백질(glycoprotein)
④ 지질단백질(ipoprotein)

**12** 작물 체내의 과당류에 대한 설명으로 옳지 않은 것은 무엇인가?

① 맥아당은 환원력을 갖고 있다.
② 라피노스는 여러 식물의 잎에 소량 함유되어 있지만 종자와 같은 저장기관에 다량 함유되어 있으며 발아할 때 소모된다.
③ 식물체에 함유되어 있는 4당류에는 스타키오스(stachyose)가 있다.
④ 뽕나무의 경우 자당의 함량이 많은 품종일수록 내동성이 강하다.

**13** 작물 체내의 지질의 기능에 대한 설명으로 옳지 않은 것은 무엇인가?

① 지질은 막의 주성분으로서 막의 소수성 장벽을 형성하여 세포와 세포 내 미소기관을 형성한다.
② 미토콘드리아와 엽록체의 내막에서의 전자전달계를 구성하여 에너지 생성에 관여한다.
③ 종자에 다량 저장된 지질은 일시에 다량의 에너지와 탄소를 필요로 하는 발아하는 새싹의 에너지와 탄소 공급원이 된다.
④ 지질은 탄수화물보다 더 산화된 성분이어서 에너지가 2배 더 많이 포함되어 있다.

**14** 작물의 생장에 대한 설명으로 옳지 않은 것은 무엇인가?

① 기관의 생장은 유한생장과 무한생장으로 구별할 수 있다.
② 해바라기의 경우 정단에서 화서가 분화되면 줄기의 신장이 정지된다.
③ 화아, 신생장점, 엽의 분화가 되풀이되면서 줄기가 신장하고 화방수가 계속 증가하는 품종을 무한생장형이라 한다.
④ 무, 배추는 생식생장으로 전환될 때 무한생장을 한다.

**15** DIF에 대한 설명으로 옳지 않은 것은 무엇인가?

① 밤낮의 온도차이를 DIF라 한다.
② DIF가 생장에 미치는 효과는 화훼작물에서 상업적으로 널리 이용되고 있다.
③ DIF가 클수록 신장생장이 좋아지고 그 값이 0이나 -인 경우는 생장이 억제되어 식물체를 왜화시킬 수 있다.
④ 온실 내에서 DIF값에 반응이 좋은 식물로는 히아신스, 튤립, 수선화 등이 있다.

**16** 다음의 보기 중 작물의 호흡을 저하시키는 것에 해당하지 않는 것은 무엇인가?

① 시안화물(cyanamide)
② 아지드화물(azide)
③ 플루오르화물(fluoride)
④ 에틸렌(ethylene)

**17** 다음의 보기 중 광호흡이 촉진되는 조건에 해당하지 않는 것은 무엇인가?

① 높은 광도
② 높은 $O_2$ 수준
③ 높은 $CO_2$ 수준
④ 고온

**18** 피루브산이 산화적으로 탈탄산화되어 acetyl CoA가 형성될 때 필요한 보조인자에 해당하지 않는 것은 무엇인가?

① thiamine pyrophosphate(TPP)
② Na이온
③ $NAD^+$
④ coenzyme A

**19** 다음의 보기 중 감자의 휴면타파제로 가장 알맞은 것은 무엇인가?

① IAA
② GA
③ 2,4-D
④ B9

**20** 암기와 파이토크롬에 대한 설명으로 옳지 않은 것은 무엇인가?

① 단일식물은 $P_{fr}$ 수준이 낮은 때 개화하고, 장일식물은 높을 때 개화한다.
② 식물에 의한 시간측정기구는 내생리듬이론으로 설명될 수 있다.
③ 식물체 내 피토크롬의 종류와 그들의 상대적인 농도차에 의해 광주기성이 결정된다.
④ 단일식물의 광중단효과는 청색광의 $P_r$ 에 대한 $P_{fr}$ 의 비율을 증가시키기 때문이다.

## 작물생리학 09회 동형모의고사

**01** 작물체에서 몰리브덴의 결핍증상에 대한 설명으로 옳지 않은 것은 무엇인가?

① 옥수수에서 출웅(出雄; tasseling)이 지연된다.
② 멜론은 몰리브덴이 부족하면 꽃가루를 생산하지 못한다.
③ 정단분열조직이 괴사한다.
④ 꽃양배추의 잎은 말 채찍의 끝처럼 좁게 된다.

**02** 수분퍼텐셜에 대한 설명으로 옳지 않은 것은 무엇인가?

① 삼투퍼텐셜은 수분퍼텐셜에 영향을 미치는 용질의 양을 나타내며, 용질의 농도가 높아짐에 따라 삼투퍼텐셜은 높아진다.
② 식물세포에서 압력퍼텐셜은 $\Psi_p$로 표시되고, 삼투퍼텐셜이나 매트릭퍼텐셜과는 대조적으로 + 값이다.
③ 매트릭퍼텐셜은 여러 식물 조직에서 0.01MPa 정도로 매우 낮은 값을 나타내므로 수분퍼텐셜에 거의 영향을 주지 않기 때문에 흔히 무시하게 된다.
④ 매트릭퍼텐셜은 교질물질과 식물세포의 표면에 대한 물의 흡착친화력으로 표시된다.

**03** 다음의 보기 중 모터단백질에 속하지 않는 것은 무엇인가?

① 마이오신(myosin)
② 디네인(dynein)
③ 키네신(kinesin)
④ 핌브린(fimbrin)

**04** 색소체에 대한 설명으로 옳지 않은 것은 무엇인가?

① 색소체는 광합성, 그리고 다양한 물질의 저장 및 세포의 구조와 기능에 필요한 물질의 합성을 담당하는 기관이다.
② 전분체는 색소가 없는 색소체로서 녹말입자로 채워져 있다.
③ 백색체는 무색의 색소체로서 정유에 함유되어 있는 모노테르펜(monoterpene)의 생성에 관여한다.
④ 잡색체는 전색소체가 엽록체로 발달하는 과정에서 광이 부족하여 발달이 정지된 색소체이다.

**05** 다음의 보기 중 압력구배에 따라 물분자의 집단이 함께 이동하는 것을 무엇이라 하는가?

① 확산
② 집단류
③ 침투
④ 삼투

**06** 작물의 호흡과정에서 전자전달경로에 대한 설명으로 옳지 않은 것은 무엇인가?

① 전자전달 과정에서 1분자 NADH가 산화될 때마다 2분자의 ATP가 생성되고, $FADH_2$가 산화될 때에는 3분자의 ATP가 생성된다.
② 호흡의 산화반응과 관련된 ATP의 합성을 산화적 인산화라고 한다.
③ 호흡작용은 전자전달과 ATP의 생산으로 그 과정이 일단 종료된다.
④ 광합성에 의하여 당에 저장된 잠재에너지는 호흡작용에 의하여 이 에너지가 생리적 활동에 공급된다.

**07** 다음의 보기 중 줄기가 변하여 생긴 덩굴손을 가지는 것은 무엇인가?

① 포도
② 콜라비
③ 양파
④ 잔디

**08** 종자의 수명에 영향을 미치는 환경조건에 대한 설명으로 옳은 것은?

① 종자는 함수량이 0에 가까울수록 발아력을 상실하지 않는다.
② 종자의 함수량 변화가 크면 수명을 단축시키는 원인이 된다.
③ 저온의 효과는 특히 종자의 함수량이 적을 때 크게 나타난다.
④ 일반적으로 산소의 존재는 종자수명을 오래 지속시킨다.

**09** 다음의 보기 중 상위자방을 갖는 것은 무엇인가?

① 복숭아
② 사과
③ 벚나무
④ 소나무

**10** CAM(crassulacean acid metabolism) 식물의 광합성 관련 특징으로 옳은 것을 〈보기〉에서 고른 것은?

> ㉠ 수분이 충분한 저온 지역에 잘 적응한다.
> ㉡ $C_3$ 및 $C_4$ 식물에 비해 건물생산량이 낮다.
> ㉢ 밤에 기공을 열어 이산화탄소($CO_2$)를 흡수한다.
> ㉣ $C_3$ 및 $C_4$ 식물에 비해 낮 동안의 증산율이 높다.

① ㉠, ㉡
② ㉠, ㉢
③ ㉡, ㉢
④ ㉡, ㉣

**11** 작물 체내의 동화물질 분배에 대한 설명으로 옳지 않은 것은 무엇인가?

① 수용부 크기(sink size)는 수용부 조직의 전체 무게이다.
② 수용부 활성(sink actvity)은 수용부 조직의 단위중량당 동화물질의 흡수속도이다.
③ 인돌초산(IAA), 사이토키닌(cytokinin), 에틸렌 및 지베렐린을 줄기 절단면에 처리하면 처리한 부위에 동화물질의 축적이 유발된다.
④ 생장점과 같은 분열조직은 동화물질을 받는 데 불리한 위치에 있다.

**12** 춘화현상에 대한 설명으로 옳지 않은 것은 무엇인가?

① 춘화현상이란 침윤종자나 생장 중인 식물에 저온을 처리함으로써 개화가 유도 또는 촉진되는 것을 말한다.
② 밀과 같은 월동 1년생 식물은 침윤된 종자나 어린 유식물 상태에서 저온처리가 되어야만 개화가 가능하다.
③ 종자가 수분을 흡수하지 않아도 춘화처리 효과는 발생한다.
④ 저온에 감응하는 부위는 생장점이다.

**13** 다음의 보기 중 작물 노화의 징후에 해당하지 않는 것은 무엇인가?

① 엽록체는 잎의 노화가 개시될 때 파괴되는 최초의 세포기관으로, 틸라코이드막 구성성분과 스트로마 성분들이 분해된다.
② 핵산과 단백질 분해효소가 증가하여 핵산과 단백질의 분해가 가속화된다.
③ 불포화지방산의 산화 중간산물의 양이 크게 증가하며, 이와 함께 원형질막의 지질가수분해효소의 양이 급격하게 증가한다.
④ 뿌리가 목질화되며 통기계가 발달한다.

**14** 다음의 보기 중 옥신 수송저해제는 무엇인가?

① CCC, B9
② amo 1618, paclobutrazol
③ NPA, TIBA
④ inabenfide, trinexapac-ethyl

**15** 광주기성에 관련한 식물의 분포에 대한 설명으로 옳지 않은 것은 무엇인가?

① 저위도지방에는 단일식물이 널리 분포되어 있다.
② 고위도지방에는 장일식물이 얼리 분포되어 있다.
③ 중성식물은 온대지방에만 분포한다.
④ 온대에서는 장일식물과 단일식물 모두 존재한다.

**16** 다음의 보기 중 과실의 생장이 2중시그모이드곡선을 나타내는 것은 무엇인가?

① 콩
② 포도
③ 사과
④ 배

**17** 쿠마린(coumarin)에 대한 설명으로 옳지 않은 것은 무엇인가?

① 식물의 종피·과실·꽃·뿌리·잎·줄기 등에 분포하나 과실과 꽃에 많이 함유되어 있다.
② 항균, 섭식저해, 발아억제 및 자외선 차단 등의 활성을 나타내어 식물의 방어반응에 관여한다.
③ 동물이 쿠마린 함량이 높은 식물을 섭취하면 대량의 내장출혈이 발생할 수 있다.
④ 선태식물·양치식물·속씨식물 및 겉씨식물에 존재한다.

**18** 질소의 동화과정 중 제 2단계 환원(아질산→암모니아)이 주로 이루어지는 곳은?

① 엽록체
② 세포질
③ 리보솜
④ 세포막

**19** 작물체 내의 다당류에 대한 설명으로 옳지 않은 것은 무엇인가?

① 전분은 아밀로스(amylose)와 아밀로펙틴(amylopectin)의 2종의 다당류로 구성되어 있다.
② 셀룰로스는 식물 세포벽의 특유한 성분으로 목화·아마·삼·모시 등 섬유의 세포벽에 함유되어 있다.
③ 국화과식물에는 저장물질로서 펜토산이 집적되어 있다.
④ 펙틴물질은 1차 세포벽의 구성성분을 이룬다.

**20** 전류물질의 체관부하적에 대한 설명으로 옳지 않은 것은 무엇인가?

① 체관부하적이란 식물의 비광합성기관인 뿌리, 괴경, 발육 중인 과실, 미성숙 잎과 같은 수용부위 조직 말단에 있는 체요소로부터 자당과 그 밖의 다른 용질이 빠져 나가는 과정을 말한다.
② 수용부위에서 하적된 용질은 공급원에 있는 체관부에서보다 더 높은 농도를 가진 성숙 중인 열매나 또는 다른 세포로 활발히 흡수된다.
③ 체관부하적과 수용부 세포로의 운반은 심플라스트 및 아포플라스트 경로를 거친다.
④ 뿌리와 어린 잎과 같이 생장이 이루어지고 있는 영양생장기관 수용부위에서의 체관부하적과 수용부 세포로의 운반은 아포플라스트경로를 통해 운반된다.

## 작물생리학 10회 동형모의고사

**01** 다음의 보기 중 칼륨이 가장 적게 들어있는 부분은 어느 곳인가?

① 광합성 작용이 왕성한 잎
② 세포분열이 왕성한 줄기의 끝
③ 뿌리의 끝
④ 줄기의 목질부와 종자

**02** 시비량과 수확량의 관계에 대한 설명으로 옳지 않은 것은 무엇인가?

① 작물이 생육하는 데 알맞은 환경 하에서 필수원소 중 어느 한 가지만 부족하면 기대하는 수량을 얻을 수 있다.
② 작물의 건물은 대부분이 광합성 산물이지만 무기양분이 부족하면 광합성이 영향을 받으므로 무기양분의 공급이 생육의 제한인자가 될 경우가 많다.
③ 어떤 무기양분이 심하게 결핍될 때에는 그 성분 특유의 결핍증상이 나타나고, 생육이 억제되어 수량이 크게 감소한다.
④ 최적 농도보다 어느 정도 더 높은 수준에서는 수량이 증가하지 않고 해작용도 없는 과잉소비를 하지만, 농도가 훨씬 더 높아지면 염류축적에 의한 장해를 받을 수 있다.

**03** 다음의 보기 중 저장물질로서 지방을 많이 함유하고 있는 종자가 발아할 때의 호흡계수는?

① RQ < 1
② RQ > 1
③ RQ = 1
④ RQ = 0

**04** 크렙스회로 전체에서 생성하는 ATP는 몇 개인가?

① 9
② 24
③ 30
④ 36

**05** 글리옥실산회로(glyoxylic acid cycle)의 과정이 바르게 나열된 것은 무엇인가?

① 아세틸-CoA → 말산 → 옥살초산 → 시트르산 → 숙신산
② 아세틸-CoA → 숙신산 → 말산 → 옥살초산 → 시트르산
③ 아세틸-CoA → 말산 → 옥살초산 → 숙신산 → 시트르산
④ 아세틸-CoA → 옥살초산 → 시트르산 → 숙신산 → 말산

**06** 전류물질의 체관부 적재과정에서 아포플라스트의 pH가 높으면 어떤 현상이 일어나는가?

① 외부의 자당이 체요소와 반세포로 잘 흡수되지 않는다.
② 양이온 확산 및 자당-H$^+$ 공동수송 단백질의 추진력이 증가한다.
③ 체요소-반세포 복합체가 형성되지 않는다.
④ 단거리 운반이 일어나지 않는다.

**07** 식물의 상처반응 펩타이드호르몬은 무엇인가?

① 메싸이오닌
② 시스테민
③ 류신
④ 세린

**08** 저장 중의 종자가 발아력을 잃는 중요한 원인은 무엇인가?

① 종자의 원형질구성단백질과 저장단백질의 변성
② 종자의 단백질의 분해와 유해물질 집적
③ 종자의 유해물질 분해와 저장단백질의 변성
④ 종자의 원형질구성단백의 저하

**09** 작물의 엽면적 증가에 대한 설명으로 옳지 않은 것은 무엇인가?

① 잎의 신장속도는 잎의 발생과 같이 볏과작물은 생육 초기에는 기온의 영향을 많이 받는다.
② 분얼과 분지는 밀식(密植)하면 적게 발생하고 소식(疎植)하면 많이 발생한다.
③ 종실을 이용하지 않고 영양체를 이용하는 목초의 경우에는 분얼이 많이 발생하는 품종이 더욱 유리하다.
④ 비료부족, 건조, 고온, 거리, 바람, 병충해 발생 등은 잎의 노화를 촉진시킨다.

**10** 지상부 전체 건물중 중에서 저장기관인 종실의 수량이 차지하는 비율을 무엇이라 하는가?

① 수량
② 수확지수
③ 수확량
④ 등숙비율

**11** 옥신에 대한 설명으로 옳지 않은 것은 무엇인가?

① 대부분의 식물조직은 낮은 수준의 IAA를 생산하는 능력이 있지만 정단분열조직, 어린 잎, 발육중인 열매와 종자가 IAA 생합성의 주요 부위이다
② 옥신 극성수송은 식물의 줄기-뿌리 극성 발달을 위해 필수적이다.
③ 극성수송은 심플라스트를 통하기보다는 세포와 세포를 통해 이동한다.
④ 성숙한 잎에서 생합성되는 IAA의 대부분은 물관부를 통하여 식물의 나머지 부위로 극성 수송되는 것으로 나타난다.

**12** 대기오염물질 중 산화장해물질에 속하는 것은 무엇인가?

① 아황산가스
② 오존
③ 불화수소
④ 암모니아

**13** 다음의 보기 중 건폐과는 무엇인가?

① 벼
② 완두
③ 딸기
④ 사과

**14** 무기양분에 대한 설명으로 옳지 않은 것은 무엇인가?

① 현재 식물의 필수원소로 분류되지는 않았지만 식물이 부수적으로 많이 흡수하는 원소로는 셀레늄·요오드·코발트 등이 있다.
② 요오드는 특히 해조류에 많이 함유되어 있으며, 코발트는 콩과작물이 뿌리혹[근류(根瘤)]에서 질소를 고정하는 데 필요하다.
③ 셀레늄은 인산의 흡수를 억제하므로 인산에 예민한 식물의 인산해독을 막아 작물의 생육을 촉진한다.
④ 추락답(秋落畓)에서는 망간·철 등이 작토층에 집적되므로 이들의 과잉이 문제된다.

**15** 작물체 잎의 안테나색소에 대한 설명으로 옳지 않은 것은 무엇인가?

① 광을 흡수한다.
② 직접적으로 광화학반응에 관여한다.
③ 흡수된 광자의 에너지는 안테나복합체를 통하여 이동한다.
④ 안테나엽록소는 서로 밀접해 있다.

**16** 작물의 호흡작용에 영향을 미치는 요인에 대한 설명으로 옳지 않은 것은 무엇인가?

① 식물 주변의 공기가 20% 이하이면 유기호흡은 현저하게 감소된다.
② 0℃에 가까운 저온에서는 식물의 호흡이 크게 저하된다.
③ 보통공기 중에 있는 $CO_2$ 농도보다 더 높은 농도에서는 호흡작용이 상당히 감소된다.
④ 건조종자가 수분을 흡수할 때 호흡률은 어느 정도의 수분함량까지는 서서히 증가하지만 수분함량이 약간 더 증가됨에 따라 급격히 증가한다.

**17** 작물의 주요 저장물질에 대한 설명으로 옳지 않은 것은 무엇인가?

① 사탕무에서는 뿌리에 다량의 자당이 저장된다.
② 과수의 과실에는 포도당이나 과당과 같은 단당류가 축적된다
③ 저장단백질은 밀의 곡립, 아주까리의 종자 등에 함유되어 있다.
④ 유채·땅콩 등은 종자의 배유 또는 떡잎의 조직 속에 단백질이 저장된다.

**18** amylase에 대한 설명으로 옳지 않은 것은 무엇인가?

① 전분의 분해는 가수분해효소인 amylase에 의하여 촉매된다.
② amylase는 전분종자에 다량으로 함유되어 있으며, 종자가 발아할 때 저장전분을 급격히 가수분해하여 어린 식물에 대한 당류의 공급을 가능하게 한다.
③ β-amylase는 아밀로스와 아밀로펙틴을 말단으로부터 포도당단위로 가수분해한다.
④ α-amylase는 전분에 작용하여 긴 전분의 중합체의 중간부분에서 덱스트린이라는 6분자의 포도당단위를 분해시킨다.

**19** 저플루언스반응(low-fluence response, LFR)에 대한 설명으로 옳은 것은 무엇인가?

① 상추 종자 발아와 잎 운동의 조절과 같은 대부분의 적색광/원적색광 광가역적 반응에서 볼 수 있다.
② 빛의 연속적인 짧은 섬광에 의해서는 유도되지 않는다.
③ 광에너지의 총량이 합산되어 필요한 플루언스에 도달되면 반응이 유도된다.
④ 발아율 또는 하배축 신장 저해율 등은 플루언스율과 조사시간의 곱에 의존적이다.

**20** 다음의 보기 중 발아온도가 가장 높은 것은 무엇인가?

① 메밀
② 호박
③ 옥수수
④ 콩

## 작물생리학 11회 동형모의고사

**01** 작물체의 체관부조직에 대한 설명으로 옳지 않은 것은 무엇인가?

① 식물체 안에서 당과 다른 유기물질을 통도하는 체관부세포를 체요소라고 한다.
② 체관요소는 하나 이상의 반세포와 짝을 이루어 형성되며, 원형질연락사가 체관요소와 반세포를 관통하여 용질을 쉽게 이동시킨다.
③ 반세포는 성숙한 잎의 세포에서 소엽맥의 체관요소로 광합성 산물을 수송하는 역할을 한다.
④ 잎이나 녹색식물의 체관부유조직은 흔히 엽록체를 함유하지 않으며, 당류는 체관요소를 통해 전류하는 기능을 담당한다.

**02** 6탄당이 호흡작용에 의하여 산화되는 경우 실제로 호흡원으로서 이용되는 것은 무엇인가?

① fructose-1,6-bisphosphate
② glucose-1-phosphate
③ glucose-6-phosphate
④ fructose-6-phosphate

**03** 순환적 광인산화반응에 대한 설명으로 옳은 것은 무엇인가?

① 여기된 엽록소의 전자전달이 전자수용체를 지나서 엽록소로 되돌아오는 형이다.
② 여기된 엽록소의 전자전달이 전자수용체를 지나서 엽록소로 되돌아오지 않는 형이다.
③ 여기된 엽록소의 전자전달이 전자수용체를 지나지 않는 형이다.
④ 엽록소에서 전자전달을 차단하는 것이다.

**04** 다음의 보기 중 해당과정(解糖過程; glycolysis)이 일어나는 곳은 무엇인가?

① 시토졸
② 페록시솜
③ 미토콘드리아
④ 카로티노이드

**05** 다음의 보기 중 지지작용을 하는 기근을 가지는 것은 무엇인가?

① 당근
② 우엉
③ 마늘
④ 옥수수

**06** 작물의 생장에 대한 설명으로 옳지 않은 것은 무엇인가?

① 암상태에서 자란 황백화식물은 줄기가 길고, 떡잎이 겹쳐져 있으며, 엽록소의 축적이 거의 없다.
② 장파장(750nm)의 빛은 광합성에는 효과적이지 못하나 광형태형성 유도에는 중요한 신호로 작용하며, 작물체온의 상승효과가 크다.
③ 야간에 온도가 높으면 당 함량이 높아지고, 뿌리로의 당 이동이 증가하고, 호흡에 의한 탄수화물의 소모가 감소하기 때문에 생장에 유리하다.
④ 토양산소는 대기 중 산소농도의 1/3이면 뿌리의 생장에 적절한 것으로 알려져 있다.

**07** 작물의 노화에 관여하는 식물호르몬에 대한 설명으로 옳지 않은 것은 무엇인가?

① 에틸렌에 의해 유도되는 일반적인 노화현상으로는 호흡률의 증가, 막투과성의 증가, 그리고 엽록소의 파괴 등을 들 수 있다.
② 뿌리의 활성이 감소하게 되면 사이토키닌의 합성이 줄어들어 잎의 노화가 급격하게 일어난다.
③ 옥신은 잎의 탈리 초기과정을 지연시키는 반면, 탈엽기 또는 과실 성숙 후기에서는 오히려 촉진작용을 나타낸다.
④ 에틸렌은 핵산합성을 억제하고 핵산분해효소를 활성화시켜 RNA의 분해를 촉진한다.

**08** 작물의 수량형성에 대한 설명으로 옳지 않은 것은 무엇인가?

① 벼는 수량구성요소 중 이삭수가 수량에서 차지하는 비율이 가장 높으므로 적정 재식밀도를 유지하면서, 엽면적을 증가시키고, 이삭수와 이삭당 영화수를 증가시키는 것이 중요하다.
② 완두·녹두는 영양부족·가뭄 등으로 꼬투리수나 무게가 감소하여 수량이 떨어진다.
③ 무·당근·고구마·감자 등은 생식생장이 시작되면 수량과 품질이 나빠지는 경우가 많다.
④ 영양기관을 이용하는 작물은 저장기관의 크기가 미리 결정되어 있다.

**09** 수분퍼텐셜에 대한 설명으로 옳지 않은 것은 무엇인가?

① 삼투퍼텐셜은 수분퍼텐셜에 영향을 미치는 용질의 양을 나타낸다.
② 원형질분리를 일으킨 세포는 팽압이 0MPa 이하이다.
③ 매우 건조한 지대나 사막에 적응된 식물의 조직은 보통 매트릭퍼텐셜이 매우 높다.
④ 매트릭퍼텐셜은 젤라틴·셀룰로스와 같은 물질을 물에서 부풀게 하고, 침지된 종자를 처음에 부풀게 하는데, 이와 같이 부풀게 될 때 상당한 압력이 생기게 된다.

**10** 액포에 대한 설명으로 옳지 않은 것은 무엇인가?

① 성숙한 세포의 액포는 세포 부피의 약 90%를 차지하고 있다.
② 액포에는 무기물 이온, 유기산, 당, 효소, 저장 단백질 및 2차대사산물 등 다양한 물질이 저장된다.
③ 액포에는 세포질에 존재하고 있는 유해한 물질이 축적되어 세포가 유해한 물질로부터 보호된다.
④ 액포의 산도는 보통 알칼리성을 띤다.

**11** 작물의 무기양분 흡수에 대한 설명으로 옳지 않은 것은 무엇인가?

① 작물은 토양용액 중에 있는 모든 무기양분을 같은 정도로 흡수하며, 비선택적으로 흡수한다.
② 무기양분의 흡수는 주로 대사작용이 왕성한 뿌리 끝에 있는 신장대(伸長帶)에서 이루어진다.
③ 작물이 많이 요구하는 무기양분을 많이 시용할수록 흡수량이 많아진다.
④ 공기나 물에서 공급되는 탄소·산소·수소를 제외한 대부분의 무기양분은 뿌리로 흡수된다.

**12** 증산작용에 영향을 미치는 외계조건 중 상관관계가 가장 높은 것은 무엇인가?

① 일조도
② 대기습도
③ 온도
④ 바람

**13** 다음의 보기 중 광호흡이 일어나는 곳은 무엇인가?

① 미토콘드리아
② 페록시솜
③ 엽록소
④ 세포벽

**14** 다음의 보기 중 ATP의 구성성분에 속하지 않는 것은 무엇인가?

① adenin
② ribose
③ glucose
④ phosphate

**15** 카로티노이드에 대한 설명으로 옳지 않은 것은 무엇인가?

① 노란색, 오렌지색 또는 빨간색을 나타내는 색소이다.
② 녹색인 모든 식물조직에 존재한다.
③ 카로티노이드는 엽록체 속에는 없다.
④ 당근의 뿌리, 여러 가지 식물의 꽃·열매·종자 등에 함유되어 있다.

**16** 다음의 보기 중 마늘의 중요한 저장탄수화물은 무엇인가?

① 전분
② 이눌린
③ 알리신
④ 프락탄

**17** 광화학 과정에서 에너지 전환에 관여하는 광화학반응에 대한 설명으로 옳지 않은 것은 무엇인가?

① 제1광계는 반응중심이 P700 이다.
② 제2광계는 순환적 광인산반응과 관계가 있다.
③ 제2광계는 680nm의 파장에서 최대흡수치를 나타내는 엽록소 a 분자에 반응중심이 위치하고 있다.
④ P700은 광합성단위를 구성하는 약 250 엽록소 분자 중에서 광화학적 활성부위가 된다.

**18** 대기오염물질에 의한 가시장해 중 만성형 장해에 대한 설명으로 옳지 않은 것은 무엇인가?

① 비교적 고농도인 ppm에서 수십 ppb 농도의 오염물질이 식물에 접촉되어 생육을 저해한다.
② 주로 황화(chlorosis) 또는 괴사(necrosis) 현상으로 나타난다.
③ 도시 근교의 대기오염 피해는 주로 만성형에 속한다.
④ 가벼운 장해를 나타내는 것이다.

**19** 다음의 보기 중 발아의 외적 조건 중 수분에 대한 내용으로 옳지 않은 것은 무엇인가?

① 수분은 종피를 연화시키고 팽창시켜 배가 쉽게 종피를 빠져나오도록 해준다.
② 저장양분 가운데 수분에 대한 팽윤정도는 셀룰로오스가 가장 크다.
③ 흡수된 수분은 저장물질의 분해와 전류를 가능하게 하여 발아에 필요한 물질대사를 원활하게 한다.
④ 발아에 필요한 흡수율은 콩과식물의 경우 50~60% 이상이 필요하다.

**20** 다음의 보기 중 수증기로 포화된 공기 중에서도 발아에 충분한 물을 흡수할 수 있는 것으로 구성된 것은 무엇인가?

① 호박 · 수박 · 메론
② 밀 · 보리 · 호밀
③ 밀 · 토마토 · 감자
④ 고구마 · 감자 · 당근

## 01 작물의 함수량에 대한 설명으로 옳지 않은 것은 무엇인가?

① 증산작용이 왕성할 때에는 흔히 작물의 함수량 저하가 일어나며, 그 정도가 심하면 작물은 위조를 나타낸다.
② 증산작용은 식물체의 함수량을 감소시키므로 팽압이 감소된다.
③ 증산작용에 의하여 작물의 함수량이 저하하면 작물의 생장이 억제된다.
④ 작물의 함수량이 감소하면 다년생 목본식물에서는 꽃눈형성이 억제된다.

## 02 미토콘드리아에 대한 설명으로 옳지 않은 것은 무엇인가?

① 미토콘드리아는 진핵세포에 존재한다.
② 미토콘드리아는 호흡계를 내포하지 않는다.
③ 미토콘드리아는 유기산과 아미노산 등의 합성에 사용되는 다양한 화합물을 공급한다.
④ 미토콘드리아는 고리형의 2중가닥 DNA를 갖고 있다.

## 03 다음의 보기 중 결핍시 고두병(苦痘病; bitter pit)을 유발하는 무기양분은 무엇인가?

① 마그네슘(magnesium, Mg)
② 칼슘(calcium, Ca)
③ 철(iron, Fe)
④ 칼륨(potassium, K)

## 04 세포주기에 대한 설명으로 옳지 않은 것은 무엇인가?

① 세포주기는 4개의 단계가 $G_1 \rightarrow S \rightarrow G_2 \rightarrow M$ 순으로 연이어서 진행된다.
② 유사분열 촉진인자(mistosis-promoting factor)는 $G_2$기의 세포의 분열을 유도한다.
③ 세포주기의 단계적인 진전은 CDK저해제(CDK inhibitor, CKI)의 활성변화에 의해 조절된다.
④ DNA의 복제는 세포주기의 S기에만 진행되고, $G_2$, M 및 $G_1$기에는 억제된다.

## 05 비순환적 광인산화반응에 대한 설명으로 옳지 않은 것은 무엇인가?

① 여기(勵起)된 엽록소 분자에서 이탈된 전자가 여러 전자수용체를 거치는 과정에서 ATP를 형성한다.
② 최종적으로 NADP에 의하여 전달되어 NADPH로 환원되고 엽록소로 되돌아가는 과정이다.
③ 제1광계와 제2광계 모두 이 반응에 관련있다.
④ 제1광계와 제2광계에서 ATP와 NADPH를 형성하는 데 관련이 있다.

## 06 다음의 보기 중 단순지질에 해당하는 것은 무엇인가?

① glycerophospholipid
② triacylglycerol
③ spingomyelin
④ glycospingolipid

**07** 다음의 보기 중 옥수수 저장단백질의 대표적인 것은 무엇인가?

① 제인(zein)
② 글루테닌(glutenin)
③ 글리시닌(glycinin)
④ 파세올린(phaseolin)

**08** 다음의 보기 중 무엇의 활성이 저해되면 식물체에서 황화현상이 나타나는가?

① NiR
② NR
③ $NO_2$
④ Mo

**09** 식물의 아미드에 대한 설명으로 옳지 않은 것은 무엇인가?

① 식물의 아미드는 뿌리의 백색체, 잎의 엽록체에서 생성되며 그 함량은 식물의 종류와 생육조건에 따라 다르다.
② 아미드는 암모니아의 해작용을 막아주고 질소의 저장고 역할을 한다.
③ 콩과식물에서 글루타민은 유엽, 뿌리, 꽃 등 필요한 부위로 이동하여 재사용된다.
④ 글루타민은 α-케토글루타르산과 반응하면 2분자의 글루탐산을 생성한다.

**10** 파이토크롬의 생태적 기능에 대한 설명으로 옳지 않은 것은 무엇인가?

① 수면운동을 하는 잎은 낮에는 빛을 향해 수평하게 펼쳐지고, 밤에는 수직방향으로 접힌다.
② 잎의 엽록소는 적색광을 잘 흡수하는 반면에 원적색광을 많이 투과시키기 때문에 초관 아래에서는 낮은 R : FR 값을 나타낸다.
③ 그늘이 짙어지면 R : FR 비는 감소한다.
④ 원적색광 비율이 높아지면 발아가 촉진된다.

**11** 다음의 보기 중 감자나 양파의 저장 중 싹이 트는 것을 막기 위해 이용하는 것은 무엇인가?

① MH
② AMO-1618
③ CCC
④ BA

**12** 다음의 보기 중 고온에서 단위결과를 일으키는 것은 무엇인가?

① 배, 토마토
② 바나나, 감귤
③ 복숭아, 포도
④ 파인애플, 멜론

**13** 작물의 내습성에 대한 설명으로 옳지 않은 것은 무엇인가?

① 뿌리의 피층세포가 사열로 배열되어 있는 것이 직렬로 되어 있는 것보다 내습성이 좋다.
② 뿌리 세포의 코르크화와 목질화는 산소가 부족한 땅속에서도 지상부로부터 공급된 산소를 이용하여 뿌리가 깊게 자랄 수 있도록 하는 역할을 한다.
③ 벼와 같이 담수조건에 적응하는 작물은 철·망간 등이 흡수되어도 통기조직(通氣組織)을 통하여 산소가 공급되므로 뿌리에서 산화되어 불용태가 된다.
④ 내습성이 큰 작물은 과습상태가 될 때 지표 부근에 부정근(不定根)이 많이 발생한다.

**14** 최고엽면적형 작물에 대한 설명으로 옳은 것은 무엇인가?

① 최적엽면적이 존재하지 않고, 일정 수준 이상의 엽면적이면 최고 수량을 낸다.
② 대체로 엽면적지수가 4~6일 때 최고수량을 내며, 그 이상 증가하면 오히려 수량이 감소한다.
③ 건물수량은 처음에는 엽면적지수가 커질수록 증가하다가 일정한 한계를 넘으면 오히려 감소한다.
④ 다수확을 위하여 다비 밀식하여 출수기의 엽면적지수가 5 이상 되면 오히려 수량성이 낮아질 수 있다.

**15** 종자의 발달과정에 대한 설명으로 옳지 않은 것은 무엇인가?

① 옥수수는 배가 배유보다 먼저 발달한다.
② 쌍떡잎식물은 세포분열기 동안 배는 구상형, 심장형 및 어뢰형 단계의 발생과정을 거쳐 2개의 떡잎이 형성된다.
③ 성숙기의 콩 종자에는 배유가 없어지고 배만 남게 된다.
④ 쌍떡잎식물은 수분 직후에는 배가 배유보다 생장속도가 느리지만 곧 빨라지게 되고, 배유는 배의 생장을 위해 소모된다.

**16** 내동성에 영향을 끼치는 요인에 대한 설명으로 옳지 않은 것은 무엇인가?

① 건조종자와 균의 포자는 절대영도에서 장기간 저장해도 해를 받지 않는다.
② 체내에 당 함량이 높으면 내동성이 증가한다.
③ 친수성 콜로이드 함량이 많을수록 내동성이 증가한다.
④ GA를 처리하면 내동성이 증가한다.

**17** 토양오염에 대한 설명으로 옳지 않은 것은 무엇인가?

① 토양이 산성화되면 카드뮴의 흡수가 촉진된다.
② 구리는 산성토양에서 용해가 잘되고, 알칼리성 토양에서는 용해가 잘 안 된다.
③ 비소(As)의 경우 일반토양에 2~10ppm 정도 함유되어 있으며, 토양 중에 비소가 10ppm 이상 함유되어 있으면 수량이 떨어진다.
④ 경작지 토양의 경우 농업용 비닐과 같은 농업자재는 토양오염과 관련이 없다.

**18** 사이토키닌의 생물적 효과에 대한 설명으로 옳지 않은 것은 무엇인가?

① 사이토키닌은 세포분열을 촉진하는 주된 물질이다.
② 많은 식물의 곁눈에 사이토키닌을 직접 처리하면 세포분열 활성과 생장이 촉진된다.
③ 노화지연과 동화산물 분배에 관여한다.
④ 잎의 개시와 잎의 출현패턴을 조절한다.

**19** 다음의 보기 중 지베렐린을 처리하면 수꽃의 형성이 촉진되는 것에 해당하지 않는 것은 무엇인가?

① 오이
② 대마
③ 시금치
④ 옥수수

**20** 아세틸-CoA가 글리옥실산(glyoxylic acid)회로를 통해서 당과 지방산으로 전환되는 과정 중 가장 첫 번째로 일어나는 반응은 무엇인가?

① 글리옥시솜(glyoxysome)에서 시트르산(citric acid), 말산(malic acid), 숙신산(succinic acid)으로 전환됨.
② 미토콘드리아에서 숙신산이 말산으로 전환됨.
③ 역해당과정에 의하여 말산이 당으로 전환됨.
④ 전색소체(前色素體; proplastid)에서 시트르산이 지방산으로 전환됨.

## 작물생리학 13회 동형모의고사

**01** 작물 뿌리의 수분흡수 경로에 대한 설명으로 옳지 않은 것은 무엇인가?

① 수분퍼텐셜 구배에 따라 물은 토양으로부터 뿌리세포로 들어온다.
② 심플라스트를 통한 물의 이동은 카스파리대에 의하여 방해를 받는다.
③ 아포플라스트경로란 어느 막도 통과하지 않고 식물의 죽어 있는 부위인 세포벽과 세포간극을 통하여 수분과 용질을 한 세포에서 다른 세포로 이동시키는 것을 뜻한다.
④ 심플라스트경로는 원형질연락사를 통하여 살아 있는 부위로 계속하여 연결된 세포질을 통하여 세포에서 세포로 수분이나 용질을 운반시킨다.

**02** 색소체에 대한 설명으로 옳지 않은 것은 무엇인가?

① 색소체는 광합성, 그리고 다양한 물질의 저장 및 세포의 구조와 기능에 필요한 물질의 합성을 담당하는 기관이다.
② 모든 색소체는 발육상으로 백색체로부터 유래한다.
③ 전색소체에 빛이 조사되면 엽록체로 분화된다.
④ 색소체는 고리형의 2중가닥 DNA 분자를 포함하고 있다.

**03** 다음의 보기 중 혐기성 호흡에 대한 설명으로 옳지 않은 것은 무엇인가?

① 산소를 이용하지 않고 유기물을 분해하는 것이다.
② 미생물이나 효소는 혐기성 호흡을 하지 않는다.
③ 발효(fermentation)라고도 한다.
④ $CO_2$, 알코올 또는 유기산을 생성한다.

**04** $C_4$식물에 대한 설명으로 옳지 않은 것은 무엇인가?

① 세포간극이 작다.
② 유관속은 현저하게 발달된 유관속초세포로 둘러싸여 있다.
③ 엽육세포와 엽맥 주위의 유관속초세포에 각각 엽록체를 갖고 있다.
④ 유관속초세포에는 보통 그라나가 많다.

**05** 다음의 보기 중 크렙스회로의 과정이 바르게 나열된 것은 무엇인가?

① 시트르산 → 숙신산 → 푸마르산 → 말산 → 옥살초산
② 시트르산 → 숙신산 → 푸마르산 → 옥살초산 → 말산
③ 시트르산 → 말산 → 숙신산 → 푸마르산 → 옥살초산
④ 시트르산 → 푸마르산 → 말산 → 숙신산 → 옥살초산

**06** 다음의 보기 중 아스파라진산에서 유래하는 것에 속하지 않는 것은 무엇인가?

① 라이신
② 트레오닌
③ 히스티딘
④ 메티오닌

**07** 작물의 저장물질에 대한 설명으로 옳지 않은 것은 무엇인가?

① 콩과작물 종자에는 탄수화물보다 단백질과 지방이 훨씬 많이 저장된다.
② 단백질은 포도당의 형태로 전류되어 저장기관에서 합성된다.
③ 지방은 당류로 전류되어 종자의 내부에서 지방으로 합성되어 축적된다.
④ 저장단백질은 밀의 곡립, 아주까리의 종자 등에 함유되어있다.

**08** 다음의 보기 중 식물체에 존재하는 프롤라민에 속하지 않는 것은 무엇인가?

① 옥수수의 제인
② 호밀의 글리아딘
③ 보리의 호르데인
④ 벼의 오리제닌

**09** 단백질 합성시 종결암호에 해당하지 않는 것은 무엇인가?

① UAA
② UAG
③ UGG
④ UGA

**10** 다음의 보기 중 체판공에서 칼로스가 생성되는 경우에 해당하지 않는 것은 무엇인가?

① 상해를 입었을 때
② 기계적인 자극이 있을 때
③ 고온스트레스를 받을 때
④ 체관요소가 손상되었을 때

**11** 식물에서 지방산의 생합성이 진행되는 곳은 어디인가?

① 세포벽
② 색소체
③ 세포질
④ 미토콘드리아

**12** 전류물질의 체관부적재에 대한 설명으로 옳지 않은 것은 무엇인가?

① 낮 동안에 광합성 과정에서 생긴 3탄당은 먼저 엽록체로부터 세포질로 운반되어 그곳에서 자당으로 전환된다.
② 체요소로 들어간 후 자당과 같은 용질은 체관부를 통하여 수용부위로 장거리 이동을 하게 되는데, 이를 장거리수송이라고 한다.
③ 공급부위인 잎에서 당은 엽육조직의 광합성세포로부터 엽맥으로 이동하며, 원형질연락사를 거쳐 심플라스트를 통하여 이동하거나 또는 체관부로 가는 도중에 아포플라스트를 통하여 체요소로 들어간다.
④ 제2차수송 과정에서 화학퍼텐셜 구배에 역행한 용질의 이동은 ATP가수분해에 의하여 직접적으로 일어난다.

**13** 공생적 질소고정에 대한 설명으로 옳지 않은 것은 무엇인가?

① 콩과식물은 토양 속 뿌리혹세균과의 공생관계로 대기 중의 질소를 고정한다.
② 세균의 침입에는 특이적인 세포외 다당류(extracellular polysaccharide, EPS)가 필요하다.
③ 옥신·사이토키닌·에틸렌 등의 호르몬은 공생적 질소고정작용과는 관계가 없다.
④ 세균에 의해 고정된 질소는 암모늄 형태로 세균 상체에서 식물세포의 세포질로 운송되어 글루타민합성요소(GS)에 의해 글루타민에 동화된다.

**14** 고복사조도에 의해서 유도되는 상추의 광형태형성 반응은 무엇인가?

① 떡잎의 확장
② 유아의 후크 열림
③ 에틸렌 생산
④ 안토시아닌 합성

**15** 배(胚; embryo)의 생장과정 중 가장 첫 번째 과정은 무엇인가?

① 배축(胚軸; embryonic axis)의 형성
② 배를 구성하고 있는 세포들의 신장
③ 유아나 유근의 분열조직에서 새로운 세포의 생성에 따른 형태적 변화
④ 배축(胚軸; embryonic axis)의 생장

**16** 다음의 보기 중 지상자엽형 작물로 구성된 것은 무엇인가?

① 메밀, 오이, 양파
② 밀, 옥수수, 보리
③ 보리, 땅콩, 상추
④ 완두, 피마자, 마디풀

**17** 2차대사에 대한 설명으로 옳지 않은 것은 무엇인가?

① 개체의 환경과의 상호작용을 담당한다.
② 개체의 생장과 발달에는 비필수적이나 환경에서의 생존에 필수적이다.
③ 대사과정에 관여하는 유전자는 필수기능을 엄격하게 조절한다.
④ 특이적이고 다양하며 적응하는 특성을 지닌다.

**18** 종자의 2차휴면에 대한 설명으로 옳지 않은 것은 무엇인가?

① 1차휴면이 타파되지 않은 종자 또는 원래 휴면이 없는 종자가 발아에 부적당한 환경에 일정 기간 부딪치면 휴면에 들어가는 현상을 2차휴면이라고 한다.
② 2차휴면은 실험실 내에서도 종자를 고온상태에서 높은 $CO_2$ 농도에 보관하면 유도된다.
③ 뚝새풀 종자의 2차휴면은 저온, 무산소 상태에서 유기되고, 고온, 무산소 상태에서 타파된다.
④ 돌피 종자는 20~30℃의 온도에서도 무산소 상태가 되면 2차휴면에 들어간다.

**19** 세포벽의 가소성이 증가하는 조건은 무엇인가?

① 높은 pH, 옥신
② 높은 pH, 시토키닌
③ 낮은 pH, 옥신
④ 낮은 pH, 시토키닌

**20** 작물의 생장에 영향을 미치는 환경조건에 대한 설명으로 옳지 않은 것은 무엇인가?

① 광도가 높으면 생장이 촉진되고 수확량이 증가하는 반면에 광도가 약하면 생장이 쇠퇴하고 수확량이 감소한다.
② 광합성에 가장 효과적인 파장은 650~680nm의 적색광과 430nm 부근의 청색광이다.
③ 일반적으로 주간온도는 높고 야간온도는 낮은 것이 생장에 유리하다.
④ 일반적으로 사질토양의 경우 생장속도가 느린 반면에 조직이 치밀해지는 경향이 있다.

## 작물생리학 14회 동형모의고사

**01** 다음의 보기 중 작물의 중배축(mesocotyl) 신장을 촉진시키는 광은 무엇인가?

① 원적색광
② 적외선
③ 청색광
④ 자외선

**02** 다음의 보기 중 고복사조도반응(high-irradiance response, HIR)과 가장 거리가 먼 것은 무엇인가?

① 떡잎확장
② 마디사이 신장
③ 개화유도
④ 상추 종자 발아

**03** 종자의 활력에 대한 설명으로 옳지 않은 것은 무엇인가?

① 일반적으로 모든 종자는 오래된 것일수록 발아율이 감소할 뿐만 아니라 발아가 지연되고 생육이나 수량도 떨어진다.
② 열무・시금치・완두・토마토・오이 등의 종자는 오래될수록 활력이 저하되고 생장력이 약한 식물이 되어 추대, 개화가 지연되는 경우가 많다.
③ 종자가 오래되면 종자 함수량이 증가하고 종피의 투과성이 높아진다.
④ 종자가 오래되면 호흡률이 증가하는 현상을 보인다.

**04** 노화의 유형 중 PCD에 대한 설명으로 옳지 않은 것은 무엇인가?

① 유전적인 통제를 받는 발달과정의 일환이다.
② 세포의 질병이 다른 부분으로 퍼져 나가는 것을 막는 데 도움을 준다.
③ 병원균이 건강한 부분으로 퍼져 나가는 것을 막지 못한다.
④ 다양한 분해효소의 작용에 의하여 세포를 죽게 하는 과정이다.

**05** 단위엽면적당 광합성능력에 대한 설명으로 옳지 않은 것은 무엇인가?

① $C_4$작물은 광포화점이 높고, 광호흡이 없으며, 광합성 산물의 이행이 빠르므로 특히 광도가 높고 온도가 높은 조건에서 $C_3$작물보다 생산성이 높다.
② 일반적으로 만생종 종실작물을 재배 하면 온도가 높고 일장이 긴 시기에 개화하여 등숙기간에 광합성량이 많아 수량이 증가한다.
③ 질소비료를 사용하면 엽록소 함량을 증가시켜 단위엽면적당 광합성이 증가할 뿐만 아니라, 단백질합성이 촉진되어 엽면적을 증가시켜 생산성도 커진다.
④ 작물의 생육 초기에는 엽면적지수가 낮으므로 모든 잎이 광포화점에 달하지만 엽면적지수가 증가하면 하위엽은 광포화점에 달하지 못한다.

**06** 자스몬산의 유도체로서 감자의 괴경형성 유도물질은 무엇인가?

① 튜버론산
② 살리실산
③ 브라시노스테로이드
④ 에틸렌

**07** 에틸렌생합성에 대한 설명으로 옳지 않은 것은 무엇인가?

① 과실이 성숙함에 따라 ACC synthase와 ACC oxidase의 활성이 증가하여 ACC와 에틸렌 생합성이 증가한다.
② 에틸렌 생합성은 가뭄, 침수, 저온, 오존, 기계적인 상처와 같은 식물에 가해지는 다양한 스트레스에 의해 증가될 수 있다.
③ IAA 처리에 의해 에틸렌의 생성이 감소된다.
④ 에틸렌 생합성은 낮에는 높고 밤에는 낮아지는 일주기성 리듬현상을 보인다.

**08** 춘화처리의 농업적 이용에 대한 설명으로 옳지 않은 것은 무엇인가?

① 딸기를 여름 동안 냉장처리를 한 후 가을에 재배하는 방식도 춘화처리 기술을 이용한 것이다.
② 춘파성 작물을 봄에 파종하여 출수·등숙시킬 수 있기 때문에 추파성 품종과 춘파성 품종과의 교배가 가능하다.
③ 맥류 종자를 적당한 기간 동안 춘화처리를 함으로써 봄에 파종할 수 있기 때문에 겨울 저온으로 재배가 불가능한 지역에도 재배할 수 있다.
④ 추파맥류가 동사(凍死)한 경우 춘화처리를 한 후 봄에 파종할 수도 있다.

**09** 광주기 반응에 영향을 끼치는 조건에 대한 설명으로 옳지 않은 것은 무엇인가?

① 날이 흐리거나 비가 오면 개화가 억제된다.
② 일반적으로 광주기성에는 적색광(660nm)과 등황색광이 효과적이며, 청색광(480nm)은 효과가 낮고, 녹색광은 효과가 전혀 없다.
③ 보통 잎의 최대의 크기에 도달하기 전후에 최대의 감응성을 보이며 늙은 잎에서는 다소 감소한다.
④ 일장유도 처리된 식물은 비교적 높은 온도에서 개화가 촉진되는 것이 일반적이다.

**10** 과실의 성숙과 함께 일어나는 현상에 대한 설명으로 옳지 않은 것은 무엇인가?

① 성숙과정에서 대부분의 과실 경도는 감소한다.
② 과수류 또는 과채류의 과실에서는 일반적으로 가용성 고형물이 증가하고 유기산은 감소한다.
③ 카로티노이드와 안토시아닌이 감소한다.
④ 과실 특유의 휘발성 향기성분이 만들어진다.

**11** 작물의 구조적 내건성 중 수분보존형에 대한 설명으로 옳지 않은 것은 무엇인가?

① 엽면적이 작다.
② 요수량이 많지 않다.
③ 생육초기에 토양수분을 보존한다.
④ 땅속 깊은 곳까지 뿌리를 뻗고 근계발달이 좋다.

**12** 볏과작물의 오존에 대한 내성이 순서대로 나열된 것은 무엇인가?

① 겨울밀〈수수〈옥수수
② 수수〈겨울밀〈옥수수
③ 겨울밀〈옥수수〈수수
④ 옥수수〈수수〈겨울밀

**13** 리그닌(lignin)에 대한 설명으로 옳지 않은 것은 무엇인가?

① 섬유소 다음으로 가장 풍부한 천연 유기화합물로 유관속(관다발)식물 조직의 20~30%를 차지한다.
② 리그닌은 리그놀 단량체가 산화중합반응을 통해 단계적으로 중합도가 증가하여 형성된 중합체이다.
③ 리그닌이 축적되어 수목의 2차물관조직이 형성되고 초본식물의 유관속조직이 강화된다.
④ 리그닌은 단량체·이량체 및 다량체로 존재하며, 흔히 액포에 들어 있다.

**14** 발아중인 종자에서 당류가 호흡원으로 이용될 때 호흡계수(RQ)는 무엇인가?

① 1
② 0.7
③ 0
④ 2

**15** 물속에서 발아하지 못하는 식물로 구성된 것은 무엇인가?

① 상추·당근·셀러리
② 양배추·코스모스·과꽃
③ 담배·토마토·흰토끼풀
④ 티머시·켄터키블루그래스·피튜니아

**16** 작물체의 지하부와 지상부 생장에 대한 설명으로 옳지 않은 것은 무엇인가?

① 지상부에서 공급되는 옥신은 곁뿌리와 근모의 발생을 촉진시킨다.
② 온도와 수분이 적당하고 질소가 충분하면 뿌리보다는 지상부의 생육이 더욱 촉진된다.
③ 질소부족이나 건조, 저온 등의 조건에서는 뿌리의 생장률이 더 저하된다.
④ 뿌리에서 합성되는 ABA와 사이토키닌은 지상부 생장에 큰 영향을 끼친다.

**17** 파이토크롬의 생태적 기능에 대한 설명으로 옳지 않은 것은 무엇인가?

① 직사광에 비해 해질무렵이나, 토양 아래 또는 다른 식물의 초관 아래에는 원적색광이 더 많다.
② 원적색광의 비율이 낮을 때 식물들은 지상부로 더 많은 동화산물을 분배한다.
③ 빛이 도달하기 힘든 깊이에 종자가 파묻혔을 경우에는 발아에 필요한 다른 모든 요건이 충족되더라도 발아하지 않고 휴면상태를 유지한다.
④ 그늘회피반응은 식물이 자연상태에 이웃하고 있는 식생을 감지하고 경쟁할 수 있도록 유도한다.

**18** 체관부에서의 동화물질의 전류기구 중 압류설에 대한 설명으로 옳지 않은 것은 무엇인가?

① 공급부위의 체요소와 수용부위의 체요소 사이에 발생한 정수압 구배(낙차)에 의하여 물이 집단으로 대량 이동하면서 동시에 동화물질이 함께 이동한다.
② 정수압 구배는 공급부위에서의 체관부적재와 수용부위에서의 체관부하적의 결과로 생긴다.
③ 공급부위에서 에너지에 의하여 추진되는 체관부적재로 인하여 체요소에 당이 축적되므로 용질퍼텐셜($\Psi_s$)이 낮아져서 수분퍼텐셜은 크게 감소한다.
④ 전류과정의 종착점인 수용부위에서 체관부하적은 체요소의 당농도를 높게 하므로 수용부위의 체요소에서 용질퍼텐셜을 낮게 한다.

**19** 다음의 보기 중 토양 중에서 암모니아를 아질산염으로 전환시키는 미생물은 무엇인가?

① Nitrobacter
② Nitrosomonas
③ Pseudomonas
④ Frankia

**20** 작물 체내의 단당류에 대한 설명으로 옳지 않은 것은 무엇인가?

① 리보스(ribose)와 디옥시리보스(deoxyribose)는 식물체 내 핵산의 성분으로서 널리 존재한다.
② D-glucose와 D-fructose는 세포질이나 세포액 안에 용해되어 분자상태로 함유되어 있으며, 호흡원으로 쉽게 이용된다.
③ D-galactose와 D-mannose는 호흡원으로 이용된다.
④ apiose는 배당체의 한 성분으로서 파슬리 등에서 발견된다.

## 작물생리학 15회 동형모의고사

**01** 작물 체내의 과당류에 대한 설명으로 옳지 않은 것은 무엇인가?

① 작물과 같은 고등식물에 있어서 탄수화물의 전류는 주로 자당의 형태로 이루어진다.
② 맥아당은 전분의 구성성분으로서 널리 존재하며 amylase에 의하여 전분이 분해될 때의 생성물로서 유리된다.
③ 셀로비오스는 2분자의 포도당이 축합된 것으로서 환원력을 지니고 있다.
④ 3당류는 환원력이 있다.

**02** 다음의 보기 중 체관부에서 물질의 전류속도가 가장 빠른 것은 무엇인가?

① 포도
② 쥬키니호박
③ 콩
④ 호박

**03** 전류물질의 운반경로에 대한 설명으로 옳지 않은 것은 무엇인가?

① 용질은 잎의 엽육세포의 광합성세포로부터 엽맥으로 이동되며, 원형질연락사를 경유하여 심플라스트를 통하여 전적으로 이동하거나 또는 부분적으로 체관부를 경유하여 아포플라스트로 들어간다.
② 엽육세포로부터 아포플라스트로의 자당(蔗糖) 운반은 적어도 부분적으로 K+와 같은 물질의 수준에 의하여 조절된다.
③ 사탕무 잎의 아포플라스트에서 K+수준은 낮으며 자당이 아포플라스트로 들어가는 속도를 증가시키고 양분공급을 조절하여 수용부위로의 전류를 증가시키며 수용부위의 생장을 촉진시킨다.
④ 옆으로의 이동은 측부 연결이 가능한 원형질연락사를 통하여 이루어진다.

**04** 다음의 보기 중 단당류의 인산화 과정이 바르게 나열된 것은 무엇인가?

① glucose → glucose-6-phosphate → fructose-1,6-bisphosphate → fructose-6-phosphate
② glucose → glucose-6-phosphate → fructose-6-phosphate → fructose-1,6-bisphosphate
③ glucose → fructose-1,6-bisphosphate → glucose-6-phosphate → fructose-6-phosphate
④ glucose → fructose-6-phosphate → glucose-6-phosphate → fructose-1,6-bisphosphate

**05** 식물에서 지방산의 산화의 역할에 대한 설명으로 옳지 않은 것은 무엇인가?

① 식물에서는 지방산의 산화가 에너지 생성뿐만 아니라 다양한 성분의 생합성 전구물질도 제공한다.
② 발아 중에는 저장지질이 단백질이나 다른 필수 대사산물로 전환된다.
③ 지방산이 산화되어 생성된 아세틸-CoA가 시트르산회로와 호흡과정을 통해 완전히 산화되면 많은 양의 에너지가 생성된다.
④ 글리옥시솜에서 지방산 산화에 의해 생성된 아세틸-CoA는 포도당신생합성에 필요한 4탄소 전구체로 전환된다.

**06** 식물과 다른 진핵세포의 세포질에서의 단백질 합성 과정의 차이점은 무엇인가?

① 모든 단백질의 합성에서 첫 번째로 이용되는 아미노산은 메싸이오닌이다.
② 식물에는 소단위체 리보솜이 결합하기 전에 5′ 말단을 인식하는 두 가지 유형의 개시인자(eIF4F)가 존재한다.
③ 80S 번역개시복합체로 조립된 리보솜에는 아미노아실(A)자리, 펩타이드(P)자리 및 출구(E)자리가 있다.
④ 40S 소단위체 리보솜은 개시인자 단백질과 결합한다.

**07** 작물체내의 지방산에 대한 설명으로 옳지 않은 것은 무엇인가?

① 지방산은 극성을 갖는 카복실기와 비극성을 띠는 탄화수소사슬 꼬리 부분으로 되어 있으며, 양친매성을 나타낸다.
② 탄화수소사슬의 탄소-탄소결합이 모두 단일결합이면 포화지방산이며, 이중결합이 있으면 불포화지방산이다.
③ 불포화지방산은 포화지방산보다 융점이 낮아 불포화지방산 함량이 높은 식물성 기름은 상온에서 고체이다.
④ 불포화지방산은 주로 종실에 저장되는 중성지질에 축적된다.

**08** 작물의 능동적 흡수에 대한 설명으로 옳지 않은 것은 무엇인가?

① 저녁에 잎의 증산작용이 쇠퇴하였을 때 잎의 가장자리에 있는 수공에서 물이 나오는 일액현상은 근압에 의하여 일어난다.
② 뿌리를 통한 물의 흡수는 부분적으로 비삼투적 과정에 의하여 대사에너지의 방출을 수반한다는 능동적 과정에 의하여 일어난다.
③ 잎으로부터 증산작용이 왕성하게 일어나서 식물체로부터 물이 증산되면 물관부 중의 수액은 부(-)의 압력(장력)을 받게 되어 근압은 생기지 않는다.
④ 능동적 흡수에 있어서 뿌리 물관부의 수분통도조직 중의 수분퍼텐셜 증가는 대부분 또는 전부가 물관부 수액 중의 용질이 집적되는 것에 기인한다.

**09** 작물체 내에서의 수분에 대한 설명으로 옳지 않은 것은 무엇인가?

① 보통 어린 잎은 묵은 잎보다 삼투퍼텐셜이 높다.
② 같은 줄기에 착생하는 잎에서는 선단에 가까운 것일수록 삼투퍼텐셜이 낮다.
③ 줄기 자체의 선단은 비교적 삼투퍼텐셜이 낮아서 어린 잎과 거의 같거나 약간 낮다.
④ 지상부의 조직은 뿌리의 세포보다 삼투퍼텐셜이 낮다.

**10** 황화수소($H_2S$)에 따른 작물의 무기양분 흡수 억제 순서가 바르게 나열된 것은 무엇인가?

① 인산>칼륨>규소>암모니아태질소>망간>물>마그네슘>칼슘
② 규소>칼륨>망간>인산>암모니아태질소>물>마그네슘>칼슘
③ 망간>물>마그네슘>칼슘>인산>칼륨>규소>암모니아태질소
④ 암모니아태질소>망간>물>인산>칼륨>규소>마그네슘>칼슘

**11** 미량원소의 엽면시비에 대한 설명으로 옳지 않은 것은 무엇인가?

① 과수의 아연결핍은 아연염을 토양에 시용해도 교정되지 않는 경우가 많지만 엽면시비를 하면 효과적이다.
② 다년생 작물의 구리결핍증은 황산구리의 엽면시비로 쉽게 교정할 수 있다.
③ 과수에서 붕소의 엽면시비는 효과가 느리다.
④ 추락답에서 망간의 엽면시비가 효과적일 때가 많다.

**12** 증산작용에 영향을 미치는 조건에 대한 설명으로 옳지 않은 것은 무엇인가?

① 증산작용은 뚜렷한 일변화(日變化)를 보이며 낮에는 증가하고 저녁에는 감소한다.
② 기온이 상승하면 증산작용은 촉진되고, 기온이 떨어지면 반대로 그 값이 감소되어 증산작용은 감소된다.
③ 통풍이 불량한 곳에서 자라는 논벼가 연약하게 도장하는 것은 증산량이 많기 때문이다.
④ 대기가 건조하면 증발이나 증산은 촉진된다.

**13** 다음의 보기 중 호흡과정의 전자전달경로가 바르게 나열된 것은 무엇인가?

① 플라빈효소 → $O_2$ → 시토크롬효소계
② 플라빈효소 → 시토크롬효소계 → $O_2$
③ $O_2$ → 플라빈효소 → 시토크롬효소계
④ 시토크롬효소계 → 플라빈효소 → $O_2$

**14** 광합성에 영향을 미치는 체내 조건에 대한 설명으로 옳지 않은 것은 무엇인가?

① 마그네슘(Mg)이 결핍되면 광합성이 저하된다.
② 광이 강할 때에는 기공의 개도가 작을수록 광합성은 줄어든다.
③ 강광 하에서 생장한 잎은 강광에 의한 광합성능률이 높다.
④ 철(Fe)결핍은 광합성능력에 영향을 끼치지 않는다.

**15** 아래의 표에 들어갈 사항이 바르게 나열된 것은 무엇인가?

| 구분 | C₃식물 | C₄식물 |
|---|---|---|
| 잎 해부 | 광합성세포에 뚜렷한 유관속초세포가 없음 | 잘 분화된 유관속초세포가 존재함 |
| 증산율 (gH₂O/g건량 증가) | 450~950 | 250~350 |
| 무기영양으로서 Na⁺ 요구 | 없음 | 있음 |
| CO₂ 보상점 (ppm CO₂) | ㉠ | 0~10 |
| 광호흡 | 있음 | ㉡ |
| 광합성 적정 온도 | 15~25 ℃ | ㉢ |

① ㉠ 30~70   ㉡ 유관속초세포에만 있음
   ㉢ 30~47℃
② ㉠ 0~1    ㉡ 있음    ㉢ 0~5℃
③ ㉠ 30~70   ㉡ 있음    ㉢ 0~5℃
④ ㉠ 0~1    ㉡ 유관속초세포에만 있음
   ㉢ 30~47℃

**16** 작물의 구리결핍증상에 해당하지 않는 것은 무엇인가?

① 어린 잎이 시든다.
② 수정이 장해를 받는다.
③ 감귤류에서 엽맥을 따라 부분적으로 반점이 생긴다.
④ 콩과식물의 질소고정이 억제된다.

**17** 근권에서 산소가 부족할 때 옥수수의 파생통기조직을 발달시키는 물질은 무엇인가?

① 포도당
② 아세트알데하이드
③ 에탄올
④ 에틸렌

**18** 다음의 보기 중 타페트조직의 이상비대로 생기는 벼의 냉해는 무엇인가?

① 지연형
② 장해형
③ 병해형
④ 복합형

**19** 다음의 보기 중 과실의 세포 분열 및 신장이 수확기까지 계속되는 것은 무엇인가?

① 딸기
② 사과
③ 복숭아
④ 나무딸기

**20** 다음의 보기 중 유식물 잎의 엽록체 발달촉진을 위해 처리하기에 적절한 것은 무엇인가?

① 옥신
② 사이토키닌
③ 지베렐린
④ 에틸렌

## 01 세포소기관에 대한 설명으로 옳지 않은 것은 무엇인가?

① 소포체는 세포질을 가로질러 원형질막과 핵막을 연결하는 연속적인 관과 편평한 소낭으로 구성된 3차원적 망상구조로 되어 있다.
② 골지체는 분비경로의 중앙에 위치하여 소포체에서 합성된 단백질과 지질을 받아서 액포나 세포의 표면으로 보낸다.
③ 미토콘드리아는 진핵세포에 존재하며, 시트르산회로와 산화적 전자전달계를 통해 ATP를 생성하는 호흡계를 내포하고 있다.
④ 지질함량이 높은 종자의 발아과정에서 지방산의 분해를 돕는 역할을 하는 미소체는 페록시솜이다.

## 02 광합성의 명반응에 대한 설명으로 옳지 않은 것은 무엇인가?

① 물의 광분할로부터 축적된 전자는 전자전달 경로를 경유하여 $NADP^+$로 전달되며, $H^+$이온은 제1광계에서 이탈한 전자와 함께 $NADP^+$를 NADPH로 환원시킨다.
② 비순환적 광인산화반응은 여기(勵起)된 엽록소 분자에서 이탈된 전자가 여러 전자수용체를 거치는 과정에서 ATP를 형성시킨다.
③ PGA는 phosphoglyceraldehyde(PGald)로 환원되며, 이 때 광화학반응 단계에서 얻어진 NADPH와 ATP가 이용된다.
④ 제2광계는 P680으로 표시되며, 680nm의 파장에서 최대흡수치를 나타내는 엽록소 a 분자에 반응중심이 위치하고 있다.

## 03 단위결과에 대한 설명으로 옳지 않은 것은 무엇인가?

① 바나나와 감귤류에서는 불완전한 꽃가루, 파인애플은 자가불화합성이 원인이 되어 단위결실을 한다.
② 수정이 끝난 후 배의 발달이 불완전하여 씨 없는 과실이 생기는 일도 있는데, 복숭아·포도 등이 이에 속한다.
③ 오이는 장일과 야간의 고온에 의해 단위결과가 유도될 수 있다.
④ 포도의 델라웨어 품종에서는 개화 전·후 2회의 지베렐린처리로 과실을 무핵화시키고 숙기까지 단축시킬 수 있다.

## 04 광주기 반응에 영향을 끼치는 조건에 대한 설명으로 옳지 않은 것은 무엇인가?

① 광주기성에 영향을 끼치는 광에너지의 양은 매우 적어, 광합성에는 효과가 없을 정도로 약한 조명으로도 장일식물의 개화유도와 단일식물의 개화억제가 이루어진다.
② 파이토크롬은 낮에는 대부분 Pr형이지만 암기 동안 Pfr형으로 전환되는데, Pr의 농도가 한계 수준 이하로 떨어지면 단일식물은 개화가 유도된다.
③ 보통 잎의 최대의 크기에 도달하기 전후에 최대의 감응성을 보이며 늙은 잎에서는 다소 감소한다.
④ 단일식물인 포인세티아는 야간온도가 13℃ 이하로 되면 단일처리를 해도 꽃눈이 형성되지 않는다.

## 05 식물의 체관부 속에서 전류하는 물질에 해당하지 않는 것은 무엇인가?

① 포도당
② 라피노스
③ 스타키오스
④ 아마이드

## 06 식물의 노화에 대한 설명으로 옳지 않은 것은 무엇인가?

① PCD(계획된 세포의 죽음, programmed cell death)는 손상을 받아 제대로 작용하지 못하는 특정 세포를 식물체 스스로가 선택적으로 제거하기 위해서 다양한 분해효소의 작용에 의하여 세포를 죽게 하는 과정이다.
② 괴사는 발달과는 무관한 과정으로, 핵산분해효소나 단백질분해효소의 작용도 필요하지 않고 유전자의 통제도 받지 않는다.
③ 노화가 진행되는 잎에서 감소되는 대표적인 단백질은 rubisco로 분해되어 질소원으로 재이용된다.
④ 잎이 노화할 때 cellulase와 polygalacturonase 등의 합성이 증가한다.

## 07 옥신에 대한 설명으로 옳지 않은 것은 무엇인가?

① 대부분의 식물조직은 낮은 수준의 IAA를 생산하는 능력이 있지만 정단분열조직, 어린 잎, 발육중인 열매와 종자가 IAA 생합성의 주요 부위이다.
② 트립토판 의존형 옥신 생합성에는 트립타민(tryptamine, TAM) 경로와 인돌-3-피루브산(indole-3-pyruvate, IPA) 경로가 있다.
③ 성숙한 잎에서 생합성되는 IAA의 대부분은 체관부를 통하여 식물의 나머지 부위로 비극성 수송되는 것으로 나타난다.
④ 천연옥신인 2,4-D, 디캄바(dicamba) 등은 과다한 세포팽창을 유도하여 식물을 고사시키는 제초제로 널리 이용된다.

## 08 미량원소의 엽면시비 효과에 대한 설명으로 옳지 않은 것은 무엇인가?

① 앵두나무의 경우 아연결핍은 황산아연·산화아연·탄산아연 등의 용액을 1회 처리하면 완전히 회복되며 2~3년 동안 효과가 지속된다.
② 감귤에서는 개화 30일 전에 구리석회액을 엽면시비 하면 구리결핍증이 발생하지 않고, 과실이 커져서 품질이 좋아질 뿐만 아니라 수량도 증가한다.
③ 채소류와 감귤 등의 몰리브덴결핍증은 몰리브덴산 암모늄 0.5%를 처리하면 교정된다.
④ 채소와 감귤에 망간이 결핍되면 잎이 황백화되는데 황산망간 1~2% 용액을 1회 엽면시비 하면 2년간은 결핍증상이 나타나지 않는다.

**09** 작물의 생장에 영향을 미치는 환경에 대한 설명으로 옳지 않은 것은 무엇인가?

① 일반적으로 광도가 높으면 생장이 촉진되고 수확량이 증가하는 반면에 광도가 약하면 생장이 쇠퇴하고 수확량이 감소한다.
② 적외선은 중배축(mesocotyl)의 신장을 억제시킨다.
③ 야간에 온도가 낮으면 당 함량이 높아지고, 뿌리로의 당 이동이 증가하고, 호흡에 의한 탄수화물의 소모가 감소하기 때문에 생장에 유리하다.
④ 일반적으로 사질토양의 경우 생장속도가 빠른 반면에 조직이 치밀하지 못하고 노화가 촉진되는 경향을 보인다.

**10** 다음의 보기 중 호흡급증형 과실은 무엇인가?

① 체리
② 바나나
③ 파인애플
④ 수박

**11** 2차대사의 특징에 대한 설명으로 옳지 않은 것은 무엇인가?

① 개체의 생장과 발달에는 비필수적이나 환경에서의 생존에 필수적이다.
② 개체의 환경과의 상호작용을 담당한다.
③ 특이적이고 다양하며 적응하는 특성을 지닌다.
④ 대사과정에 관여하는 유전자는 필수기능을 엄격하게 조절한다.

**12** 기공의 개폐(開閉)에 대한 설명으로 옳지 않은 것은 무엇인가?

① 기공의 개폐는 공변세포의 팽압 변화에 따라 일어나며, 공변세포가 팽만상태에 있을 때 열리고 팽압을 잃을 때 닫힌다.
② 기공이 열릴 때에는 주위 세포에서 공변세포로 $K^+$의 이동이 일어남으로써 삼투퍼텐셜이 증가되어 기공이 열린다.
③ $K^+$양이온은 $H^+-K^+$교환에 의하여 공변세포로 들어간다.
④ $H^+-K^+$교환은 능동적 과정으로 ATP를 필요로 하며, ATP는 광합성(광인산화반응) 또는 호흡작용에 의하여 공급된다.

**13** 식물호르몬에 관한 설명으로 옳지 않은 것은 무엇인가?

① 과실의 발달에 미치는 최초의 옥신 자극은 수분(pollination)으로부터 시작되며, 이후 옥신 생합성이 촉진되어 과실의 발달이 촉진된다.
② 지베렐린 생합성의 전반부는 엽록체에서 일어나므로 G3P(glyceraldehyde-3-phosphate)와 pyruvate가 GA 생합성 전구체이다.
③ 사이토키닌을 잎의 특정한 한 부분에만 처리하였을 경우 주변 조직은 노화가 진행되는 반면, 처리한 부분은 녹색을 유지한다.
④ 침수상태에서는 산소가 고갈되어 ACC가 에틸렌으로 전환되는 과정이 촉진되어 에틸렌 생성이 증가된다.

**14** 종자의 휴면타파에 대한 내용으로 옳은 것은 무엇인가?

① 많은 종자는 건조에 의해서 어느 수준까지 수분 함량이 증가하면 휴면이 소실되는데, 이 현상을 후숙(後熟; after ripening)이라고 한다.
② 완전히 침윤된 상태에서 일정 기간의 저온(0~10℃)은 많은 종의 휴면타파에 효과적이다.
③ 주야의 온도 차이는 종자 내부의 생리·생화학적 반응 유도와 종피의 기계적 파괴를 방지하여 아주 효과적이다.
④ 지베렐린처리에 의하여 종자휴면이 타파되지 않는 식물로는 땅콩, 양딸기, 조의 일종, 명아주의 일종, 앵두나무, 시클라멘, 셀러리, 양배추 등이 있다.

**15** 수분퍼텐셜에 관한 설명으로 옳지 않은 것은 무엇인가?

① 수분퍼텐셜은 용질의 농도가 높아짐에 따라 감소되고, 압력이 증가되고 온도가 높아지면 증가된다.
② 물의 이동은 수분퍼텐셜이 높은 곳에서 낮은 곳으로 평형에 도달할 때 까지 이루어진다.
③ 종자가 발아하는 초기에 수분을 흡수하는 것은 매트릭퍼텐셜 때문이다.
④ 수분퍼텐셜이 약 -0.8MPa로 떨어지면 대부분의 식물조직은 생장이 완전히 정지된다.

**16** 아미노산에 대한 설명으로 옳지 않은 것은 무엇인가?

① 트립토판은 코리스민산을 거쳐 합성되는데, 식물에서 이 경로는 다양한 2차대사 산물의 생성에 이용되고 있다.
② 라이신, 트레오닌 및 아르기닌은 아스파라진산(aspartate)에서 유래한다.
③ 프롤린(proline)은 글루탐산 또는 오르니틴을 전구물질로 사용하는 별도의 두 경로에 의해 생성된다.
④ 분지(分枝)된 지방족의 곁사슬을 갖고 있는 아미노산 중에서 아이소류신(isoleucine)과 발린(valine)은 엽록체에서 합성된다.

**17** 지질에 대한 설명으로 옳지 않은 것은 무엇인가?

① 지질은 물에는 녹지 않으나 에테르·클로로폼·벤젠 등의 비극성 유기용매에 녹는 다양한 구조를 가진 분자이다.
② 지질은 일반적으로 식물세포의 건물중의 약 5.9%를 차지하는데, 지질 중에서 가장 많은 비중을 차지하는 것은 글리세롤지질이다.
③ 지질은 탄수화물보다 더 환원된 성분이어서 에너지가 2배 더 많이 포함되어 있다.
④ 포화지방산은 불포화지방산보다 융점이 낮아 포화지방산 함량이 높은 식물성 기름은 상온에서 액체이다.

**18** 대기오염물질 중 산화장해물질에 해당하는 것은 무엇인가?

① 오존
② 아황산가스
③ 일산화탄소
④ 황화수소

**19** 다음 보기 중 요수량이 가장 높은 것은 무엇인가?

① 목화
② 귀리
③ 보리
④ 메밀

**20** 몰리브덴(molybdenum, Mo)에 대한 설명으로 옳지 않은 것은 무엇인가?

① 고등식물에서 질산환원효소(nitrate reductase)와 아질산환원효소(nitrite reductase)의 구성분이다.
② 몰리브덴이 콩과작물의 뿌리혹세균(Rhizobium), Azotobacter, 남조류 등에서 질소를 고정하는 nitrogenase의 구성분이므로 이들의 질소고정을 잘하기 위해서는 몰리브덴이 필요하다.
③ 몰리브덴결핍은 토양 pH가 높고 활성 철이 적을 때 일어나기 쉬우며, 몰리브덴을 엽면시비하면 결핍증상이 없어진다.
④ 몰리브덴이 결핍되면 옥수수에서 출웅(出雄; tasseling)이 지연되고, 개화와 꽃가루의 생산력이 떨어질 뿐만 아니라 생산된 꽃가루의 크기도 작아지고, 발아력이 떨어진다.

## 작물생리학 17회 동형모의고사

**01** 과실에 대한 설명으로 옳지 않은 것은 무엇인가?

① 복숭아는 진과로 자방이 비대하여 외과피, 중과피, 내과피로 구분된다.
② 사과는 단과이면서 위과로 화통의 피층이 발달하여 과육을 이룬다.
③ 딸기는 단과이면서 진과로 자방이 비대하여 식용부위가 된다.
④ 블랙베리는 복과이고, 벼는 건폐과이며, 완두는 건개과에 속한다.

**02** 수분의 이동에 대한 설명으로 옳지 않은 것은 무엇인가?

① 압력퍼텐셜 또는 정수압(靜水壓)의 구배가 원동력이 되는 경우에 일어나는 물의 이동을 일반적으로 집단류라 한다.
② 확산(擴散; diffusion)은 분자, 이온 또는 교질 입자들의 운동에너지에 의하여 무방향(無方向) 운동으로 일어난다.
③ 화학퍼텐셜의 구배가 심하면 심할수록, 즉 단위 거리당 화학퍼텐셜의 차이가 크면 클수록 확산속도는 더욱 빨라진다.
④ 집단류와는 대조적으로 확산은 용질의 구배와 관계가 없다.

**03** 작물의 증산작용에 영향을 미치는 내적 조건에 대한 설명으로 옳지 않은 것은 무엇인가?

① 잎표피세포의 표면에 각피가 발달하였거나 납물질이 많으면 기공이 닫혀 있을 때의 증산작용을 감퇴시킨다.
② 뿌리에 대한 물의 공급이 충분할 때에는 공중습도가 증가해도 기공이 잘 열리고 증산작용이 왕성해진다.
③ 기공의 개도와 광의 강도는 거의 평행적으로 증감하고, 오후에는 광의 감소보다 약간 늦게 기공의 개도가 감소하며, 광이 가장 강한 정오에 기공의 개도는 최대가 된다.
④ 잎의 표피에 기공이 발달해 있으면 증산작용이 왕성해지며 기공의 수, 구조 및 작용 여부는 증산작용와 깊은 관계를 갖고 있다.

**04** 주요 무기원소에 대한 설명으로 옳지 않은 것은 무엇인가?

① 보리·밀·귀리·호밀 등 온대성 $C_3$ 화곡류는 질소함량이 높으면 경엽의 생장이 지나쳐서 성숙이 지연되고, 조고비율이 낮아진다.
② 인은 뿌리에서 흡수된 후 식물체 내에서는 이동이 잘되며, 대부분이 무기태로 액포에 저장된다.
③ 칼륨 과잉시 처음에는 잎이 짙은 녹색이 되지만 심해지면 오래된 잎에서부터 잎의 가장자리가 황색, 갈색 또는 회색으로 변하며, 변색부는 점점 잎의 중심으로 퍼진다.
④ 마그네슘은 칼슘이 부족한 식물에서 칼슘 대신 펙틴과 결합하여 세포벽을 이루기도 한다.

## 05 세포막을 통한 무기양분의 능동적 수송에 대한 설명으로 옳지 않은 것은 무엇인가?

① 양이온펌프와 같이 ATP를 사용하여 양이온을 양이온퍼텐셜이 낮은 쪽에서 높은 쪽으로 이동시키는 것을 1차능동수송이라 한다.
② 일방수송은 $K^+$와 같이 수송관을 통하여 전기화학적 퍼텐셜 차이에 의하여 세포질로 흡수될 수 있지만 운반체를 통하면 흡수속도가 더 빠르며, 한 방향으로만 이동한다.
③ 역방수송은 어떤 이온을 내보내고 다른 전하의 이온을 흡수하는 것이다.
④ 공동수송은 양이온펌프에서 발생하여 방출한 $H^+$를 세포막 안으로 흡수하면서 이와 동시에 $NO_3^-$와 $PO_4^{3-}$ 같은 음이온이나 $K^+$와 같은 양이온, 당이나 아미노산을 세포질 안으로 함께 이동시키는 기작이다.

## 06 광합성에 관여하는 색소에 대한 설명으로 옳지 않은 것은 무엇인가?

① 엽록소는 4개의 pyrrole 핵이 N 원자로 결합된 porphyrin 화합물로서 중앙에 Mg가 결합되어 있다.
② 카로티노이드에는 여러 가지 종류가 있는데, 이들 중에서 C와 H만으로 구성되어 있는 것을 카로틴이라고 한다.
③ 카로티노이드 중에서 케톤기 또는 수산기로서 O원자를 함유하는 것을 잔토필이라 하고 일반적으로 노란색을 띠며, 녹색 잎 중에는 보통 카로틴보다 적게 함유되어 있다.
④ 엽록소 a와 b는 흡수스펙트럼이 약간 다르며, 또한 엽록소 a가 석유에테르에 잘 용해되는 데 대하여 엽록소 b는 메틸알코올에 잘 용해되는 차이점이 있다.

## 07 작물 호흡작용의 기구에 대한 설명으로 옳지 않은 것은 무엇인가?

① 해당과정은 6탄당인 포도당이 두 분자의 피루브산으로 전환되는 과정으로 세포의 엽록체에서 일어난다.
② 산소가 충분히 존재할 때 해당과정에 의하여 생성된 피루브산은 산화적으로 탈탄산화되어 acetyl CoA(acetyl coenzyme A)가 된다.
③ 해당과정과 크렙스회로에 의하여 생성된 NADH와 $FADH_2$는 직접 효소와 결합하여 물을 생성하지 못하고 미토콘드리아에 있는 다른 전자전달계 효소를 통하여 재산화된다.
④ 미토콘드리아 내에 있는 전자전달계효소는 에너지를 포착해서 ATP의 에너지로 변하게 할 수 있는데, 이와 같은 호흡의 산화반응과 관련된 ATP의 합성을 산화적 인산화라고 한다.

## 08 탄수화물에 대한 설명으로 옳지 않은 것은 무엇인가?

① 자당은 포도당(glucose)과 과당(fructose)이 물 1분자를 잃고 축합된 것이며, $C_{12}H_{22}O_{11}$의 분자식을 갖고 있다.
② 맥아당은 다당류, 특히 전분의 구성성분으로서 널리 존재하며 amylase에 의하여 전분이 분해될 때의 생성물로서 유리된다.
③ 셀로비오스(cellobiose)는 셀룰로스 또는 리그닌이 분해할 때 생성되는 2당류이다.
④ 여러 가지 식물에 함유되어 있는 4당류에는 젠티아노스(gentianose)와 라피노스(raffinose)가 있다.

**09** 식물체의 양분 저장에 대한 설명으로 옳지 않은 것은 무엇인가?

① 과수·화목·뽕나무와 같은 목본식물은 보통 과실이나 종자에 양분을 저장하여 월동하며, 다음해 봄 초기생장에 이용된다.
② 저장단백질은 밀의 곡립, 아주까리의 종자 등에 함유되어있고, 저장지방은 종자나 열매 등에 많이 함유되어 있다.
③ 단백질은 아미노산의 형태로 전류되어 저장기관에서 합성되고, 지방은 당류로 전류되어 종자의 내부에서 지방으로 합성되어 축적된다.
④ 생장이 왕성해지면 동화물질은 새로운 조직의 형성이나 호흡작용에 소비되는 일이 많고 저장양분의 축적이 적어지거나 또는 이미 저장되어 있는 양분의 소모를 가져온다.

**10** 단백질에 대한 설명으로 옳지 않은 것은 무엇인가?

① 조절단백질은 류신 지퍼(leucine zipper), 아연 손가락(zinc finger), 나선-돌기-나선(helix-turn-helix) 등과 같은 구조적 특징을 갖는다.
② 대표적인 구조단백질에는 마이오신(myosin), 다이네인(dynein), 키네신(kinesin)이 있다.
③ 막을 관통하여 존재하는 운반단백질은 세포막에 통로를 만들어서 막의 소수성 장벽을 가로질러 대사물질을 선택적으로 운반한다.
④ 아프리카에서 생존하는 식물의 열매에는 단맛의 단백질인 모넬린(monellin)이 함유되어 있다.

**11** 뉴클레오티드에 대한 설명으로 옳지 않은 것은 무엇인가?

① 뉴클레오티드의 대사경로는 식물체와 세포의 요구도에 따라 통합적으로 조절되며, 새로운 합성이 억제되면 에너지의 소모가 적은 회수경로가 촉진된다.
② 뉴클레오티드는 DNA의 구성성분으로 분열조직에서 정보의 저장과 발현에 중요한 역할을 한다.
③ 뉴클레오티드는 보효소, B군 비타민, 2차대사산물 및 호르몬 합성의 전구체로 이용된다.
④ 피리미딘 뉴클레오티드의 고리형 유도체는 2차전달자로서 신진대사의 조절에 관여한다.

**12** 다음의 보기 중 단순지질에 해당하는 것은 무엇인가?

① glycerophospholipid
② diacylglycerol
③ glycospingolipid
④ spingomyelin

**13** 테르페노이드에 대한 설명으로 옳지 않은 것은 무엇인가?

① 멘톨(menthol)은 박하속 식물의 가장 대표적인 모노테르페노이드 정유성분이며, 의약품·화학재료·식품·향료 등으로 다양하게 쓰인다.
② 모노테르페노이드는 테르페노이드에서 종류가 가장 다양하며, 식물의 페로몬(pheromone)과 유화(幼化)호르몬(juvenile hormone)으로 작용한다.
③ 피톨(phytol)은 다이테르펜 중에서는 예외적으로 열린 구조이며, 엽록소의 구성성분이다.
④ 식물에서 카로티노이드는 흡광보조색소이며, 광합성 기관의 광산화를 방지하고, 곤충을 유인하는 역할을 한다.

**14** 다음의 보기 중 종자의 지방이 주로 떡잎 속에 저장되어 있는 것은 무엇인가?

① 피마자
② 해바라기
③ 목화
④ 뽕나무

**15** 종자 발아에 필요한 외적 조건에 대한 설명으로 옳지 않은 것은 무엇인가?

① 수분흡수는 종피의 공기투과를 용이하게 하여 호흡작용을 위한 산소의 공급과 이산화탄소의 배출을 원활하게 한다.
② 곡류의 경우 30%(건물중당) 이상 흡수하면 발아가 가능하지만, 콩과작물은 50~60% 이상의 흡수가 필요하다.
③ 변온이 발아를 촉진하는 효과는 켄터키블루그래스, 셀러리, 호박, 목화, 담배, 가지, 토마토, 고추, 옥수수와 여러 잡초종에서 잘 알려져 있다.
④ 산소가 없을 때 밀은 정상 발아율보다 발아율이 10% 정도 감소한다.

**16** 작물의 수량에 대한 설명으로 옳지 않은 것은 무엇인가?

① 영양부족·가뭄 등으로 광합성이 억제되어 영양기관의 발달이 제한되면 콩과작물은 꼬투리 수, 과채류는 과실수 등 수용부위의 수나 무게가 증가한다.
② 배추·상추와 같은 엽채류와 무·당근·고구마·감자 등 수확부위가 지하부 영양기관인 작물은 생식생장이 시작되면 수량과 품질이 나빠지는 경우가 많다.
③ 종실·괴근·괴경·인경 등 특정 양분저장기관을 이용하는 작물은 광합성 산물이 저장기관에 축적되어야 이용할 수 있다.
④ 벼는 먼저 발달하는 수량구성요소가 과도하게 많으면 이들 간에 광·수분·무기양분 등에 대한 경합이 일어나므로 뒤에 발달하는 수량구성요소는 적어진다.

**17** 광주기성에 대한 설명으로 옳지 않은 것은 무엇인가?

① 중성식물은 일정한 한계일장이 없고 매우 넓은 범위의 일장에서 개화되는 식물이다.
② 일반적으로 광주기성에는 적색광(660nm)과 등황색광은 효과가 낮으며, 청색광(480nm)은 효과가 높다.
③ 광주기성에 영향을 끼치는 광에너지의 양은 매우 적어, 광합성에는 효과가 없을 정도로 약한 조명으로도 장일식물의 개화유도와 단일식물의 개화억제가 이루어진다.
④ 단일식물이 단일처리에 의해 자극을 받고 난 후에는 장일조건에서도 개화할 수 있다.

**18** 지베렐린(gibberellin, GA)에 대한 설명으로 옳지 않은 것은 무엇인가?

① 지베렐린 생합성의 전반부는 엽록체에서 일어나므로 G3P(glyceraldehyde-3-phosphate)와 pyruvate가 GA 생합성 전구체이다.
② GA가 볏과의 절간신장을 촉진할 때 GA 작용점은 절간분열조직이다.
③ GA는 많은 식물, 특히 로제트형 식물에서 개화에 필요한 장일 또는 저온 처리를 대체할 수 있다.
④ 오이·대마·시금치에서는 지베렐린을 처리하면 암꽃의 형성이 촉진되고, GA생합성 억제제를 처리하면 수꽃의 형성이 촉진된다.

**19** 파이토크롬반응에 대한 설명으로 옳지 않은 것은 무엇인가?

① 암조건에서 키운 귀리 유식물의 중배축의 생장은 낮은 플루언스에서 촉진되며, 이와 같이 매우 낮은 플루언스에 의해 유도되는 반응을 초저플루언스반응(VLFR)이라고 한다.
② 저플루언스반응(LFR)은 상추 종자 발아와 잎 운동의 조절과 같은 대부분의 적색광/원적색광 광가역적 반응에서 볼 수 있다.
③ 고복사조도반응(HIR)에는 떡잎확장, 마디사이 신장, 개화유도 등이 있다
④ VLFR를 유도하는 데 필요한 소량의 광은 전체 파이토크롬의 0.02% 이하를 Pfr의 형태로 전환시키며, VLFR는 비가역적 반응을 나타낸다.

**20** 식물의 생장상관에 대한 설명으로 옳지 않은 것은 무엇인가?

① 온도와 수분이 적당하고 질소가 충분하면 뿌리보다는 지상부의 생육이 더욱 촉진된다.
② 줄기를 수평으로 유인하거나 환상박피 등을 해주면 꽃눈분화가 촉진되고 생식기관의 생장이 촉진된다.
③ 구근류에서 꽃을 일찍 제거해버리면 구근의 생장이 억제된다.
④ 사이토키닌은 잎에 의한 생장억제효과를 감소시켜 겨드랑이눈의 생장을 유도하는 반면, 옥신, 에틸렌, ABA는 겨드랑이눈의 생장을 억제시킨다.

## 01 식물세포에 대한 설명으로 옳지 않은 것은 무엇인가?

① 1차세포벽의 주성분은 섬유소이며, 세포벽의 약 40~50%를 차지한다.
② 미세소관은 세포 형태의 형성과 유지, 세포의 분화와 세포벽 건축, 섬모와 편모에 의한 세포의 이동 등에 관여한다.
③ 원형질연락사를 통과하는 소포체는 조밀하게 접혀진 원통형의 가닥모양으로 되어 있으며, 데스모튜불이라고 한다.
④ 식물세포의 원형질막은 지질·단백질·탄수화물 분자가 대략 40 : 40 : 20의 비율로 구성되어 있으며, 두께는 9~10nm이다.

## 02 뿌리의 수분흡수에 대한 설명으로 옳지 않은 것은 무엇인가?

① 아포플라스트경로란 어느 막도 통과하지 않고 식물의 죽어 있는 부위인 세포벽과 세포간극을 통하여 수분과 용질을 한 세포에서 다른 세포로 이동시키는 것을 뜻한다.
② 심플라스트경로는 원형질연락사를 통하여 살아 있는 부위로 계속하여 연결된 세포질을 통하여 세포에서 세포로 수분이나 용질을 운반시킨다.
③ 뿌리에 의한 물의 흡수는 뿌리의 표면에 접해 있는 토양 또는 용액으로부터 뿌리의 내부에 존재하는 체관부까지 수분퍼텐셜의 구배가 존재하기 때문에 일어난다.
④ 능동적 흡수에 있어서 뿌리 물관부의 수분통도 조직 중의 수분퍼텐셜 저하는 대부분 또는 전부가 물관부 수액 중의 용질이 집적되는 것에 기인한다.

## 03 작물의 호흡에 영향을 미치는 요인에 대한 설명으로 옳지 않은 것은 무엇인가?

① 원형질이 많은 유세포(柔細胞)는 호흡이 왕성하다.
② 생육중인 작물체의 체내 당류가 증가하면 호흡작용이 약해진다.
③ 보통 $CO_2$ 농도가 높아지면 호흡작용은 저하되는데, 이와 같은 영향은 온도가 낮고 $O_2$가 부족할 때 특히 현저하다.
④ 발아하는 종자는 산소농도가 낮을 때 유기호흡보다 무기호흡을 더 많이 하나 산소농도가 10% 이상이면 유기호흡을 한다.

## 04 일액현상에 대한 설명으로 옳지 않은 것은 무엇인가?

① 뿌리에서의 물의 흡수가 왕성하게 이루어지고 또 증산작용이 억제되어 있을 경우에는 쌍떡잎 작물에서는 잎의 선단에서, 외떡잎식물에서는 잎의 가장자리에서 물이 물방울 형태로 되어 배출된다.
② 밤에 토양온도가 높고 토양함수량이 많으며, 공기의 온도가 낮고 습도가 높아 포화상태에 가까울 때 일어난다.
③ 뿌리에 유독물질이나 삼투퍼텐셜이 낮은 용액을 주면 일액현상은 곧 정지된다.
④ 일액현상은 초본작물에서는 널리 발견되고, 화곡류·토마토·양배추·양딸기·클로버·고구마 등에서는 특히 뚜렷하다.

## 05 주요 무기원소에 대한 설명으로 옳지 않은 것은 무엇인가?

① 철은 TCA회로 중에서 citrate를 isocitrate로 변화시키는 효소인 aconitase의 구성분이다.
② 붕소는 꽃가루 생산량을 증가시키고, 꽃가루 수명을 연장시키며, 꽃가루관[화분관] 신장을 좋게 하여 수정능력을 증가시킨다.
③ 일반적으로 망간은 효소의 구성분은 아니면서 마그네슘과 같이 RNA polymerase, malate dehydrogenase, isocitrate dehydrogenase 와 같은 효소를 활성화시킨다.
④ 구리가 결핍되면 엽록체 틸라코이드막의 파괴로 황백화현상이 발생하고, 뿌리의 생장이 억제되는 증상을 보인다.

## 06 광합성에 대한 설명으로 옳지 않은 것은 무엇인가?

① 물의 광분할로부터 축적된 전자는 전자전달 경로를 경유하여 $NADP^+$로 전달되며, $H^+$이온은 제1광계에서 이탈한 전자와 함께 $NADP^+$를 NADPH로 환원시킨다.
② 비순환적 광인산화반응은 여기(勵起)된 엽록소 분자에서 이탈된 전자가 여러 전자수용체를 거치는 과정에서 ATP를 형성시키며, 최종적으로 NADP에 의하여 전달되어 NADPH로 환원되고 엽록소로 되돌아가지 않는 과정이다.
③ 사탕수수와 같은 열대식물에 있어서는 $CO_2$가 탄수화물로 동화되는 과정에 $C_4$ 유기산인 말산이나 아스파트산이 형성된다.
④ 많은 다육식물은 낮에 $CO_2$를 고정하여 다량의 말산 또는 시트르산을 액포에 축적한다.

## 07 아미노산에 대한 설명으로 옳지 않은 것은 무엇인가?

① 식물에서는 합성되지만 사람과 대부분의 동물에서는 합성되지 않는 필수아미노산은 반드시 식물성 음식물로부터 섭취해야 한다.
② 글루탐산은 α-케토글루타르산의 α-탄소에 암모니아($NH_3$)가 동화되어 생성된다.
③ EPSP synthase(EPSPS)는 제초제 글리포세이트의 작용점이다.
④ 트레오닌의 탄소골격은 모두 글루타민에서 제공된다.

## 08 지질에 대한 설명으로 옳지 않은 것은 무엇인가?

① 불포화지방산은 입체화학적으로 트랜스(trans)형보다는 시스(cis)형 구조를 갖는다.
② 식물의 세포막에는 주로 탄소 16 또는 18의 지방산이 존재하며, 불포화지방산은 주로 종실에 저장되는 중성지질에 축적된다.
③ 유지류(油脂類) 작물의 종자 중에는 트라이아실글리세롤이 건물의 35~60%까지 차지하나, 영양기관은 보통 건물의 5% 이하를 차지한다.
④ 스핑고지질은 주로 원형질막에 존재하며, 막 성분의 약 50%이상을 차지한다.

**09** 쿠마린(coumarin)에 대한 설명으로 옳은 것은 무엇인가?

① 식물의 종피·과실·꽃·뿌리·잎·줄기 등에 분포하나 과실과 꽃에 많이 함유되어 있다.
② 섬유소 다음으로 가장 풍부한 천연 유기화합물로 유관속(관다발)식물 조직의 20~30%를 차지한다.
③ 리그놀 단량체가 산화중합반응을 통해 단계적으로 중합도가 증가하여 형성된 중합체이다.
④ 쿠마린이 축적되어 초본식물의 유관속조직이 강화된다.

**10** 무기양분의 작물체 내에서의 이동에 대한 설명으로 옳지 않은 것은 무엇인가?

① 뿌리에서 흡수된 무기양분이 물관이나 헛물관을 통하여 잎까지 상승하지만 줄기의 세포도 무기양분이 필요하므로 옆방향으로도 이동한다.
② 잎에서 흡수되거나 물관을 통하여 체관으로 들어온 무기양분은 환상박피에 의하여 무기양분의 이동이 촉진되며 증산작용과 밀접한 관계가 있다.
③ 일부 무기양분은 물관에서 체관으로, 또 체관에서 물관으로도 이동하므로 주로 뿌리에서 흡수되는 질소·인산·칼륨·마그네슘·염소 등이 체관에서 발견되기도 한다.
④ 토양에서 뿌리를 통하여 흡수된 무기양분은 물관이나 헛물관으로 들어가 물과 함께 잎으로 이동하므로 환상박피를 하여 체관이 제거되더라도 이들 무기양분은 물과 함께 잎으로 이동된다.

**11** 광합성 전자전달계에 대한 설명으로 옳지 않은 것은 무엇인가?

① 광계에서 대부분의 엽록소는 안테나엽록소로서의 기능을 한다.
② 반응중심은 반응중심엽록소로 불리는 엽록소 a 한 분자와 단백질 및 보조인자로 구성되어 있다.
③ 제1광계의 반응중심은 P680, 제2광계의 반응중심은 P700으로 지칭한다.
④ 틸라코이드막에서 광합성 전자전달계는 제2광계·시토크롬복합체·제1광계로 이루어졌다.

**12** 작물체 내의 수분에 대한 설명으로 옳지 않은 것은 무엇인가?

① 엽맥이 발달한 잎에서는 수분 공급량이 많으므로 일정한 엽면적 안에 들어 있는 엽맥의 길이가 긴 잎일수록 다량의 수분을 증산하는 능력이 있다.
② 증산작용이 약할 때 또는 전혀 이루어지지 않을 때에는 수분은 근압(根壓)에 의하여 통도조직 안으로 밀려 올라간다.
③ 함수량의 저하에 의하여 줄기, 잎의 생장이 억제되며, 잎뿐만 아니라 작물체의 각 부분에 탄수화물이 축적된다.
④ 보통 어린 잎은 묵은 잎보다 삼투퍼텐셜이 높고, 같은 줄기에 착생하는 잎에서는 선단에 가까운 것일수록 삼투퍼텐셜이 높다.

**13** 광합성에 영향을 미치는 조건에 대한 설명으로 옳지 않은 것은 무엇인가?

① 광의 강도가 광보상점보다 더욱 강해지면 광합성에 의한 $CO_2$ 동화량은 차차 증가하지만 어떤 강도에 도달하면 그 이상 광이 강해져도 동화량은 더 이상 증가하지 않는다.
② 광합성기관에 닿는 광의 강도가 어느 한계점 이상으로 높아지면 그 기관의 세포는 엽록소의 광산화를 일으키기 쉽게 된다.
③ 충분한 광조건 하에서는 $CO_2$ 농도가 광합성의 제한요인이 되지 않고, 충분한 $CO_2$ 농도 조건에서는 광의 강도가 광합성의 제한요인이 되지 않는다.
④ 고온은 광호흡을 촉진시키거나 광합성기관을 파괴시킴에 따라 광합성률은 감소된다.

**14** 종자의 휴면타파에 대한 설명으로 옳지 않은 것은 무엇인가?

① 장미과 식물은 고온건조처리를 통해 휴면타파를 할 수 있다.
② 티오요소, 에틸렌클로로하이드린, 이산화탄소, 질소, 에틸렌 등이 휴면 타파에 효과적이다.
③ 지베렐린처리에 의하여 종자휴면이 타파되는 식물로는 땅콩, 양딸기, 조의 일종, 명아주의 일종, 앵두나무, 시클라멘(cyclamen), 셀러리, 양배추 등이 있다.
④ ABA가 있을 때에는 지베렐린과 사이토키닌 공존하면 ABA가 존재해도 억제작용은 타파된다.

**15** 전분의 합성과 분해에 대한 설명으로 옳지 않은 것은 무엇인가?

① 엽록체에서 시트르산회로의 생성물로부터 전분이 생성되려면 자당형성에 요구되는 바와 같이 먼저 glucose-1-phosphate가 형성되어야 한다.
② Q효소는 기질이 되는 아밀로스형 분자의 작은 연쇄의 포도당단위를 4회 이상의 α(1→4)결합을 가진 수용체 분자에 전이하도록 촉매작용을 하여 α(1→6)결합으로 이루어진 곁사슬을 나타내는 아밀로펙틴을 합성한다.
③ amylase는 전분종자에 다량으로 함유되어 있으며, 종자가 발아할 때 저장전분을 급격히 합성하여 어린 식물에 대한 전분의 공급을 가능하게 한다.
④ α-amylase는 전분에 작용하여 긴 전분의 중합체의 중간부분에서 덱스트린(dextrin)이라는 6분자의 포도당단위를 분해시킨다.

**16** 단백질에 대한 설명으로 옳은 것은 무엇인가?

① 프로타민(protamine) : 아르지닌(arginine)이나 라이신(lysine)과 같은 아미노산이 많고, 물에 녹는다. 이들 단백질은 세포핵에 다량 존재하며 염색체의 뉴클레오좀 입자를 형성한다.
② 글로불린(globulin) : 물에 불용성이거나 약간 녹고, 낮은 농도의 염류용액에 녹으며, 열을 가하면 응고한다. 종자의 저장단백질로서 존재한다.
③ 히스톤(histone) : 물에 녹고, 히스톤과 같이 세포핵에 존재하며, 핵산과 관련되어 있다. 이들 단백질에는 아르지닌이 많고 타이로신(tyrosine)이나 트립토판(tryptophan)과 같은 아미노산은 없다.
④ 글루텔린(glutelin) : 물에는 녹지 않으나 70~80% 알코올에 녹는다. 이들 단백질이 가수분해되면 비교적 다량의 프롤린(prolin)과 암모니아가 생성된다.

**17** 다음의 보기 중 완두 성체에 대한 적색광의 효과는 무엇인가?

① 절간신장 저해
② 탈황백화 촉진
③ 1차엽 발달 및 안토시아닌 생성촉진
④ 개화 저해

**18** 글리옥실산회로와 포도당신생합성에 대한 설명으로 옳지 않은 것은 무엇인가?

① 포도당신생합성 경로의 글리옥시솜에서 진행되는 아세틸-CoA가 숙신산으로 전환되는 과정을 글리옥실산회로라고 한다.
② 글리옥실산회로에서는 β-환원에 의해 지방산으로부터 생성된 아세틸-CoA가 글리옥실산과 반응하여 말산을 생성한다.
③ 글리옥실산 경로의 말산의 생성에서 아이소시트르산의 생성까지의 반응이 미토콘드리아에서 진행되는 시트르산회로와 동일하게 진행된다.
④ 글리옥실산회로에서 생성된 숙신산은 글리옥시솜에서 미토콘드리아로 운송되어 포도당신생합성에 이용된다.

**19** 다음의 보기 중 지상자엽형 발아를 하는 식물은 무엇인가?

① 오이
② 상추
③ 보리
④ 옥수수

**20** 종자의 수명에 대한 설명으로 옳지 않은 것은 무엇인가?

① 저장 중의 종자가 발아력을 잃는 중요한 원인은 종자의 원형질 구성단백질과 저장단백질의 변성에 있다.
② 채소 종자는 실내에 방치하여도 상당기간 동안 발아력을 유지한다.
③ 콩 종자는 함수량이 많아도 저장온도를 어는점 이하로 내리면 오랫동안 수명을 보존할 수 있다.
④ 함수량이 많은 종자를 무산소 상태로 저장하면 혐기성 호흡에 의하여 생성되는 유해물질 때문에 발아가 저해된다.

## 작물생리학 19회 동형모의고사

**01** 기공의 개폐기구에 대한 설명으로 옳지 않은 것은 무엇인가?

① 공변세포에서 $H^+$이온은 표피세포, 특히 주변세포로 이동하고, $K^+$양이온은 $H^+$-$K^+$교환에 의하여 공변세포로 들어간다.
② $H^+$-$K^+$교환은 수동적 과정으로 ATP를 필요로 하지 않는다.
③ 공변세포의 액포에 있는 $K^+$양이온과 말산 음이온의 증가로 인하여 삼투퍼텐셜은 감소되어 공변세포의 수분퍼텐셜을 감소시킨다.
④ 수분결핍이 증가하면 공변세포로 확산되는 수분 속에 앱시스산이 들어 있어 엽육세포에서 ABA가 방출되거나 생산되어 공변세포가 $K^+$양이온을 방출하도록 유도하여 기공이 닫힌다.

**02** 작물의 요수량에 대한 설명으로 옳은 것은 무엇인가?

① 요수량은 작물의 수량을 생산하는 데 소비된 수분과 관련된 수량을 의미한다.
② 요수량은 생육기간 중에 축적된 건물량을 그 기간 중에 흡수된 수분량으로 나누어 구할 수 있다.
③ 요수량을 일명 수분이용효율이라고도 한다.
④ 옥수수·수수·기장 등은 가장 유효하게 물을 이용하고, 화곡류는 같은 건물량을 생산하는 데 있어서 이들보다 약 2배의 물을 소비한다.

**03** 종자의 휴면에 대한 설명으로 옳지 않은 것은 무엇인가?

① 종자의 용적에 대한 울타리세포 두께의 비율이 높을수록 경실이 많은 경향이 있고, 또 펙틴함량이 많을수록 경실화되는 경향이 많다.
② 인삼 종자는 채종 직후에는 쉽게 발아하지 않으나 건조시키면 종피의 물리적 저항이 감소되어 발아할 수 있다.
③ 1차휴면이 타파된 종자 또는 원래 휴면이 없는 종자가 발아에 부적당한 환경에 일정 기간 부딪치면 휴면에 들어가는 현상을 2차휴면이라고 한다.
④ 인삼 종자는 7월 하순 채종 당시에는 배가 극히 미발달된 상태에 있으며, 그대로 모식물에 착생해 있더라도 배의 생장은 진행되지 않는다.

**04** 뿌리의 무기양분 흡수에 영향을 끼치는 조건에 대한 설명으로 옳지 않은 것은 무엇인가?

① 일반적으로 산소의 농도가 낮으면 ATP 생산효율이 극히 낮아지므로 산소의 농도는 작물의 생장뿐만 아니라 무기양분의 흡수에도 영향을 끼친다.
② 논에서 $SO_4^{2-}$가 황화수소($H_2S$)로 환원되면 호흡계에 있는 시토크롬의 철과 결합하여 효소의 활성을 저해하여 ATP의 생성이 억제되고, 이에 따라 무기양분의 흡수도 억제된다.
③ 온도가 낮아질 때 흡수억제는 무기양분의 종류에 따라 다른데 암모니아태질소·인산·칼륨·물은 흡수가 크게 저하되지만, 칼슘과 마그네슘은 별로 영향을 받지 않는다.
④ 질소·인산 등 무기양분을 충분히 공급하면 광합성에서 생성된 당이 이들과 결합하여 식물체 구성분을 합성하는 데 많이 소모되어 호흡에 이용될 양이 증가하므로 무기양분의 흡수력은 증가한다.

## 05 광합성에 영향을 미치는 체내 조건에 대한 설명으로 옳지 않은 것은 무엇인가?

① 철(Fe)은 엽록소의 구성분은 아니지만 작물체에 유효태 철이 결핍되면 엽록소가 형성되지 않으며 성숙한 잎에 뚜렷한 황백화현상이 생긴다.
② 잎의 당 함량이 높으면 솔라리제이션의 정도가 저하되지만 암흑 하에 오래 두어서 잎 안의 당을 결핍시키면 솔라리제이션에 대한 감광성이 높아진다.
③ 따로 떼어낸 포도나무의 잎에서는 탄수화물이 건물량의 17~25%로 증가하면 광합성은 완전히 정지된다.
④ 잎의 함수량이 적으면 광합성은 매우 감퇴된다.

## 06 다음의 보기 중 2차대사물질 중에서 1차적 및 2차적 기능을 동시에 갖는 대사물질은 무엇인가?

① canavanine
② diterpenoid
③ flavonoid
④ benzoate

## 07 무기호흡에 대한 설명으로 옳지 않은 것은 무엇인가?

① 대부분의 세균이나 곰팡이는 산소를 이용하지 않고 유기물을 산화하는 무기호흡을 하며, 고등식물도 산소가 부족할 경우 무기호흡을 한다.
② 배수가 되지 않기 때문에 산소가 부족한 뿌리나 담수 하에서 자라는 식물은 무기호흡을 할 수 있다.
③ 많은 식물의 발아하는 종자에서 종피가 산소를 받아들일 수 없는 초기에는 무기호흡을 하지 못한다.
④ 무기호흡은 유기호흡에 비하여 ATP 생산면에서 볼 때 매우 비효율적이다.

## 08 질소(窒素; nitrogen)에 대한 설명으로 옳지 않은 것은 무엇인가?

① 흡수된 질산태질소의 암모니아태질소로의 환원과정에 필요한 탄소골격과 에너지는 광합성과 호흡을 통하여 생성된 탄수화물과 ATP 및 환원형 조효소[NAD(P)H]로부터 공급된다.
② 요소는 식물의 유기화합물속에 결합되기 이전에 urease의 작용으로 가수분해되어 암모니아와 탄산가스로 전환된다.
③ 질소고정효소에 의하여 촉매되는 질소고정반응은 $8H+8e^-+N_2+16Mg\ ATP \rightarrow 2NH_3+H_2+16Mg\ ADP+16Pi$으로 요약될 수 있다.
④ Nitrobacter속 세균은 암모니아를 아질산염으로 전환시키며, 아질산염을 질산염으로 전환하는 데는 Nitrosomonas속 세균이 필요하다.

## 09 고복사조도에 의해서 유도되는 식물의 광형태형성 반응이 바르게 연결된 것은 무엇인가?

① 여러 쌍떡잎 유식물 – 안토시아닌 합성
② 피튜니아 유식물 – 하배축 신장의 촉진
③ 사리풀 – 개화 억제
④ 수수 – 에틸렌 소실

## 10 식물의 노화에 관여하는 식물호르몬에 대한 설명으로 옳지 않은 것은 무엇인가?

① 과실과 꽃에서는 여러 종류의 색소합성, 탄수화물·유기산 및 단백질의 함량 변화, 과육조직의 경도변화 등이 ABA에 의해 유도된다.
② 사이토키닌은 세포 내 엽록소, 단백질, DNA, RNA 등의 수준을 유지 또는 증가시켜 노화를 지연시킨다.
③ 옥신은 잎의 탈리 초기과정을 지연시키는 반면, 탈엽기 또는 과실 성숙 후기에서는 오히려 촉진작용을 나타낸다.
④ 지베렐린은 떡잎·잎·열매 등의 조직에서 엽록소의 분해를 억제하고, RNA와 단백질의 분해를 억제하여 식물의 노화를 지연시킨다.

**11** 옥신에 대한 설명으로 옳지 않은 것은 무엇인가?

① IAA 생합성의 전구체는 화학구조상 유사한 트립토판(tryptophan) 또는 indole-3-glycerol phosphate이다.
② 정단조직이 전체 식물에서 옥신의 주된 공급원이기 때문에 극성수송의 결과 줄기에서 뿌리에 이르는 옥신 구배가 형성된다.
③ 줄기에서 뿌리의 분화는 옥신농도가 낮을 때 촉진되므로 뿌리는 해부학적 기부에서 형성된다.
④ 줄기와 잎에서 옥신의 하향적 극성수송의 주요 통로는 유관속 유조직(주로 물관부)인 것으로 밝혀졌다.

**12** 지질에 대한 설명으로 옳지 않은 것은 무엇인가?

① 왁스의 지방산은 보통 불포화되어 있으며 에스터의 강한 극성 때문에 매우 불용성이다.
② 지방산 합성에는 acetyl-CoA carboxylase(ACCase)와 fatty acid synthase(FAS)가 관여한다.
③ 트라이아실글리세롤은 고도로 환원된 탄화수소 사슬을 갖고 있어 발아하는 종자와 꽃가루에 필요한 많은 양의 에너지와 탄소골격을 효과적으로 제공한다.
④ 테르펜(terpene)은 탄소 5개($C_5$)의 아이소프렌(isoprene)이 2개 이상 결합하여 형성된 성분이다.

**13** 알칼로이드 중 isoquinoline계에 속하지 않는 화합물은 무엇인가?

① 베르베린
② 상귀나린
③ 모르핀
④ 카페인

**14** 종자의 발아에 대한 설명으로 옳지 않은 것은 무엇인가?

① 밀·보리·호밀 등의 종자는 종자가 직접 물에 접촉해야 발아에 충분한 물을 흡수할 수 있다.
② 전분은 발아할 때 당으로 전환된 후 에너지원으로 사용된다.
③ 저장지방은 리페이스(lipase)의 작용에 의해 글리세롤(glycerol)과 지방산으로 분해된다.
④ 발아중인 종자는 다른 조직이나 기관에 비하여 왕성한 호흡을 하는데 당류가 호흡원으로 이용될 때 호흡계수(RQ)는 대략 1이지만 지방산이 호흡원일 때에는 0.7이다.

**15** 파이토크롬에 대한 설명으로 옳지 않은 것은 무엇인가?

① 암조건에서 자란 황백화식물에서 파이토크롬은 Pr(적색광 흡수형) 형태로 존재한다.
② 푸른색을 띠는 Pr는 적색광에 의해 Pfr(원적색광 흡수형) 형태로 바뀌어 청록색을 띤다.
③ 파이토크롬은 광에 불안정한 형(Ⅰ형)과 광에 안정한 형(Ⅱ형)으로 나눌 수 있다.
④ Pr은 생리적으로 활성을 나타내는 형태의 파이토크롬이다.

**16** 다음의 보기 중 과실이 성숙할 때 합성이 증가하는 것은 무엇인가?

① proteinase
② polygalacturonase
③ alcohol dehydrogenase
④ methallothionein

**17** 다음의 보기 중 암발아성 종자로 구성된 것은 무엇인가?

① 수박 · 호박 · 켄터키블루그래스
② 옥수수 · 콩 · 수세미
③ 양파 · 가지 · 오이
④ 배암차조기 · 우엉 · 파

**18** 다음의 보기 중 전자전달에 관여하는 지질은 무엇인가?

① 유비퀴논
② 스테롤
③ 토코페롤
④ 자스몬산

**19** 광주기반응의 응용에 대한 설명으로 옳지 않은 것은 무엇인가?

① 단일처리에 의하여 출수를 촉진시키거나 야간조명에 의하여 출수를 지연시킴으로써 품종간 교배가 가능하다.
② 우리나라에서 겨울~봄철까지 가을국화를 공급하기 위한 억제재배의 경우, 꽃눈이 분화되기 전에 단일처리로 영양생장을 유지시킨 다음 자연일장인 장일조건 하에서 개화시킨다.
③ 벼의 경우 가을에 채종한 교배종자를 겨울철 온실에서 생육시킬 때, 초기에는 장일처리로 영양생장을 왕성하게 유도하고 후기에는 단일처리로 출수기를 조절하여 육종연한을 단축시킬 수 있다.
④ 고위도 지방에서 감광성이 큰 벼 품종을 재배하면 일장이 긴 여름까지 영양생장이 지속되어 출수가 늦어져 가을의 이상저온 시 완전히 성숙하지 못할 경우가 발생할 수 있기 때문에 고위도 지방에서는 감온성이 큰 품종을 선택해서 재배한다.

**20** 작물체 내 동화물질의 분배에 대한 설명으로 옳지 않은 것은 무엇인가?

① 상위 잎은 주로 생장 중인 지상부의 정단부로 동화물질을 보내고 하위 잎은 뿌리로, 그리고 중간에 위치한 잎은 성숙 잎을 우회하여 양방향으로 전류한다.
② 에틸렌을 줄기 절단면에 처리하면 처리한 부위에 동화물질의 축적이 저해된다.
③ 발육 중인 어린 잎은 필요한 동화물질을 자체 생산할 수 있을 때까지는 필요한 에너지와 탄소골격을 만들기 위해 동화물질을 분배한다.
④ 무한신육형 작물은 영양생장과 생식생장이 동시에 일어나므로 생식기관이 발달하는 동안 영양생장이 많으면 생식기관의 수량은 감소된다.

## 작물생리학 20회 동형모의고사

**01** 다음의 보기 중 발아 시 산소요구도가 높은 것으로 구성된 것은 무엇인가?

① 상추·당근·셀러리
② 무·가지·메밀
③ 셀러리·티머시·켄터키블루그래스
④ 코스모스·과꽃·피튜니아

**02** 눈휴면[아휴면(芽休眠); bud dormancy]에 대한 설명으로 옳지 않은 것은 무엇인가?

① 한계암기보다 긴 암기의 존재에 의하여 휴면눈의 형성이 억제되며, 야간에 광중단 처리를 하면 장암기의 효과가 촉진되어 휴면눈이 형성된다.
② 늦가을 휴면상태로 들어간 휴면눈은 보통 이듬해 봄까지 생육을 정지하고 있다가 봄이 되어야 싹이 튼다.
③ ABA는 휴면 중인 눈에서 함량이 증가하고 저온경과 후 휴면타파 시점에는 감소하는 것으로 나타나 휴면을 유도하는 호르몬으로 알려져 있다.
④ 활발한 생육을 계속하는 유묘에 지베렐린과 ABA를 동시에 공급하면 ABA의 휴면유도 효과는 완전히 없어지고 유묘는 그대로 생육을 계속한다.

**03** 식물의 생장에 영향을 미치는 환경에 대한 설명으로 옳지 않은 것은 무엇인가?

① UV-A는 플라보노이드와 각종 색소의 합성에 관여하고, UV-B와 UV-C는 DNA 구조를 변화시킬 수 있어 색물의 생장에 해롭게 작용한다.
② 장파장(750nm)의 빛은 광합성에 효과적이나 광형태형성 유도에는 관여하지 않는다.
③ 낮과 밤의 온도차이를 DIF(differential)라고 하며 DIF가 클수록 신장생장이 좋아지는 경향이 있다.
④ 토양산도는 pH 5~8 범위가 적당하며, 이 범위를 벗어나면 여러 가지 생리장해현상이 나타난다.

**04** 식물의 노화에 대한 설명으로 옳지 않은 것은 무엇인가?

① 괴사는 발달과는 무관한 과정으로, 핵산분해효소나 단백질분해효소의 작용도 필요하지 않고 유전자의 통제도 받지 않는다.
② 일반적으로 엽록체는 잎의 노화가 개시될 때 파괴되는 최초의 세포기관으로, 틸라코이드막 구성성분과 스트로마 성분들이 분해된다.
③ 노화가 진행되는 세포 내에서는 단백질의 양이 지속적으로 줄어든다.
④ 노화가 진행되면서 불포화지방산의 산화 중간산물의 양이 크게 감소하며, 이와 함께 원형질막의 지질가수분해효소(lipoxygenase)의 양이 급격하게 감소한다.

## 05 사이토키닌에 대한 설명으로 옳지 않은 것은 무엇인가?

① 뿌리에서 합성된 사이토키닌은 체관부를 거쳐 줄기로 수송된다.
② 사이토키닌에 비해 옥신의 비율이 높을 때에는 뿌리의 형성이 촉진되고, 그 반대로 옥신에 비해 사이토키닌의 농도가 높을 때에는 새가지[신초]의 형성이 촉진된다.
③ 사이토키닌을 잎의 특정한 한 부분에만 처리하였을 경우 주변 조직은 노화가 진행되는 반면, 처리한 부분은 녹색을 유지한다.
④ 빛을 비추기 전에 사이토키닌을 황백화된 잎에 처리하면 황백화된 잎도 틸라코이드를 갖는 엽록체를 만든다.

## 06 춘화처리에 대한 설명으로 옳지 않은 것은 무엇인가?

① 가을호밀 종자는 건물중의 50% 가량의 수분이 흡수되어야만 춘화처리 효과를 얻을 수 있다.
② 배추를 봄에 파종하면 영양생장기간이 길어지고 생식생장이 나쁘며, 개화기의 고온으로 인한 불임이 많아 채종이 곤란하지만, 종자를 춘화처리 하여 봄에 파종하면 개화기가 촉진되어 채종이 가능하다.
③ 종자의 배유 안에 있는 탄수화물 함량과 춘화처리 효과는 정의 상관관계가 있다.
④ 생장점뿐만 아니라 식물체의 어느 부위든지 분열하고 있는 세포는 춘화처리 자극에 감응할 수 있다.

## 07 단위엽면적 당 광합성능력에 대한 설명으로 옳지 않은 것은 무엇인가?

① $C_4$작물은 광포화점이 높고, 광호흡이 없으며, 광합성 산물의 이행이 빠르므로 특히 광도가 높고 온도가 높은 조건에서 $C_3$작물보다 생산성이 높다.
② 질소는 토양에는 많이 존재하지 않아 질소비료를 사용하면 엽록소 함량을 증가시켜 단위엽면적당 광합성이 증가할 뿐만 아니라, 단백질합성이 촉진되어 엽면적을 증가시켜 생산성도 커진다.
③ 일반적으로 종실작물을 만식재배 하면 온도가 높고 일장이 긴 시기에 개화하여 등숙기간에 광합성량이 많아 수량이 증가한다.
④ 작물의 생육 초기에는 엽면적지수가 낮으므로 모든 잎이 광포화점(光飽和點)에 달하지만 엽면적지수가 증가하면 하위엽은 광포화점에 달하지 못하고, 특히 지나친 밀식조건에서는 엽면적이 가장 큰 출수기에 광부족이 문제된다.

## 08 다음의 보기 중 어린 잎에 피해를 주며 잎의 피해증상으로 이면 광택화와 엽맥 간 갈색 점이 나타나는 대기오염물질은 무엇인가?

① SO
② PAN
③ O
④ $NO_2$

**09** 체관부 속에서 전류하는 물질에 대한 설명으로 옳지 않은 것은 무엇인가?

① 환원당인 포도당과 과당은 체관부 조직에서 검출되며 이들 당은 전류물질에 해당한다.
② 아미노산과 아마이드(amide)는 노화된 잎이나 꽃으로부터 전류하여 식물의 더 어린부분으로 재분배되는데, 이들 질소화합물의 전류는 주로 체관부에서 이루어진다.
③ 옥신·지베렐린·사이토키닌·앱시스산을 포함한 내생식물호르몬은 매우 낮은 농도이지만 대부분 체요소에 존재한다.
④ 작물의 종류에 따라서는 라피노스(raffinose), 스타키오스(stachyose), 버바스코스(verbascose) 등과 같은 과당류(oligosaccharide)도 전류한다.

**10** 증산작용에 영향을 미치는 환경조건에 대한 설명으로 옳지 않은 것은 무엇인가?

① 대기의 증기압부족량이 작아질수록 증산작용은 왕성해진다.
② 기온이 상승하면 증산작용은 촉진되고, 기온이 떨어지면 반대로 증산작용은 감소된다.
③ 바람이 불면 잎 표면에서 나오는 수증기를 집단운동에 의하여 유동시키므로 잎 표면 가까이 수증기가 퇴적되는 것을 방지하여 증산작용을 촉진한다.
④ 토양조건에 따라서는 뿌리의 흡수가 적으면 증산작용도 저하된다.

**11** 무기물의 엽면시비가 효과적인 경우에 해당하지 않는 것은 무엇인가?

① Mn, Zn, Cu 등은 토양에서 불용태가 되기 쉽고, 작물의 요구량이 극히 적으며, 많이 흡수하면 오히려 유해작용이 우려되므로 토양에 알맞은 양을 시용하기 어려울 경우 낮은 농도로 엽면시비를 하면 효과적이다.
② 추락답에서 자란 벼나 답리작 맥류가 습해를 받아 상했거나 활력이 떨어져서 무기물의 흡수력이 떨어졌을 때 요소를 엽면시비하면 효과적이다.
③ 가을에 뽕나무의 잎은 단백질이 줄고 탄수화물이 많아 잎이 거칠고 딱딱하여 품질이 떨어지는데, 이때 요소를 엽면시비 하면 품질저하를 막을 수 있다.
④ 과수원에서 초생재배를 할 때 토양시비를 하면 피복작물은 비료의 흡수율이 높고 과수는 비료의 흡수율이 낮은데, 엽면시비를 하면 과수와 피복작물에 동시에 균등하게 시비할 수 있다.

**12** 다음의 보기 중 비호흡급증형 과실로 구성된 것은 무엇인가?

① 딸기·수박·무화과
② 귤·피망·체리
③ 토마토·아보카도·바나나
④ 파인애플·포도·망고

**13** 광호흡에 대한 설명으로 옳은 것은 무엇인가?

① 광호흡이란 광조건에서만 호흡작용이 일어나는 현상을 뜻하며, 미토콘드리아라는 특정 기관에서 일어난다.
② 광호흡의 기질(基質)은 칼빈-벤슨회로의 RuBP가 $CO_2$와 결합하여 생성된 글리콜산이다.
③ 글리콜산은 페록시솜으로 확산되어 그곳에서 빨리 산화되어 글리신·세린 등이 생성되며, ATP를 생성하지 못하고 유리된 에너지는 모두 소실되는 셈이다.
④ 광호흡은 높은 광도 외에도 낮은 $O_2$ 수준과 높은 $CO_2$ 수준, 그리고 고온에서 촉진된다.

**14** 다당류에 대한 설명으로 옳지 않은 것은 무엇인가?

① 전분은 아밀로스(amylose)와 아밀로펙틴(amylopectin)의 2종의 다당류로 구성되어 있으며, 아밀로펙틴은 물에 녹아서 확산용액이 되지만 아밀로오스는 물에 잘 녹지 않는다.
② 셀룰로스는 포도당 잔기가 β(1→4)결합을 하여 대단히 긴 쇄상으로 이어진 직쇄고분자화합물이다.
③ 이눌린은 약 35개의 과당이 β(2→1)결합을 하고 있는 화합물이다.
④ 펜토산은 전분이나 덱스트린과 같은 저장양분이 완전히 소모되는 경우에는 저장물질로서 이용될 수도 있다.

**15** 파이토크롬의 생태적 기능에 대한 설명으로 옳지 않은 것은 무엇인가?

① 수면운동을 하는 잎은 낮에는 빛을 향해 수평하게 펼쳐지고(열리고), 밤에는 수직방향으로 접힌다(닫힌다).
② 잎의 엽록소는 적색광을 잘 흡수하는 반면에 원적색광을 많이 투과시키기 때문에 초관 아래에서는 낮은 R : FR 값을 나타낸다.
③ 양지식물에 원적색광의 비율을 변화시켜 생육시킬 경우, 원적색광의 비율이 높을 때 줄기 신장률이 현저히 증가하는 것을 볼 수 있다.
④ 원적색광 비율이 높아지면 종자의 발아가 촉진된다.

**16** 복합단백질에 대한 설명으로 옳지 않은 것은 무엇인가?

① 핵단백질이 가수분해되면 단순단백질과 핵산이 생성된다.
② 색소단백질은 보결분자단으로서 색소기를 갖고 있지 않다.
③ 당단백질은 보결분자단으로서 소량의 탄수화물을 함유하는 단백질이다.
④ 지질단백질은 레시틴(lecithin)이나 세팔린(cephalin)과 같은 지질을 보결분자단으로 함유하고 있다.

**17** 지방산의 생합성에 대한 설명으로 옳지 않은 것은 무엇인가?

① 지방산의 생합성은 아세틸-CoA를 전구체로 이용하여 탄소 2개를 아실기에 첨가하는 반응을 일반적으로 아실기의 탄소가 16개 또는 18개가 될 때까지 반복적으로 진행하는 과정이다.
② 긴사슬 지방산이 합성되면 사슬연장과 불포화 및 변형 반응이 정지된다.
③ 긴사슬 지방산과 불포화지방산은 색소체에서 합성되지만, 보다 긴 사슬의 지방산은 주로 소포체에서 합성된다.
④ 지방산 합성에는 acetyl-CoA carboxylase(ACCase)와 fatty acid synthase(FAS)가 관여한다.

**18** 다음의 보기 중 저장 중인 종자의 수명이 가장 긴 것은 무엇인가?

① 당근
② 토마토
③ 양파
④ 시금치

**19** 세포막을 통한 작물의 무기양분 흡수기작에 대한 설명으로 옳지 않은 것은 무엇인가?

① 수송단백질에는 단백질체 내부에 용질이 통과할 수 있는 수송관이 있는 수송관단백질, 수송관이 없는 운반체단백질, ATP의 가수분해에 의해 발생되는 에너지를 사용하여 용질을 운반하는 펌프 세 가지가 있다.
② 수동적 수송은 수송관단백질과 운반체단백질이 담당하고, 에너지를 소모하여 퍼텐셜이 낮은 곳에서 높은 곳으로 이동되는 능동적 수송은 펌프가 담당한다.
③ 운반체를 통하여 무기양분이 확산될 때에는 에너지를 소모하며 단순확산보다 확산속도가 훨씬 빠르므로 이를 촉진확산이라고 한다.
④ 능동적 흡수는 촉진확산에서와 같이 운반체를 통하여 이루어지지만 에너지원으로 ATP가 필요하며, 농도가 낮은 곳에서 높은 곳으로 이온을 이동시키므로 이것을 흔히 이온펌프라고 한다.

**20** 종자의 발아에 대한 설명으로 옳지 않은 것은 무엇인가?

① 사이토키닌(cytokinin)은 발아억제물질인 앱시스산(abscisic acid, ABA)의 작용을 상쇄시키므로 발아를 촉진시킨다.
② 발아종자는 일반적으로 일장이 길어지면 발아율이 증가하지만, 어느 범위의 일장에서 최고의 발아율을 나타내고 그보다 더 길어지면 점차 발아율이 감소한다.
③ 양상추 종자의 발아는 단시간의 원적색광 조사에 의하여 촉진되며, 이 원적색광에 의하여 촉진된 효과는 뒤이어 조사한 적색광에 의하여 소멸된다.
④ 밭작물을 파종한 다음 복토가 너무 두꺼우면 지표에서 땅속으로의 산소 확산이 현저히 줄어들기 때문에 발아가 저하되는 일이 있다.

# 작물생리학 동형모의고사 400

## 정답 및 해설

작물생리학 01회

# 정답 및 해설

동형모의고사 09p

| 01 | 02 | 03 | 04 | 05 | 06 | 07 | 08 | 09 | 10 |
|---|---|---|---|---|---|---|---|---|---|
| ④ | ② | ② | ② | ② | ③ | ③ | ④ | ② | ③ |
| 11 | 12 | 13 | 14 | 15 | 16 | 17 | 18 | 19 | 20 |
| ③ | ① | ③ | ① | ④ | ① | ① | ③ | ① | ④ |

## 01 정답 ④

저장 중의 종자가 발아력을 잃는 중요한 원인은 종자의 원형질 구성단백질과 저장단백질의 변성에 있다. 일반적으로 건조종자의 수명은 수분을 다량 함유한 종자보다 길다. 이는 함수량이 많을 때 단백질이 응고하기 쉽기 때문이다. 또한, 함수량이 많으면 종자의 호흡이 왕성해지고 그 결과 생성된 유해물질이 집적하는 것도 하나의 원인이다.

## 02 정답 ②

식물의 생육에는 390~760nm의 가시광선이 중요한 역할을 한다. 보통 400~700nm의 광선을 광합성유효광이라고 부르는데, 이 가운데 광합성에 가장 효과적인 파장은 650~680nm의 적색광과 430nm 부근의 청색광이다. 녹색광은 엽록소가 거의 흡수하지 않기 때문에 광합성에 대한 기여도가 낮다.

## 03 정답 ②

ABA의 신속한 생합성과 이동은 기공을 닫히게 하는 데 매우 효과적이며, 수분스트레스 조건 하 증산으로 인한 수분손실 방지 측면에서 중요한 역할을 한다. 수분결핍 상태의 식물 뿌리 또한 ABA를 생합성하며, 생성된 ABA는 물관을 통해 잎으로 이동하여 기공을 닫히게 한다. ABA를 생산하는 능력 없는 돌연변이체는 영구적인 위조현상을 나타낸다. 이러한 돌연변이체에 ABA를 외부 공급하면 기공이 닫히고 팽압이 회복된다.

## 04 정답 ②

삼투퍼텐셜은 수분퍼텐셜에 영향을 미치는 용질의 양을 나타내며, 용질이 첨가됨에 따라 생기고, 용질의 농도가 높아짐에 따라 물의 농도가 감소하게 되어 삼투퍼텐셜은 낮아진다.
삼투퍼텐셜은 용액 내에 존재하는 용질에 의하여 형성되므로 용질퍼텐셜(solute potential)이라고도 불리며, $\Psi_s$, $\pi$(pi)로 표시되며, 그 값은 0이나 또는 그 이하를 나타내게 되므로 항상 음(-)의 값을 가지게 된다.
세포액의 삼투퍼텐셜은 작물의 종류에 따라 다르고, 같은 작물이라도 기관에 따라, 또 같은 기관이라도 조직에 따라 다르다. 예외는 있지만 대개 뿌리는 이 값이 높고 잎은 뿌리보다 낮으며, 줄기의 높은 곳에 붙어 있는 잎일수록 더욱 낮은 값을 나타낸다.

## 05 정답 ②

일장변화에 감응하는 기관이 잎이라는 사실이 장일식물인 시금치를 통해 밝혀진 이래, 많은 식물에서 광주기에 감응하는 잎의 역할이 증명되었다. 예를 들면, 단일식물인 도꼬마리에 1개의 잎만 남기고 나머지 잎을 전부 제거한 후 단일처리를 해도 꽃눈이 형성되지만, 잎을 모두 없애고 나면 단일처리를 해도 꽃눈이 형성되지 않는다.

## 06 정답 ③

흡착수는 토양입자에 직접 닿아 있고 모관수는 그 바깥쪽에 자리잡고 있으며, 양자는 피막으로 토양입자를 싸고 있다. 토양과 물의 친화력은 양자 간의 거리가 가까울수록 강해지고, 흡착수가 토양입자와 흡착된 힘은 매우 강하기 때문에 작물에는 전혀 이용되지 않는다.
중력수는 토양입자와 결합친화력이 약하고 끊임없이 아래로 내려가고 있으므로 이 물도 역시 흡수되는 일이 적다.
작물에 가장 유효하게 이용되는 것은 모관수이다.

## 07 정답 ③

단백질의 생합성은 유전암호의 해독(번역)과정으로서 세포질에서 진행된다. 식물세포에 있는 엽록체와 미토콘드리아에서도 자체적으로 단백질합성이 진행된다. 세포질, 엽록체 및 미토콘드리아는 세포에서 합성되는 전체 단백질의 각각 75%, 20% 및 5% 정도를 합성한다.

## 08 정답 ④

액포는 용질의 농도가 높아 물을 흡수하고 세포의 팽압을 유지하는 역할을 한다.

\* 미소체

미소체(微小體; microbody)는 지름이 0.2~1.7μm인 단일 막으로 둘러싸인 기관으로, 이에는 페록시솜(peroxisome)과 글리옥시솜(glyoxisome)이 있다. 페록시솜에는 과산화수소가 많이 들어 있는데 이것을 분해하는 catalase가 있어서 과산화수소를 물분자로 무독화시킨다. 잎의 페록시솜은 엽록체와 미토콘드리아와 함께 광호흡을 진행한다. 지질함량이 높은 종자의 발아과정에서 지방산의 분해를 돕는 역할을 하는 미소체는 글리옥시솜이다. 글리옥시솜에서 분해된 지방산의 대사물질은 미토콘드리아를 거쳐 세포질에서 당으로 전환되는데, 이 과정을 포도당신생합성(gluconeogenesis)이라고 한다.

**09 정답 ②**

뿌리에서의 물의 흡수가 왕성하게 이루어지고 또 증산작용이 억제되어 있을 경우에는 외떡잎작물에서는 잎의 선단에서, 쌍떡잎식물에서는 잎의 가장자리에서 물이 물방울 형태로 되어 배출된다. 이것이 일액현상(溢液現象)인데, 밤에 토양온도가 높고 토양함수량이 많으며, 공기의 온도가 낮고 습도가 높아 포화상태에 가까울 때 일어난다. 따라서, 낮에는 따뜻하고 밤에는 차가워지는 날의 밤중이나 이른 아침에 일액현상에 의한 물방울이 많이 생기며, 흔히 이슬과 혼동되는 일이 있다.

**10 정답 ③**

대체로 콩과작물의 종자는 수분 흡수량이 많은 것이 특징이고, 볏과작물의 종자나 지방종자는 수분 흡수량이 적은 편이다. 곡류의 경우 30%(건물중당) 이상 흡수하면 발아가 가능하지만, 콩과작물은 50~60% 이상의 흡수가 필요하다.

종자의 수분 흡수량(풍건종자에 대한 흡수율) (단위 : %)

| 구분 | 흡수량 | 구분 | 흡수량 | 구분 | 흡수량 |
|---|---|---|---|---|---|
| 밀 | 60.0 | 피마자 | 42.0 | 갯완두 | 230.0 |
| 보리 | 46.0 | 양귀비 | 91.0 | 병아리콩 | 120.0 |
| 귀리 | 59.8 | 유채 | 48.3 | 구주곰솔 | 35.8 |
| 옥수수 | 39.8 | 해바라기 | 56.5 | 콩 | 50.1 |
| 호밀 | 57.7 | 잠두 | 157.0 | 벼 | 26.5 |
| 메밀 | 46.9 | 완두 | 186.0 | 무 | 31.0 |

**11 정답 ③**

순환적 광인산화반응은 여기된 엽록소의 전자전달이 전자수용체를 지나서 엽록소로 되돌아오는 형이다. 제1광계의 P700은 광에너지의 광자를 흡수하면 여기상태로 된다. 이때 여기된 엽록소분자 P700으로부터 이탈된 전자는 페레독신(ferredoxin), FMN, 플라스토퀴논(plastoquinone), 시토크롬(cytochrome) 및 플라스토시아닌(plastocyanin) 등의 전자수용체를 지나 순환과정을 거치는 동안에 방출되는 에너지에 의하여 ATP가 형성되며, 에너지를 잃은 전자는 다시 원래의 엽록소 분자 P700에 돌아오게 된다. 제1광계만이 이 과정에 관계하며, 산소는 방출되지 않고 NADP는 전자를 받지 않기 때문에 환원되지 않는다. ATP는 전자가 흐르는 동안에 형성되지만 NADPH가 형성되지 않으므로 순환적 광인산화반응은 $CO_2$를 환원시키고 당을 형성하는 데는 충분하지 못하다.

**12 정답 ①**

- 호흡작용은 산소가 있어야 일어나므로 식물 주변에 산소가 충분히 있어야 한다.
- 식물의 호흡작용은 효소에 의하여 일어나기 때문에 그 반응속도는 온도의 영향을 받는다. 0℃에 가까운 저온에서는 식물의 호흡이 크게 저하되고 온도가 상승함에 따라 점차 증대되어 30~40℃에서는 최대에 달한다. 그러나 이보다 온도가 더 높아지면 오히려 다시 감소되는데, 이는 고온에 의하여 체내의 효소계가 파괴되기 때문이라고 생각된다.
- $CO_2$ 농도가 높아지는 것은 호흡을 저하시키는 동시에 호흡의 과정에도 영향을 끼친다.
- 호흡률(呼吸率)이 매우 낮은 성숙한 건조종자나 포자에 있어서 수분은 호흡의 제한요인이 된다.
- 어떤 종류의 화학약제는 식물체의 호흡을 저하시킨다고 알려져 있다. 시안화물(cyanamide), 아지드화물(azide), 플루오르화물(fluoride) 등이 이에 속하며, 이들 약제는 제각기 체내의 특정 호흡효소의 작용을 저해하므로 호흡작용의 기구에 대한 연구에 이용되고 있다.

**13 정답 ③**

수분퍼텐셜은 용질의 농도가 높아짐에 따라 감소되고, 압력이 증가되고 온도가 높아지면 증가된다. 수분퍼텐셜은 세포의 조직 내에서 생기는 압력에 의한 압력퍼텐셜(pressure potential), 용해된 용질(대부분 액포에 존재)에 의한 삼투퍼텐셜(osmotic potential)과 고형물질의 흡착력 및 표면장력, 극세모세관력에 의한 매트릭퍼텐셜(matric potential)에 따라 결정된다.

**14 정답 ①**

증산작용은 수증기의 형태로 물을 배출하는 것이지만 작물이 특수한 조건에서 자라게 되면 액체로서의 물의 배출이 일어난다. 이것이 잎의 가장자리나 끝에서 일어나는 경우를 일액현상(溢液現象; guttation)이라 하고, 줄기를 절단하였을 때 그 부위에서 또는 수목 줄기의 물관부에 도달하는 구멍을 뚫었을 때 그곳에서 일어나는 경우에 일비현상(溢泌現象; exudation, bleeding)이라고 한다. 보통 액체로서의 물의 배출량은 증산작용에 의한 물의 배출량에 비하여 훨씬 적다.

**15 정답 ④**

콩과식물은 토양 속 뿌리혹세균과의 공생관계로 대기 중의 질소를 고정한다. 질소는 콩과식물 근모의 피층(皮層)에 침입한 세균의 증식과 피층세포의 분열에 의해 형성된 뿌리혹[근류(根瘤); nodule]에서 고정된다.

공생적 질소고정은 기주식물과 세균의 정확한 상호 인지가 필수적이다. 기주식물은 세균의 유전자 발현을 유도하는 플라보노이드 물질을 분비하고 세균은 이에 반응하여 2차 신호로 작용하는 지질올리고당인 뿌리혹형성(Nod)인자를 생성한다.

세균의 침입에는 특이적인 세포외 다당류(extracellular polysaccharide, EPS)가 필요하다.

공생적 질소고정에는 식물의 대사와 발달의 변형을 유도하는 다수의 Nod유전자, 감염사의 성장과 분화 및 세포상체(細菌狀體; bacteroid)의 대사와 질소고정 등에 필요한 다수의 유전자의 단계적 발현이 필요하다.

세균이 생성한 Nod인자는 식물의 근모세포의 분극화와 칼슘이온의 유출 등의 변화를 유도하여, 결과적으로 세포골격의 재조정과 세포 내 칼슘구배의 재배치가 일어나도록 한다.

옥신·사이토키닌·에틸렌 등의 호르몬이 뿌리혹의 형성과정을 조정하는 신호로 작용한다. 특히, 에틸렌은 일부 콩과식물의 뿌리혹형성과 특이적으로 연계되어 있다.

공생적 질소고정에서는 질소는 질소고정효소(nitrogenase)의 촉매작용으로 암모니아로 환원된다. nitrogenase는 몰리브덴과 철을 함유하는 이질4합체 복합체(Mo-Fe단백질) 하나에 철을 함유하는 동질2합체(Fe단백질) 2개가 양쪽에 하나씩 결합되어 있다.

질소의 고정은 Mo-Fe단백질 복합체에서 진행되며, 질소고정에 필요한 환원에너지는 철단백질로부터 공급받는다.

Mo-Fe단백질과 철단백질은 결합과 해리를 반복적으로 진행하면서 전자를 전달한다. nitrogenase는 산소분자에 의해 비가역적인 저해를 받는다. 따라서, 식물체 내에서는 산화적 ATP 합성이 가능하면서도 nitrogenase의 활성을 저해하지 않는 정도의 약한 호기적 환원 환경을 조성하여 뿌리혹 내의 산소농도를 낮게 유지한다.

뿌리혹 내의 산소농도가 낮게 유지되는 데 기여하는 주요한 요소는 뿌리혹 유조직의 산소투과 장벽, 산소결합 식물단백질인 뿌리혹 헤모글로빈(leghemoglobin) 및 산소를 소비하는 세균의 호흡 등이다.

세균에 의해 고정된 질소는 암모늄 형태로 세균상체에서 식물세포의 세포질로 운송되어 글루타민합성효소(glutamine synthetase, GS)에 의해 글루타민에 동화된다.

글루타민에 동화된 암모니아는 숙주가 이용하는 질소운송 화합물에 따라 운송형태가 달라진다.

앨펠퍼에서는 뿌리혹에서 고정된 암모니아가 글루타민이나 아스파라진으로 뿌리혹 외부로 운송된다. 반면, 콩과식물인 동부는 알란토인(allantoin)이나 알란토산(allantoic acid)과 같은 요산을 뿌리혹 외부로 수송한다.

## 16  정답 ①

- 생장 최적온도, 최고온도, 최저온도는 여름작물(summer crop)이나 열대식물에서는 높고, 겨울작물이나 온대식물, 한대식물에서는 낮다.

  식물의 생장에 미치는 온도의 영향을 나타내는 지표로 적산온도가 사용된다.

  적산온도(積算溫度; accumulated temperature)는 하루의 평균온도가 기준온도보다 높은 날의 평균온도를 누적한 것이며, 기준온도는 보통 0℃를 설정한다.

  그러나 0℃가 생장에 실제로 유효한 온도가 아닐 경우가 대부분이기 때문에 기준온도를 겨울작물은 5℃, 여름작물은 10℃를 설정하고, 하루 평균온도에서 이 온도를 뺀 차를 누적하여 생장온도일수(生長溫度日數; growth degree days)로 표시하기도 한다.

- 낮과 밤의 온도차이를 DIF(differential)라고 하며 DIF가 생장에 미치는 효과는 원예작물에서 상업적으로 널리 이용되고 있다. DIF가 클수록 신장생장이 좋아지는 경향이 있다. 온실 내에서 DIF값에 반응이 좋은 식물로는 백합·국화·제라늄·거베라·피튜니아·토마토 등이 있고, 히아신스·튤립·수선화 등은 반응이 약하거나 없는 것으로 알려져 있다.

## 17  정답 ①

1차세포벽(一次細胞壁; primary cell wall)의 주성분은 500~14,000개의 포도당의 β(1→4)사슬 중합체(重合體)인 섬유소(cellulose)이며, 세포벽의 약 15~30%를 차지한다. 또 다른 주성분은 비섬유소성 다당류인 헤미셀룰로스(hemicellulose)와 펙틴(pectin)이다. 헤미셀룰로스와 펙틴은 각각 1차세포벽의 25~50%와 10~35%를 차지한다.

## 18  정답 ③

* **원형질막**

원형질막(原形質膜; plasma membrane)은 세포의 가장 바깥쪽 경계를 형성하고 외부와 세포 사이의 접점으로 작용하여, 세포 내·외부로의 분자의 수송, 신호의 전달, 세포벽 성분의 합성과 조립, 세포골격과 외부기질과의 물리적 연결 등을 조절한다. 원형질막은 소포체의 특별한 영역을 관모양으로 둘러싸서 세포 사이의 소통의 통로인 원형질연락사를 형성한다.

식물세포의 원형질막은 지질·단백질·탄수화물 분자가 대략 40 : 40 : 20의 비율로 구성되어 있으며, 두께는 9~10nm이다.

## 19  정답 ①

증산작용이 왕성하게 일어나는 식물에서 수분흡수를 일으키는 원동력은 뿌리보다는 오히려 지상부의 증산작용에 의하여 생기며, 물의 흡수속도는 잎의 증산작용에 의한 물의 손실속도에 크게 지배되는데, 이는 흡수와 증산이 식물체 물관부의 연속된 물기둥에 의하여 상호 연결되어 있음을 의미한다.

## 20  정답 ④

명반응은 광조건에서 일어나는 반응으로, 집광에 의해 여기된 엽록소에서 전자가 전자전달계를 거치면서 ATP를 생산한다.

# 정답 및 해설

작물생리학 02회

| 01 | 02 | 03 | 04 | 05 | 06 | 07 | 08 | 09 | 10 |
|---|---|---|---|---|---|---|---|---|---|
| ④ | ① | ① | ② | ③ | ① | ③ | ② | ① | ② |
| 11 | 12 | 13 | 14 | 15 | 16 | 17 | 18 | 19 | 20 |
| ② | ④ | ② | ④ | ④ | ② | ③ | ② | ③ | ④ |

## 01 정답 ④
복막구조계는 두 겹의 막으로 싸여진 소기관으로 핵, 엽록체, 미토콘드리아가 있다. 성숙한 엽록체의 외막과 내막의 두께는 약 7nm이고, 막 사이의 공간은 4~70nm이다. 내막의 안쪽 공간은 스트로마(stroma)이고, 스트로마에는 매우 복잡한 틸라코이드(thylakoid)막계가 발달되어 있다.

## 02 정답 ①
세포벽은 원섬유과 기질로 구성된 복합체이다. 원섬유는 셀룰로오스 분자로 구성되며, 기질은 헤미셀룰로오스, 펙틴, 리그닌 등의 다당류와 세포벽 단백질, 지질, 무기염류 등으로 구성되어 있다.

## 03 정답 ①
$C_4$식물은 광호흡을 본질적으로 하지 않거나 또는 광호흡량이 $C_3$식물에 비하여 매우 낮다.

## 04 정답 ②
1) 광감수성 종자
  a. 광발아성 종자(빛이 발아에 필요한 충분한 에너지를 배에 주어 발아가 촉진됨) : 담배·상추·뽕나무·배암차조기·우엉·켄터키블루그래스
  b. 암발아성 종자(빛이 배의 생장을 불활성화하여 발아가 억제됨) : 파·양파·가지·수박·호박·수세미·오이
2) 광불감수성 종자(광의 존재 유무에 관계없이 발아함) : 화곡류, 옥수수, 대다수의 콩과작물

## 05 정답 ③
암반응은 광과 관계없이 일어나며, 명반응 과정에서 생성된 ATP나 NADPH를 이용하여 $CO_2$를 고정하여 탄수화물로 전환시키는 반응단계이다.

## 06 정답 ①
수분보존형은 엽면적이 작고 요수량(要水量)이나 증산량이 많지 않으므로 생육초기에 토양수분을 보존하였다가 여름에 건조할 때 이용하여 한해를 지연시키거나 회피할 수 있는 작물이다. 한편, 수분소비형은 증산량은 다른 작물과 비슷하지만 땅속 깊은 곳까지 뿌리를 뻗고 근계발달이 좋아 수분 흡수량을 증가시켜 한발에 잘 견디는 작물이며, 이들은 토양수분이 더욱 부족하여 원형질의 수분함량이 감소되면 장해를 받는다.

## 07 정답 ③
- 질소 결핍시 하위엽에 있던 질소가 생장점으로 재분배되므로 하위엽부터 황색을 나타내고, 질소가 더욱 부족하면 식물 전체가 황색을 나타낸다.
- 인은 뿌리에서 흡수된 후 식물체 내에서는 이동이 잘되며, 대부분이 무기태로 액포에 저장된다.
- 칼륨은 식물체 내에서 이동하기 쉬운 원소이고, 또 생육이 왕성한 어린 조직이 오래된 조직보다 부족한 성분을 끄는 힘이 더 크므로 늙은 잎에서부터 결핍증이 먼저 나타난다.
- 칼슘이 부족하면 세포벽 형성이 저해되므로 뿌리가 짧고 굵어지며, 끝이 죽는다. 심한 경우 처음에는 생장점이나 어린 잎이 말라죽는데, 이는 성숙한 잎에 있던 칼슘이 어린 잎으로 이동하지 못하기 때문이다.
- 철이 결핍되면 작물체 내에서 재분배가 일어나지 않으므로 어린 잎부터 엽록소 함량이 낮아지고 잎이 황백화한다.
- 구리가 결핍되면 생장이 억제되고, 어린 잎이 비틀리며, 정단분열조직이 괴사되는 증상을 보인다. 구리부족으로 정단분열조직이 죽으면 볏과작물은 분얼이 많아지고, 쌍떡잎식물은 곁눈이 많이 발생한다. 때로는 어린 잎이 시들기도 하는데, 이는 물관에 리그닌이 많이 축적되지 않아 수분의 수송이 잘 안되기 때문이다.

## 08 정답 ②
식물의 종류에 따라 화성유도를 위해 저온이 필수적으로 요구되는 경우와 저온처리에 의하여 개화가 촉진되는 경우가 있는데, 2년생 식물은 전자에 속하고, 월동 1년생 식물은 후자에 속한다.
예를 들면, 호밀의 경우 저온처리를 받으면 봄에 생장이 시작된 후 약 7주가 되면 꽃눈이 형성되나, 저온처리를 받지 않은 것은 14~18주가 소요되므로 저온처리는 양적인 요구조건이 된다.

## 09 정답 ①
- 삼투는 반투성 막을 통하여 물이 확산되는 현상으로 정의될 수 있다. 예를 들면, 물은 통과되지만 용질은 통과되지 않는 반투성 막에 의하여 설탕용액이 순수한 물과 분리되었다면 물분자는 수분퍼텐셜의 구배에 따라 순수한 물로부터 설탕용액으로 확산되어 들어간다.
- 압력구배에 따라 분자들이 이동하는 것을 집단류라고 하며, 물질의 이동은 이동하는 물질에 중력과 압력과 같은 힘이 외부로부터 작용하기 때문에 압력구배에 따라 물질의 분자는 하나의 집단으로 같은 방향으로 모두 함께 이동한다.
- 압력퍼텐셜 또는 정수압(靜水壓)의 구배가 원동력이 되는 경우에 일어나는 물의 이동을 일반적으로 집단류라고 하며, 수분퍼텐셜의 구배가 관여되는 경우에 일어나는 물의 이동을 확산이라고 한다.

## 10 정답 ②
에틸렌은 메싸이오닌(L-methionine)을 전구체로 생합성된다. 메싸이오닌은 S-adenosyl-methionine(SAM)으로, SAM은 ACC synthase에 의해 ACC(aminocyclopropane-1-carboxylic acid)로, ACC는 ACC oxidase에 의해 에틸렌으로 전환된다. ACC synthase는 식물조직의 에틸렌 생합성률을 조절하는 효소(rate-limiting enzyme)로 간주된다.

## 11 정답 ②
질소, 칼륨, 칼슘, 마그네슘, 인, 황, 규소는 대량원소이며, 염소, 철, 붕소, 망간, 아연, 나트륨, 구리, 니켈, 몰리브덴은 미량원소이다.

## 12 정답 ④
- 산성비는 잎 표면의 왁스와 칼슘을 비롯하여 칼륨·마그네슘 등 무기염류를 잎에서 유실시키고, 표피세포와 엽육세포의 생리적 교란을 일으키며, 엽록소 함량·생육·수량을 감소시킨다. 피해가 더욱 심하면 잎에 갈색·황색·흰색의 괴사 반점이 발생한다.
- 오존은 쉽게 분해되지 않고 반응력이 강하므로 독성이 있는 활성산소인 peroxide($O_2^{2-}$), superoxide, singlet oxygen, 수산기로 변하고, 이것이 세포막에 결합하여 세포막 지질의 과산화로 지질을 파괴하거나 단백질의 -SH기를 산화하므로 대사작용을 교란시킨다. 그러므로 작물은 기공의 개폐가 조절되지 않고, 엽록체의 틸라코이드막이나 효소가 영향을 받아 광합성이 저해된다. 작물체 내에서는 글루타티온(glutathione)이 이들과 결합하여 장해를 회피하기도 한다.

## 13 정답 ②
최근에 기공개폐 기구의 학설에 의하면, 공변세포가 수분을 흡수하려면 당, 유기산, K+를 포함하는 많은 용질을 갖고 있어야 하는데, 기공이 열릴 때에는 주위 세포에서 공변세포로 K+의 이동이 일어남으로써 삼투퍼텐셜이 저하되어 기공이 열린다고 한다.

## 14 정답 ④
식물 종자의 발아성과 광의 관계는 종자의 발아 시 빛에 대하여 감수성을 나타내는 것(광감수성 종자; photo-sensitive seed)과 반응을 나타내지 않는 것(광불감수성 종자; photo-insensitive seed)으로 크게 나눌 수 있으며, 광감수성 종자는 다시 광에 의하여 발아가 촉진되는 것(광발아성 종자; light-promotive seed)과 광에 의하여 발아가 억제되는 것(암발아성 종자; light-inhibitive seed)으로 나눌 수 있다.

1) 광감수성 종자
  a. 광발아성 종자(빛이 발아에 필요한 충분한 에너지를 배에 주어 발아가 촉진됨) : 담배·상추·뽕나무·배암차조기·우엉·켄터키블루그래스
  b. 암발아성 종자(빛이 배의 생장을 불활성화하여 발아가 억제됨) : 파·양파·가지·수박·호박·수세미·오이
2) 광불감수성 종자(광의 존재 유무에 관계없이 발아함) : 화곡류, 옥수수, 대다수의 콩과작물

## 15 정답 ④
암조건에서 자란 황백화식물에서 파이토크롬은 Pr(적색광 흡수형) 형태로 존재한다. 푸른색을 띠는 Pr는 적색광에 의해 Pfr(원적색광 흡수형) 형태로 바뀌어 청록색을 띤다. Pfr은 다시 원적색광에 의해서 Pr로 전환된다. 광가역성(光可逆性; photoreversibility)이라고 알려진 전환/재전환 현상은 파이토크롬의 가장 뚜렷한 특징이며, 다음과 같이 간략한 식으로 표현할 수 있다.

$$Pr \underset{원적색광}{\overset{적색광}{\rightleftarrows}} Pfr$$

Pr형과 Pfr형의 상호전환은 생체 내 또는 시험관 내에서 확인할 수 있다. 실제로 시험관 내에서 측정된 잘 정제된 파이토크롬의 흡수스펙트럼과 광가역성과 같은 분광학적인 특성은 생체 내에서 관찰되는 것과 비슷하다.

파이토크롬 Pfr형과 Pr형의 흡수스펙트럼이 일부 겹쳐지기 때문에 파이토크롬 풀(pool)은 적색광이나 원적색광을 받은 후에 Pfr이나 Pr로 완전히 전환되지 않는다. Pr형이 적색광을 받으면 대부분의 Pr분자는 Pfr로 바뀐다. 그러나 Pfr의 일부는 적색광도 흡수하여 Pr로 다시 바뀐다. 따라서, 적색광을 포화상태로 조사하더라도 Pfr 형태로 존재하는 파이토크롬의 비율은 대략 85% 밖에 되지 않는다. 이와 유사하게도 Pr도 극소량의 원적색광을 흡수하기 때문에 원적색광에 의해 Pfr은 완전히 Pr형으로 바뀔수는 없다. 그 대신 97%의 Pr와 3%의 Pfr의 비율로 평형에 도달하는데, 이 평형을 광평형상태(光平衡狀態; photostationary state)라고 한다.

### 16  정답 ②
국화과식물, 특히 풍딴지(돼지감자)·달리아·우엉·민들레 등의 괴경에는 저장물질로서 이눌린(inulin)이 집적되어 있다. 이눌린은 약 35개의 과당이 β(2→1)결합을 하고 있는 화합물이다). 이눌린은 식물 저장조직의 세포액에 산재하여 있으며, 물에서는 콜로이드용액을 형성한다. 이눌린은 inulase에 의하여 과당으로 가수분해되며, 소량의 포도당이 생긴다.

### 17  정답 ③
잎에 발현되는 대부분의 mRNA 수준은 노화기 동안에 현저히 감소되는 반면, 특정 유전자의 전사가 두드러지게 증가한다.

### 18  정답 ②
흡수된 간단한 물질이 체내에서 고분자의 유기화합물로 변하는 것을 동화작용이라 한다. 질소는 질산이온의 형태로 일단 흡수되면 질산환원효소에 의하여 두 단계의 환원과정을 거친다. 1단계는 세포질(시토졸)에서 일어나는데 질산이 아질산으로 환원된다. 2단계는 엽록체에서 아질산이 암모니아로 바뀌는 환원작용이 일어난다.

### 19  정답 ③
사막지대에 있는 관목의 잎은 수분퍼텐셜이 낮은 상태에 놓여도 살아남을 능력이 매우 높아 오랫동안 생존할 수 있다. 사막지대 관목의 잎은 매우 건조한 조건에서 -3.0~-6.0MPa 범위로 매우 낮은 수분퍼텐셜을 나타내고 있다. 해안지대나 간척지의 식물도 -0.5MPa 또는 그 이하의 수분퍼텐셜을 갖고 있다. 식물의 종류와 건조 정도에 따라 발아력이 있는 건조한 종자도 매우 낮은 수분퍼텐셜을 갖고 있으며, -6.0~10.0MPa 또는 이보다 더 낮은 수분퍼텐셜을 나타낸다.

### 20  정답 ④
스트로마에서는 광과는 관계없이 탄산가스를 당으로 고정하는 암반응이 일어나며, 탄소가 3개인 PGA가 최초의 중간산물로 생성된다.

작물생리학 400
동형모의고사

## 작물생리학 03회 정답 및 해설

| 01 | 02 | 03 | 04 | 05 | 06 | 07 | 08 | 09 | 10 |
|---|---|---|---|---|---|---|---|---|---|
| ② | ① | ③ | ④ | ① | ② | ③ | ③ | ③ | ② |
| 11 | 12 | 13 | 14 | 15 | 16 | 17 | 18 | 19 | 20 |
| ④ | ④ | ④ | ② | ④ | ① | ③ | ④ | ④ | ④ |

### 01 정답 ②
정단분열세포에는 많은 수의 작은 액포가 있으나 세포가 성장하면서 액포들이 통합되어 하나의 큰 액포로 된다. 성숙한 세포의 액포는 세포 부피의 약 90%를 차지하고 있다.

### 02 정답 ①
춘화처리의 효과에 영향을 미치는 조건 : 수분함량, 온도와 처리기간, 산소, 탄수화물, 품종의 영향

### 03 정답 ③
토양이 건조할 때 처음에는 증산량이 많은 낮에는 잎이 시들다가 밤에는 기공이 닫히며 수분함량이 증가하여 정상적으로 회복되는 일시위조 상태가 된다. 그러나 건조가 더욱 심해지면 관수해도 회복되지 못하는 영구위조 상태에 달하게 되고, 결국 죽게 된다.

### 04 정답 ④
$CO_2$ 증가는 광합성을 증가시켜 작물생산성이 향상될 수 있는 이점이 있는 반면, 수증기, $N_2O$, $CH_4$ 등과 함께 적외선을 흡수하므로 지구에서 대기 중으로 방출되는 에너지를 차단하여 온실효과를 유발하여 기온상승, 해수면 상승, 생태계 변화 등에 따른 피해가 예상된다.

### 05 정답 ①
호흡의 과정은 6탄당(hexose)이 과당2인산으로 변화하는 것에서 시작하여 이것이 완전히 산화하여 $CO_2$와 $H_2O$로 분해되는 것으로 완료되는데, 이 과정은 해당과정, 크렙스회로, 산화적 인산화반응의 3단계로 크게 나누어진다.

### 06 정답 ②
① cam식물은 일반적으로 잎의 울타리 조직 세포가 없고, 엽육세포에는 커다란 액포가 있다.
③ 밤에 $CO_2$를 고정하여 다량의 말산 또는 시트르산을 액포에 축적한다.
④ 밤에는 산 함량은 증가되고 탄수화물 함량은 급격히 감소되지만, 낮에는 이와 반대로 산 함량은 감소되고 탄수화물 함량은 증가된다.

### 07 정답 ③
- 광합성의 명반응은 에너지의 획득과정으로서 엽록체의 그라나에서 일어나며, 물의 광분할과 광인산화반응을 통해 광에너지를 NADPH와 ATP와 같은 불안정한 상태의 화학에너지로 전환시키는 광화학반응이다.
- 물의 광분할로부터 축적된 전자는 전자전달 경로를 경유하여 NADP+로 전달되며, H+이온은 제1광계에서 이탈한 전자와 함께 NADP+를 NADPH로 환원시킨다.
- $O_2$의 발생은 물분자가 직접적으로 광분할 되는 것이 아니라 물의 분리에 의하여 생기는 OH⁻이온을 제2광계에서 전자공여체(電子供與體)로서 계속적으로 회수함으로써 광은 해리(解離)를 증가시키고 산소를 방출케 하는 것이다.
- 엽록체의 광화학반응에 의하여 암반응 과정을 유도하는 데 필요한 ATP를 생성하는 과정을 광인산화반응이라고 한다.
- 광합성의 제2단계인 암반응 과정은 엽록체의 스트로마에서 일어난다.

### 08 정답 ③
- 철(Fe)을 함유하는 헤모프로테인에는 엽록체와 미토콘드리아에서 산화-환원계를 구성하고 있는 시토크롬(cytochrome), 전자전달경로의 마지막 단계에서 수소이온을 산화하여 물을 형성하는 과정에 관여하는 cytochrome oxidase, $H_2O_2$를 물과 산소로 분해하는 catalase, 페놀을 리그닌으로 중합하는 데 필요한 peroxidase 등의 효소와 콩과식물에서 근류균에 산소를 공급하는 leghemoglobin 등이 있다. 철-황 단백질에는 페레독신이 있는데 이것은 NADP+, nitrate reductase, sulfate reductase, $N_2$ 환원에 전자를 전달해 주는 역할을 한다.
- 붕소(B)는 세포신장, 핵산합성, 호르몬반응, 막 기능 및 세포벽 합성에 중요한 역할을 하는 것으로 판단된다.

- 황(S)은 아미노산 시스테인(cysteine)과 메싸이오닌(methionine)의 구성성분으로서 이들 아미노산을 갖고 있는 단백질의 합성에 필수적이다. 또한, 페레독신(ferredoxin), 비오틴(biotin, 비타민 H), 글루타티온(glutathione), thiamine pyrophosphate(비타민 B), coenzyme A의 구성분이다.
- 마그네슘(Mg)은 식물세포에서 호흡, 광합성은 물론 DNA 및 RNA의 합성에 관련된 효소의 활성화에 관여한다.

## 09  정답 ③

- 식물의 분열조직은 발생 위치에 따라 줄기와 뿌리 끝에 있는 정단분열조직(생장점), 유관속형성층과 코르크형성층으로 구분되는 측재분열조직, 잎의 기부나 줄기의 마디에 있는 개재분열조직(절간분열조직) 등이 있다.
- 표피조직은 서로 연속되어 표피조직계를 만든다. 표피조직은 표피와 그에 부수되는 모용, 기공, 근모 등으로 구성되어 내부조직을 보호하고 양수분을 흡수하며 가스교환 등의 기능을 수행한다.

## 10  정답 ②

- 침수상태에서는 산소가 고갈되어 ACC가 에틸렌으로 전환되는 과정이 억제되어 에틸렌 생성이 저하된다. 또한, 생성된 에틸렌은 공기 중으로 확산되지 못하고 뿌리 근처에 축적되게 된다(물에서의 에틸렌 확산은 대기상태와 비교해 10,000배 정도 낮아짐). 그 결과, 축적된 에틸렌은 cellulase를 활성화시키게 되며, cellulase는 세포벽을 가수분해하여 원활한 산소공급을 위한 통기조직(aerenchyma)을 만든다. 그러나 이와 같은 현상 이전에 축적된 ACC는 물관부를 통해 줄기로 이동하게 되고 줄기에서 에틸렌으로 신속히 전환되어, 그 결과 잎은 상편생장현상을 보인다.
- 밭작물은 과습한 곳에서 통기조직은 발달되지만 벼와는 달리 뿌리 세포가 코르크화나 목질화되지 않는다.
- 콩도 과습상태에서는 제1차 뿌리가 썩으면서 경근부(莖根部)에 통기조직이 발달하여 습지에서 산소부족에 적응한다.
- 벼는 산소공급과 관계없이 공기가 차 있는 통기조직이 발달되어 있지만, 과습으로 산소가 부족하면 피층의 세포가 죽어 파생통기조직(破生通氣組織)이 더욱 크게 발달한다.

## 11  정답 ④

체관부에서 전류되는 물질 중 90% 또는 그 이상의 고형물은 비환원당인 자당(설탕)이나 라피노스와 같은 탄수화물이다. 그리고 전류하는 탄수화물 중에서는 자당이 대부분을 차지한다. 그러나 작물의 종류에 따라서는 자당 이외에 라피노스(raffinose), 스타키오스(stachyose), 버바스코스(verbascose) 등과 같은 과당류(oligosaccharide)도 전류한다.

## 12  정답 ④

serine, cysteine, leucine, proline

## 13  정답 ④

질소수송 아미노산이라고 불리는 글루탐산·글루타민·아스파라진산 및 아스파라진은 무기질소의 동화와 동화된 아미노기의 전이반응(transamination)을 통하여 합성된다.

글루탐산은 α-케토글루타르산의 α-탄소에 암모니아($NH_3$)가 동화되어 생성된다. 글루탐산은 glutamine synthetase(GS)의 작용으로 곁사슬 카복시기에 다시 암모니아를 고정하여 글루타민이 된다.

글루타민의 곁사슬 아미노기는 glutamine oxoglutarate aminotransferase(GOGAT)에 의해 α-케토글루타르산에 전이되어 글루탐산을 합성한다. 이와 같이 아미노산을 동화하고 동화된 아미노기를 전이시키는 과정을 GS/GOGAT회로라고 하며, 이 회로가 식물의 주요한 질소동화 경로이다.

글루탐산은 아미노기전이반응을 통하여 글루탐산 이외의 아미노산과 핵산의 생합성 시발물질(始發物質)로 사용된다.

아미노기전이반응의 가장 잘 알려진 예는 옥살초산의 카보닐(=CO)에 글루탐산의 아미노기가 전이되어 아스파라진산이 생합성되는 반응이며, 이 반응은 aspartate aminotransferase가 촉매한다. 이어서 아스파라진산에 글루타민의 곁사슬 아미노기가 전이되어 아스파라진(asparagine)이 생성된다.

## 14 정답 ②

수분퍼텐셜은 용질의 농도가 높아짐에 따라 감소되고, 압력이 증가되고 온도가 높아지면 증가된다.

수분퍼텐셜은 세포의 조직 내에서 생기는 압력에 의한 압력퍼텐셜(pressure potential), 용해된 용질(대부분 액포에 존재)에 의한 삼투퍼텐셜(osmotic potential)과 고형물질의 흡착력 및 표면장력, 극세모세관력에 의한 매트릭퍼텐셜(matric potential)에 따라 결정된다.

## 15 정답 ④

배추와 채소와 콩과작물은 붕소요구량이 많아 이것의 사용효과가 있고, 석회암지대에서는 토양 pH가 높아 벼에서 아연결핍이 문제되기도 한다.

## 16 정답 ①

② 잎의 엽록소는 적색광을 잘 흡수하는 반면에 원적색광을 많이 투과시키기 때문에 초관 아래에서는 낮은 R : FR 값을 나타낸다.
③ 양지식물에 원적색광의 비율을 변화시켜 생육시킬 경우, 원적색광의 비율이 높을 때(즉, Pfr : Ptotal 비가 낮을 때) 줄기 신장률이 현저히 증가하는 것을 볼 수 있다.
④ 원적색광 비율이 높아지면 발아는 저해된다.

## 17 정답 ③

· 1차세포벽(一次細胞壁; primary cell wall)의 주성분은 섬유소(cellulose)이며, 세포벽의 약 15~30%를 차지한다. 다른 주성분은 비섬유소성 다당류인 헤미셀룰로스(hemicellulose)와 펙틴(pectin)이다. 헤미셀룰로스와 펙틴은 각각 1차세포벽의 25~50%와 10~35%를 차지한다.
· 2차세포벽의 주성분은 섬유소, 헤미셀룰로스, 펙틴, 그리고 리그닌(lignin) 등이다.
· 전분은 아밀로스(amylose)와 아밀로펙틴(amylopectin)의 2종의 다당류로 구성되어 있으며, 아밀로스는 물에 녹아서 확산용액이 되지만 아밀로펙틴은 물에 잘 녹지 않는다.

## 18 정답 ④

작물의 수분이용효율은 요수량의 역수(逆數)로 나타내며, 다음과 같이 정의할 수 있다.

$$수분이용효율 = \frac{건물생산량(g)}{증발산량(kg)}$$

수분이용효율은 작물의 수량을 생산하는 데 소비된 수분과 관련된 수량을 의미한다.

## 19 정답 ④

DNA의 합성은 원본 이중가닥 DNA사슬 가운데 하나의 사슬에 상보적인 DNA사슬을 만드는 과정으로서 반보존적으로 진행된다.
DNA사슬의 합성은 4종류의 디옥시리보뉴클레오티드로 중합체를 만드는 반응으로서 DNA중합효소(DNA polymerase)에 의해 촉매된다.
DNA의 합성은 세포주기에 의해 조절되며 합성기에 진행된다. 식물에서 DNA의 합성은 핵·색소체 및 미토콘드리아에서 일어난다.

## 20 정답 ④

포도당신생합성 경로의 글리옥시솜에서 진행되는 아세틸-CoA가 숙신산으로 전환되는 과정을 글리옥실산회로(glyoxylic acid cycle)라고 한다.
글리옥실산회로에서는 β-산화에 의해 지방산으로부터 생성된 아세틸-CoA가 글리옥실산과 반응하여 말산을 생성하고, 말산은 말산탈수소효소에 의해 산화되어 옥살초산으로 전환된다.
옥살초산은 β-산화에서 생성된 아세틸-CoA와 반응하여 시트르산을 형성하고, 시트르산은 아이소시트르산(isocitric acid)으로 전환된 다음, 숙신산과 글리옥실산으로 분리된다. 즉, 글리옥실산 경로의 말산의 생성에서 아이소시트르산의 생성까지의 반응이 미토콘드리아에서 진행되는 시트르산회로와 동일하게 진행된다.
글리옥실산회로에서 생성된 숙신산은 글리옥시솜에서 미토콘드리아로 운송되어 포도당신생합성에 이용된다. 즉, 숙신산은 미토콘드리아의 시트르산회로에 의하여 차례로 푸마르산과 말산으로 전환된다. 말산은 세포질로 운송되어 옥살초산을 거쳐 phosphoenolpyruvate로 전환된 다음 해당과정(解糖過程)의 역과정(逆過程)을 거쳐 6탄당으로 전환된다.

작물생리학 400
동형모의고사

| 01 | 02 | 03 | 04 | 05 | 06 | 07 | 08 | 09 | 10 |
|---|---|---|---|---|---|---|---|---|---|
| ② | ④ | ④ | ② | ② | ② | ① | ③ | ② | ② |
| 11 | 12 | 13 | 14 | 15 | 16 | 17 | 18 | 19 | 20 |
| ③ | ① | ④ | ① | ④ | ① | ③ | ③ | ④ | ③ |

## 01 정답 ②

질소의 공급이 알맞고 광합성이 잘되는 조건에서는 질소와 유기산이 결합하여 아미노산이 되고, 아미노산들이 축합하여 단백질이 된다.

## 02 정답 ④

광합성의 명반응은 에너지의 획득과정으로서 엽록체의 그라나에서 일어나며, 물의 광분할과 광인산화반응을 통해 광에너지를 NADPH와 ATP와 같은 불안정한 상태의 화학에너지로 전환시키는 광화학반응이다.
물의 광분할로부터 축적된 전자는 전자전달 경로를 경유하여 $NADP^+$로 전달되며, $H^+$이온은 제1광계에서 이탈한 전자와 함께 $NADP^+$를 NADPH로 환원시킨다.

## 03 정답 ④

세포막을 구성하는 주성분인 인지질 분자는 친수성인 영역과 소수성인 영역을 함께 갖고 있어 양친매성(兩親媒性)을 나타내므로 수용액 환경에서 소수성 영역이 물분자와 접촉하지 않도록 무리를 지어 자발적으로 이중층으로 조립되어 닫힌 공간을 만든다. 인지질 2중층(燐脂質 二重層)의 내부에 존재하는 소수성 영역은 소수성 결합을 형성하여 극성분자나 하전(荷電)된 분자의 확산과 투과를 억제하는 성질을 지닌다. 세포막의 유동성은 인지질 분자의 조성에 의하여 영향을 받는다.
막은 비극성이기 때문에 산소나 탄화수소(hydrocarbon) 같은 비극성 화합물은 막에 잘 녹아 쉽게 투과할 수 있고, 투과속도는 용해도가 비슷하면 분자의 크기가 작을수록 빠르다. 또, 물이나 이산화탄소 같은 극성 화합물은 막에 잘 녹지 않지만, 크기가 작고 이온화되지 않으면 비교적 쉽게 인지질막을 투과할 수 있다. 그러나 이온화된 무기양분은 $H^+$, $Na^+$같은 작은 분자라도 막을 투과하지 못하며, 또 이온화되지 않았더라도 당과 같은 큰 분자는 인지질막을 투과하지 못한다. 그러나 생체 내에 있는 세포막의 물·산소 등에 대한 투과성은 인공막과 비슷하지만 인공막에서 투과하지 못하는 이온화된 무기양분도 상당량을 선택적으로 투과하고 있어 인지질막을 관통하고 있는 단백질이 이온화된 무기양분의 막투과성과 관계가 깊다는 것을 알 수 있다.

## 04 정답 ②

- **미토콘드리아** : 미토콘드리아(mitochondria)는 진핵세포(眞核細胞)에 존재하며, 시트르산회로와 산화적 전자전달계를 통해 ATP를 생성하는 호흡계를 내포하고 있다.
미토콘드리아는 유기산과 아미노산 등의 합성에 사용되는 다양한 화합물을 공급한다.
미토콘드리아는 두께가 $0.5~1\mu m$이며, 길이는 $1~4\mu m$이고 모양은 구형 또는 타원형이며, 2중막으로 둘러싸여 있다. 외막은 매끄럽고 내막은 주름이 많이 잡힌 구조이다. 내막으로 둘러싸인 공간을 기질(matrix)이라고 하며, 내막이 기질 깊숙이 주름지게 접혀진 구조가 내강(cristae)이다.
내막과 외막의 사이는 막간 공간(intermembrane space)이다. 내막에는 전자전달계를 구성하는 단백질 복합체가 풍부하여 막의 약 75%가 단백질이다.
미토콘드리아는 고리형의 2중가닥 DNA를 갖고 있어 유전적으로 반자치적인 특성을 지닌다.

- **엽록체** : 성숙한 엽록체의 외막과 내막의 두께는 약 7nm이고, 막 사이의 공간은 4~70nm이다. 내막의 안쪽 공간은 스트로마(stroma)이고, 스트로마에는 매우 복잡한 틸라코이드(thylakoid)막계가 발달되어 있다. 틸라코이드막으로 둘러싸인 공간이 내강(lumen)이다.
틸라코이드막이 10~100겹으로 쌓여 있는 부분이 그라나(grana)이며, 그라나는 하나의 엽록체 내에 40~60개가 있다. 틸라코이드에는 엽록소, 적황색 색소, 단백질 및 빛 에너지를 이용하여 NADPH와 ATP를 생성하는 전자전달계가 존재한다.

## 05 정답 ②

증산작용에 의하여 다량의 수분이 잎에서 배출되면 잎세포의 수분퍼텐셜이 낮아져서 증산이 약한 경우에도 뿌리로부터 수동적 흡수가 증가되므로 체내에 있어서 물의 상승이 빨라지며, 또한 증산작용에 의하여 물을 기화열(氣化熱)로서 빼앗기므로 엽온(葉溫)이 저하된다. 한여름의 직사광선에 노출된 작은 돌이나 기와들은 손을 대지 못할 정도로 온도가 높아져 있는데, 작물의 엽온은 이와 비슷한 경우에도 기온과 큰 차이가 없으며 조건에 따라서는 오히려 낮은 경우도 있다.

## 06 정답 ②

요수량(要水量; water requirement)이란 단위중량의 건물량을 생산하는 데 필요한 수분량을 나타내는 수치이며, 생육기간 중에 흡수된 수분량을 그 기간중에 축적된 건물량으로 나누어 구할 수 있다.

$$요수량 = \frac{증발산량}{건물생산량}$$

이러한 경우 생육기간 중의 흡수량은 그동안의 증산량과 거의 같다고 간주하고 흡수량 대신에 증산량을 쓰는 것이 보통이며, 요수량을 일명 증산계수(蒸散係數; transpiration coefficient)라고도 한다.

## 07  정답 ①

광합성과 호흡작용에서 공통적으로 볼 수 있는 것은 전자전달과정이다. 전자전달과정은 ATP라는 화학에너지를 생산하는 과정으로, 두 대사작용은 모두 화학에너지가 필요하기 때문에 이 과정이 필요하다. 칼빈회로는 광합성의 암반응과정이고, 해당작용과 크렙스회로는 호흡작용에서만 볼 수 있는 과정이다.

## 08  정답 ③

- 인은 화곡류의 성숙을 촉진하는데, 벼에서는 장기간 인을 사용하지 않으면 출수가 다소 지연된다. 화곡류에서는 인이 부족하여 분얼이 억제되고, 줄기와 잎이 짙은 녹색으로 된다.
- 칼륨(potassium, K)은 식물체 내에서 효소의 활성화, 단백질합성, 광합성과 그 산물과 수송, 삼투조절 등에 관여하고 있다. 예를 들면, 탄수화물대사에 관여하는 pyruvate kinase와 6-phosphofructokinase)를 활성화시켜 전분합성을 촉진하며, 세포막에 있는 ATPase를 활성화하여 $K^+$나 다른 원소의 투과성을 좋게 한다. 칼륨은 tRNA가 리보솜에 유전정보를 전달하는 단계에 관여하므로 단백질합성에 필요하며, 광합성에서 이산화탄소를 고정하는 효소인 RuBP carboxylase합성에도 관여하고, 체관부에 있는 동화산물의 이동에도 관여한다. 칼륨은 광합성이 왕성한 잎이나 세포분열이 왕성한 줄기 및 뿌리의 끝부분에 많이 함유되어 있고, 세포의 팽압을 조절하여 잎의 기공개폐에 관여하거나 세포의 신장을 돕는다.

## 09  정답 ②

카로티노이드계 색고는 엽록소의 광산화를 방지하고, 광에너지를 흡수하여 엽록소 a에 전이하는 두 가지의 중요한 기능을 담당한다.

## 10  정답 ②

* 크렙스회로

산소가 충분히 존재할 때 해당과정에 의하여 생성된 피루브산은 산화적으로 탈탄산화되어 acetyl CoA(acetyl coenzyme A)가 된다. 이 반응은 대단히 복잡하며, 적어도 5종의 필수적인 보조인자와 일군의 복합요소가 존재해야 한다.

acetyl CoA의 형성에 필요한 5종의 보조인자는 thiamine pyrophosphate(TPP), Mg이온, $NAD^+$, coenzyme A 및 리포산(lipoic acid)이다.

acetyl CoA는 해당과정과 크렙스회로를 연결시키는 역할을 한다. 즉, acetyl CoA는 물분자의 도움으로 크렙스회로의 최종산물인 옥살초산(oxaloacetic acid)과 결합하여 시트르산(citric acid)을 형성하고, CoA를 유리한다. 이와 같이하여 일련의 탈탄산, 탈수소, 가수화, 탈수소작용에 의하여 최후에 옥살초산이 재생된다.

시트르산은 시스아코니트산(cis-aconitic acid)과 아이소시트르산(isocitric acid)이 되고 $NADH^+H^+$가 생긴다.

옥살숙신산(oxalosuccinic acid)은 탈탄산작용을 받아 $CO_2$와 2개의 수소를 이탈시키면서 succinyl CoA를 거쳐 숙신산(succinic acid)이 생기게 된다. 이 과정에서 인산화반응으로 한 분자의 ATP가 생긴다. 숙신산은 2개의 수소가 이탈되어 푸마르산(fumaric acid)이 된다. 푸마르산에 물분자가 가해져서 말산이 형성된다. 말산은 2개의 수소가 이탈되어 다시 옥살초산이 형성된다. 이것이 또 acetyl CoA와 결합하여 다시 같은 회로를 되풀이한다. 이러한 과정을 통하여 물과 $CO_2$로 완전히 산화된다.

이 회로는 가장 중요한 중간생성물이 시트르산이므로 시트르산 회로(citric acid cycle) 또는 TCA회로(tricarboxylic acid cycle)라고 부른다. 또한, 이 회로를 밝히는 데 공헌한 Hans Krebs의 이름을 따서 크렙스회로(Krebs cycle)라고 불린다.

피루브산(pyruvic acid)은 이 회로를 통하여 산화될 때 3분자의 $CO_2$를 방출하고 3분자의 물이 가해져서 10개의 수소를 잃게 되는데, 그중 8개의 수소는 NAD에 전하여 8개의 NADH를 생성하고 2개의 수소는 플라빈효소(FAD)에 의하여 제거되어 2개의 $FADH_2$를 생성한다.

## 11  정답 ③

- 괴경 : 감자, 연, 토란
- 인경 : 마늘, 양파, 백합
- 괴근 : 고구마, 달리아

## 12  정답 ①

완두와 같은 두과식물의 잎에는 운반세포가 발견된다. 즉 잎의 작업 엽맥에는 반세포의 세포벽 안쪽에 돌기가 형성되어 막표면이 크게 확장되어 있는데 이런 세포를 운반세포라 한다.

## 13  정답 ④

단백질은 아미노산의 형태로 저류되어 저장기관에서 합성되고, 지방은 당류로 저류되어 종자 내부에서 지방으로 변하여 축적된다.

## 14  정답 ①

대부분의 세균이나 곰팡이는 산소를 이용하지 않고 유기물을 산화하는 무기호흡을 하며, 고등식물도 산소가 부족할 경우 무기호흡을 한다. 최종전자수용체로 작용하는 산소가 없을 경우 미토콘드리아에 의한 유기호흡은 폐쇄되고 대사작용은 발효과정으로 전환되어 호흡기질은 단지 부분적으로만 산화되어 알코올과 젖산(lactic acid) 같은 최종산물이 생성된다. 세균, 곰팡이에 의해 일어나는 발효는 최종산물을 상업적으로 생산하기 위해 널리 이용되고 있다. 한편, 알코올발효(alcoholic fermentation)의 반응은 다음과 같이 나타낸다.

$$C_6H_{12}O_6 \rightarrow 2C_2H_5OH + 2CO_2 + 54kcal$$
〈포도당〉 〈에틸아코올〉

### 15  정답 ④

반응중심(反應中心; reaction center)은 반응중심엽록소로 불리는 엽록소 a 한 분자와 단백질 및 보조인자로 구성되어 있다. 반응중심엽록소는 에너지 수용부위로 작용한다. 반응중심은 광화학반응의 장소이기 때문에 광에너지를 실질적으로 화학에너지로 전환시킨다. 제1광계와 제2광계의 반응중심을 각각 P700, P680으로 지칭한다. 하나의 반응중심이 많은 안테나 엽록소 분자와 한 단위를 이루는 장점은 광에너지의 집광과 이용효율의 증대에 있다.

### 16  정답 ①

자스몬산이나 메틸-자스몬산을 처리하면 잎의 황화가 유도되고 이층 형성 및 분리를 유도하여 과실의 탈리를 촉진시킨다. 자스몬산에 의한 잎의 황화 또는 이층형성의 기작에 대해서는 아직 불분명하나, 자스몬산이 클로로필 a,b 결합 단백질 유전자(Cab)나 rubisco 등의 광합성 관련 유전자의 발현을 억제하는 것으로 알려져 있다.
나머지 보기들은 브라시노스테로이드의 생물적 효과이다.

### 17  정답 ③

호흡급증형 과실과 비호흡급증형 과실

| 구분 | 과실 |
| --- | --- |
| 호흡급증형 | 사과・복숭아・배・감・자두・토마토・아보카도・바나나・캔탈로프・무화과・망고・올리브 |
| 비호흡급증형 | 딸기・수박・파인애플・포도・귤・피망・체리 |

### 18  정답 ③

춘화현상(春花現象; vernalization)이란 침윤종자나 생장 중인 식물에 저온을 처리함으로써 개화가 유도 또는 촉진되는 것을 말한다. Gassner(1908)는 1~2℃에서 최아시킨 가을호밀 종자를 봄에 파종하면 같은 시기에 파종한 보호밀과 거의 동시에 출수한다고 하였다. 그 후 소련의 Lysenko(1920)는 호밀의 춘파성과 추파성에 대한 연구를 하는 동안 추파맥류의 최아종자를 저온에 처리한 후 봄에 파종해도 정상적으로 출수, 등숙하는 것을 발견하였다.
이와 같이 월동 1년생 식물의 최아종자를 1~10℃의 저온에 일정 기간 둠으로써 봄에 파종하여도 정상적으로 출수, 결실시킬 수 있는 방법을 춘화처리라고 한다. 춘화처리를 반드시 요구하는 식물에 있어서는 저온처리가 없으면 개화가 매우 지연되거나 화성이 유도되지 않는다. Lysenko에 의한 춘화처리 기술의 확립은 광주기성과 함께 식물의 발육생리를 이해하는 데 크게 기여하였고, 또 작물의 재배 및 응용 면에서 크게 활용되어 왔다.

### 19  정답 ④

수정과 함께 과실의 발육이 시작되는 것을 착과(着果; fruit set)라 하고, 꽃 중에서 과실로 발육하는 꽃의 비율을 착과율(着果率)이라고 한다. 보통 과실로 발육하지 못할 경우 꽃자루[화경(花梗)]의 기부에 이층이 형성되어 떨어지는데 이를 낙과(落果)라고 한다. 낙과는 과실의 발육이 시작된 후 어느때라도 생길 수 있다.
꽃가루는 꽃가루관 신장과 수정에 필요한 옥신을 함유하며, 생장을 시작한 과실은 그 자체가 옥신의 공급부위가 된다. 합성옥신은 특히 가지과와 박과에 속하는 식물의 착과를 증진시킬 목적으로 많이 이용되고 있다. 꽃 중에서 성숙한 과실로 수확기까지 계속 발육하는 비율은 작물의 종류와 품종에 따라 다르다. 화곡류는 착과율이 70%에 이를 수 있으나, 개개의 꽃 중 상당수가 불임이어서 실제 착과율은 이보다 낮다. 콩은 20~60%의 착협률을 보이고, 낙엽과수들은 5~50%의 최종 착과율을 보인다. 수정 후 착과가 되면 과실의 생장이 급속히 일어나지만 수정이 되지 않으면 과실의 발육이 불량하여 어린 과실이 떨어지는데, 이에는 영양결핍이 중요한 요인으로 작용한다. 착과 후 어린 과실의 왕성한 생장은 영양분의 강력한 수용부위(sink)가 되므로 수정이 일어나지 않거나 충분한 수의 종자가 형성되지 못한 과실은 영양물질의 동원이라는 측면에서 그만큼 불리한 상황에 놓이게 된다.

### 20  정답 ③

단위면적당 이삭수, 이삭당 영화수, 등숙률(登熟率), 종실입중(種實粒重)을 수량구성요소(收量構成要素)라 하고, 이는 차례로 발달한다. 먼저 발달하는 수량구성요소가 과도하게 많으면 이들 간에 광・수분・무기양분 등에 대한 경합이 일어나므로 뒤에 발달하는 수량구성요소는 적어지고, 반대로 먼저 발달하는 수량구성요소가 적으면 뒤에 오는 수량구성요소가 증가하여 서로 보상하는 효과가 있다. 일반적으로는 수량구성요소 중 이삭수가 수량에서 차지하는 비율이 가장 높으므로 적정 재식밀도를 유지하면서, 기비[밑거름]와 생육 초기에 시비하여 엽면적을 증가시키고, 광합성능력을 향상시켜 이삭수와 이삭당 영화수를 증가시키는 것이 중요하다.
엽면적의 변화를 보면 최고분얼기 이후에 분얼수는 다소 감소되어도 새로 나오는 잎은 크기가 증가하므로 출수기에 엽면적은 최대가 되며, 이때에는 잎이나 뿌리가 더 발생하지 않고 영화수도 모두 결정되므로 수비(穗肥, 이삭거름)를 주어 잎의 노화를 막아 엽면적이 감소되는 것을 지연시키고, 광합성능력을 유지 및 향상시켜 입중(粒重)을 향상시키는 것이 중요하다.

작물생리학 동형모의고사 400

## 작물생리학 05회 정답 및 해설

| 01 | 02 | 03 | 04 | 05 | 06 | 07 | 08 | 09 | 10 |
|---|---|---|---|---|---|---|---|---|---|
| ④ | ③ | ③ | ③ | ④ | ④ | ④ | ② | ① | ① |
| 11 | 12 | 13 | 14 | 15 | 16 | 17 | 18 | 19 | 20 |
| ① | ③ | ④ | ① | ④ | ③ | ④ | ③ | ② | ④ |

### 01 정답 ④

집단류의 대표적 예는 대류, 고무호스를 통한 물의 이동, 강물의 흐름, 강우에서 볼 수 있다. 물관부 조직의 통도세포에서 또는 물이 뿌리로 이동하는 식물에서 물의 일부는 집단류에 의하여 이동한다. 한편, 확산은 각 분자나 이온이 자유롭게 무방향으로 운동함에 따라 일어난다.

### 02 정답 ③

체세포분열은 유사분열의 기본형으로, 진핵세포를 갖고 있는 하등생물의 개체발생 및 다세포생물의 체세포 분열방식이다. 감수분열은 체세포분열의 변형으로서, 종의 보존 및 발달에 기여한다. 감수분열에서는 상동염색체의 접합과 교차를 통한 유전자재조합에 의해 새로운 유전자형을 갖는 개체가 발생한다. 유사분열은 세포주기에 따라 진행된다. 세포주기는 정지기(interphase)와 유사분열기(mitosis, M)로 대별되는데, 정지기는 합성기(S)와 2개의 간기($G_1$과 $G_2$)로 세분된다.
유사분열기에는 핵막의 소실, 염색사 및 염색체의 출연, 인(핵소체)의 소실, 방추사의 출현, 염색분체(chromatid)의 양극으로의 이동 등의 형태적으로 뚜렷한 변화가 진행된다. 세포가 분열을 할 때에는 먼저 DNA-히스톤(histone)으로 구성되어 있는 염색질(chromatin)이 응축되면서 실모양의 염색사(chromonema)로 되고, 시간이 지남에 따라 응축이 더욱 진행되어 막대모양의 염색체(chromosome)가 된다. 체세포분열의 DNA 합성기(S) 이후에는 핵의 DNA 양이 배가되어 각 염색체는 2개의 염색분체로 구성된다. 즉, 2n 가 (2n개의 염색체)×2(1개의 염색체는 2개의 염색분체로 이루어짐)=4n 가의 DNA를 갖는 결과가 된다. 세포의 분열에 의하여 4n DNA→2n DNA+2n DNA로 분배되면서 한 번의 세포주기가 끝나게 된다.

### 03 정답 ③

수분결핍이 증가하면 공변세포로 확산되는 수분 속에 앱시스산이 들어 있어 엽육세포에서 ABA가 방출되거나 생산되어 공변세포가 $K^+$양이온을 방출하도록 유도하여 기공이 닫힌다.

### 04 정답 ③

셀레늄(selenium, Se)은 식물에게는 필수원소가 아니지만 동물에게는 필수원소로서 사료에 셀레늄이 부족하면 양과 소는 근육백화증(筋肉白化症)을 일으킨다. 그러나 자운영속과 같이 셀레늄을 4,000ppm까지 축적하는 사료를 많이 먹으면 셀레늄 중독증에 걸린다.
셀레늄을 축적하는 식물은 셀레늄이 부족하면 인산이 많이 축적되어 생육이 억제되고, 인산의 축적이 많지 않을 때에는 셀레늄이 생육에 영향을 끼치지 않는다. 그러나 셀레늄을 축적하지 않는 식물은 셀레늄 함량이 2ppm만 되어도 생육이 크게 억제된다.

### 05 정답 ④

식물의 무기호흡은 산소가 없거나 부족한 상태에서 해당작용의 결과물은 피루브산이 젖산이 되거나 또는 아세트알데하이드를 거쳐 에틸알콜이 되는 과정으로 혐기성 호흡이라고도 하며, 미생물, 효소에 의하여 주로 일어나므로 발효라고도 한다. 무기호흡을 통해 생성되는 에너지는 해당과정으로 만들어지는 두 개의 ATP뿐이므로 정상적인 호흡을 통해 한 분자의 글루코오스로부터 생성되는 38개의 ATP에 비해 그 효율이 매우 낮다.

### 06 정답 ④

작물의 줄기를 절단하거나 또는 물관부에 도달하는 구멍을 뚫으면 절단면에서 다량의 수액(樹液)이 배출된다. 이것이 일비현상(溢泌現象)이며, 배출액은 줄기 물관부의 물관 또는 헛물관에서 흘러나온다. 줄기의 절단면에 압력계를 연결하면 어떤 압력이 표시되므로 절단면에서의 수액의 배출은 단지 수액이 새어 나오는 것이 아니고 작물체 내에 있는 높은 압력에 의하여 흘러나오고 있다는 것을 알 수 있다. 이 압력은 뿌리의 조직 안에 나타나는 근압(根壓)에서 유래한다. 일비현상은 주로 근압에 의하여 생긴 물관부 안의 액압에 의하여 일어난다.
일비액(溢泌液)은 봄 발아 전에 최대가 되고 발아 이후에는 급격히 감소되는데, 이는 봄이 되어 겨울눈이 트면 잎에서 증산작용이 일어나기 때문이다. 그러나 증산작용이 왕성한 여름에도 지상부를 절단하면 일비현상이 일어나며, 수세미의 경우 줄기를 절단해서 다량의 일비액을 채취하는 일이 행해지고 있다.

**07** 정답 ④

광합성의 명반응은 에너지의 획득과정으로서 엽록체의 그라나에서 일어나며, 물의 광분할과 광인산화반응을 통해 광에너지를 NADPH와 ATP와 같은 불안정한 상태의 화학에너지로 전환시키는 광화학반응이다.

광합성 과정은 광을 필요로 하는 명반응(明反應; light reaction)과 광과는 관계 없이 $CO_2$를 필요로 하는 암반응(暗反應; dark reaction)의 두 단계가 있다.

명반응은 온도의 영향을 받지 않는 광화학적 반응으로서 광분할(光分割; photolysis)에 의하여 물이 쪼개지면서 산소를 방출하며, 유리된 전자는 전자전달경로를 통해 암반응에 필요한 ATP(adenosine triphosphate)와 NADPH를 생성한다.

암반응은 효소반응으로서 온도변화에 민감하게 반응하나 광과 관계없이 일어나며, 명반응 과정에서 생성된 ATP나 NADPH를 이용하여 $CO_2$를 고정하여 탄수화물로 전환시키는 반응단계이다.

**08** 정답 ②

흡착수(吸着水; hygroscopic water)는 분자 간 인력에 의하여 토양입자에 흡착되어 있는 물이나 토양콜로이드 입자의 팽윤에 의하여 흡수, 보유되어 있는 물이고, 모관수(毛管水; capillary water)는 토양간의 모관인력에 의하여 흡수, 보유되어 있는 물이며, 중력수(重力水; gravitational water)는 중력에 의하여 토양입자 사이를 자유로이 내려가는 물이다.

**09** 정답 ①

칼빈-벤슨회로만 거치는 식물을 $C_3$식물이라 하고, Hatch-Slack 회로를 거치는 식물을 $C_4$식물이라고 한다. $C_4$식물은 사탕수수·옥수수·수수와 같은 많은 열대 원산의 외떡잎식물과 일부 쌍떡잎식물이 포함되며, 많은 잡초도 이에 속한다.

**10** 정답 ①

말단조직에 있는 사부로부터 자장이나 아미노산과 같은 용질이 수용부위로 빠져나가는 것을 사관부하적이라 한다.

**11** 정답 ①

콩과식물의 뿌리는 근류균과 공생하면서 근류를 형성한다. 근류균은 공중질소를 고정하여 식물체에 공급해 주고 자신은 식물로부터 필요한 양분을 공급받는다. 이 때 근류에서 일어나는 질소동화과정에서 레그헤모글로빈은 동물의 헤모글로빈처럼 산소를 전달하는 기능을 갖는다.

**12** 정답 ③

프로토펙틴은 불용성인 모든 펙틴물질을 가리키는 용어이다. 프로토펙틴은 펙트산이나 펙틴보다 분자량이 크고, 사과나 배와 같은 과실에는 다량 축적되며, 이들 과실이 성숙되는 동안에 프로토펙틴은 용해성인 펙틴이나 펙트산으로 변한다.

**13** 정답 ④

세포로 흡수된 질산태질소는 세포질에서 질산환원요소(nitrate reductase, NR)에 의해 아질산($NO_2$)으로 환원된다. NR는 금속플라보단백질(metalloflavorprotein) 복합체이며, 전자공여체로 환원형 피리딘뉴클레오티드(NADPH, NADH), 전자담하체(電子擔荷體)로 플라빈아데닌디뉴클레오티드(FAD) 및 몰리브덴(Mo)을 이용한다. NR는 동질이합체 또는 이질4합체의 철을 포함하는 복합체이며, 환원반응에 필요한 2개의 전자는 NAD(P)H를 공여체로 이용하여 얻는다. 또한, FAD, 헴(heme)-철, 몰리브덴 등 3종의 보효소(補酵素)가 전자전달계로 작용하는 산화환원의 중심을 제공한다. NR는 질산환원 과정의 속도를 조절하는 단계로 작용하며, NR활성은 질산·글루타민·이산화탄소·설탕·사이토키닌·빛 등에 의해 조절되며, 질산농도가 높아지면 증가한다.

**14** 정답 ①

페닐알라닌(phenylalanine), 트립토판(tryptophan), 타이로신(tyrosine) 등의 아미노산의 생합성 과정 전반부에서는 해당과정의 중간대사 산물인 인산에놀피루브산(PEP)과 5탄당인산회로의 산물인 에리트로스-4-인산(erythrose-4-phosphate)이 축합되어 이후 3단계의 과정을 거쳐 시킴산(shikimic acid)을 만든다. 이어서 시킴산-3-인산, 5-에놀피루브시킴산-3-인산(EPSP)을 거쳐 코리스민산(chorimatic acid)이 합성된다. 이 경로에서 EPSP synthase(EPSPS)는 제초제 글리포세이트(glyphosate, Roundup)의 작용점이며, 글리포세이트를 분해하는 토양미생물의 돌연변이 EPSPS는 제초제저항성 작물의 개발에 광범위하게 이용되고 있다. 페닐알라닌과 타이로신의 생합성 과정은 이들 아미노산의 최종 농도에 의하여 결정된다. 트립토판은 코리스민산을 거쳐 합성되는데, 식물에서 이 경로는 다양한 2차대사 산물의 생성에 이용되고 있다. 방향족 아미노산의 생합성은 엽록체에서 진행된다.

## 15 정답 ④

아미노산 잔기가 펩타이드결합에 의해 배열된 순서는 단백질의 1차구조(一次構造; primary structure)를 결정한다. 폴리펩타이드 사슬은 펩타이드 평면구조와 인접한 아미노산 잔기의 상호작용을 통하여 나선이나 병풍 구조로 정렬될 수 있는데, 이러한 구조를 2차구조(二次構造; secondary structure)라고 한다. 단백질의 폴리펩타이드 사슬이 접히고 구부러져서 치밀한 3차원적 모양을 형성한 구조가 3차구조(三次構造; tertiary structure)이다. 4차구조(四次構造; quaternary structure)는 3차구조를 가진 2개 이상의 폴리펩타이드가 연합하여 형성한 구조이다. 4차구조는 수소결합, 이온결합, 소수성 상호작용, 반데르발스의 인력 및 배위결합 등의 비공유결합과 이황화결합에 의하여 형성된다.

## 16 정답 ③

청색광은 굴광반응, 마디의 신장생장 등에 관여한다.

## 17 정답 ④

줄기는 종자의 발아과정에서 생성된 유아의 세포분열과 생장에 의하여 형성된다. 줄기에서 마디와 잎이 생성되며, 줄기의 신장생장은 쌍떡잎식물의 경우 정단의 생장점에서, 외떡잎식물의 경우에는 절간분열조직에서 세포 분열 및 확대에 의하여 일어난다. 대부분의 볏과식물은 생육 초기에는 절간분열조직의 활성이 거의 없어 마디가 땅속에 밀집해 있으며, 이들 마디에서 곁가지·잎·부정근이 발생한다. 이후 생식생장으로 전환되면 기부의 절간분열조직이 활성화되면서 4~5개 정도의 마디사이가 급격히 신장하게 된다.
줄기의 비대생장은 형성층의 기능이 유지되는 정도에 따라 결정된다. 쌍떡잎식물은 비대생장이 이루어지지만 외떡잎식물은 형성층 기능이 일찍 퇴화되어 비대생장이 거의 일어나지 않는다.

## 18 정답 ③

종자의 구조에서 배유는 종피 안쪽의 대부분을 차지하는 조직으로, 배유조직의 가장 바깥층을 호분층이라 한다. 이 호분층에는 단백질, 지방, 효소들이 주로 저장되어 있어 발아시에 효소를 분비하여 배유의 저장물질을 녹여내는 역할을 한다.

## 19 정답 ②

식물이 어떤 원인에 의해 생장이 일어나지 않고 일시 정지되어 있는 것이 휴면이다. 그 원인에 따라 식물 자체 내에서 본재하는 원인에 의해 휴면하는 것은 자발적 휴면이라 하고, 외계 환경조건이 불량하여 휴면하는 경우를 타발적 휴면이라 한다.

## 20 정답 ④

- 지연형 냉해는 영양생장기에 저온으로 인하여 생육이 제대로 이루어지지 않아 출수가 지연됨에 따라 등숙이 불량해져서 수량이 감소하는 저온에 의한 피해이다.
- 장해형 냉해는 저온에 의한 발아불량, 엽색의 갈변 등 영양기관의 장해도 있으나, 피해가 큰 것은 저온에 가장 예민한 벼 감수분열기 1~1.5일 후인 소포자 초기에 17℃ 이하의 저온이 오면 약벽(葯壁)의 바깥쪽을 둘러싸고 있는 융단층(tapetum)이 비대해지고 꽃가루가 불충실하여 꽃밥[약(葯); anther]이 열리지 않으므로 수분이 되지 않아 불임이 되는 경우와 개화기에 온도가 20℃보다 낮으면 개영(開穎) 되지 않아 수분이 안 되어 불임이 되는 경우가 있다. 또, 등숙기에 저온이 오면 임실(稔實)이 되어도 등숙이 불량하여 수량이 감소한다. 그리고 지연형 냉해와 장해형 냉해가 함께 오는 것을 복합형 냉해라고도 한다.
- 병해형 냉해는 저온으로 인하여 광합성이 활발하지 못하여 탄수화물이 충분히 생산되지 못하면 질소대사는 단백질합성까지 진행되지 못하고, 수용성인 아미노산이나 아마이드(amide)를 축적하게 된다. 그러면 도열병균은 분해해야 이용할 수 있는 단백질보다 아미노산을 직접 이용할 수 있으므로 벼는 도열병에 이병되기 쉬운데, 이와 같이 저온으로 인하여 도열병이 발생하는 것을 병해형 냉해라고 한다.

작물생리학 400
동형모의고사

## 작물생리학 06회 정답 및 해설

| 01 | 02 | 03 | 04 | 05 | 06 | 07 | 08 | 09 | 10 |
|---|---|---|---|---|---|---|---|---|---|
| ① | ④ | ③ | ① | ④ | ② | ④ | ③ | ④ | ④ |
| 11 | 12 | 13 | 14 | 15 | 16 | 17 | 18 | 19 | 20 |
| ① | ① | ③ | ① | ③ | ③ | ④ | ② | ③ | ③ |

### 01 정답 ①
여러 가지 무기물이 부족할 때에는 가장 부족한 무기물에 의하여 생육이 영향을 가장 크게 받으며, 그 부족한 것을 비료로 공급해 주면 그 다음 부족한 무기물에 의하여 생육과 수량이 결정되는데, 이를 양분최소율법칙이라고 한다.

### 02 정답 ④
철은 미량원소이므로 흡수량이 많으면 철 과잉의 해가 일어나는데, 2모작으로 논에 심은 맥류는 초봄에 비가 오면 과습하여 철 과잉의 해를 받을 수도 있다. 그러나 담수조건에 적응하는 벼는 철이 뿌리 표면에 흡착되면 지상부에서 내려온 산소에 의하여 산화되어 불용태가 되므로 식물체 내로 흡수되지 않아 철 과잉의 해를 받지 않는다.

### 03 정답 ③
- 미세소관은 ① 세포 형태의 형성과 유지, ② 세포의 분화와 세포벽 건축, ③ 세포 내부 수송, ④ 염색체 이동과 세포판 형성, ⑤ 섬모와 편모에 의한 세포의 이동 등에 관여한다.
- 미세섬유(微細纖維; microfilament)는 원형질 유동과 같은 세포 내 운동에 관여한다. 식물세포의 원형질 유동에는 미세섬유와 함께 움직이는 마이오신(myosin)과 결합된 미소기관이 관여한다. 미세섬유는 꽃가루관의 신장에 필요한 세포벽 물질 분비소낭을 선단부로 배열하는 데도 관여한다.

### 04 정답 ①
엽면적(葉面積)이 감소하면 1개체당 증산량은 적어지는데, 이는 증산면적이 감소되기 때문이다. 기공이 닫혀 있을 때에는 주로 각피증산작용이 이루어지므로 잎표피세포의 표면에 각피가 발달하였거나 납물질이 많으면 기공이 닫혀 있을 때의 증산작용을 감퇴시킨다.

### 05 정답 ④
광합성과 관련이 있는 생화학적 경로는 명반응, 캘빈회로, $C_4$회로, CAM회로 이다.

### 06 정답 ②
전분(澱粉; starch)은 광합성을 통하여 직접 형성되어 엽록체에서 축적된다. 전분이 자당이나 다른 탄수화물로 전환되어 잎으로부터 이동된 후 저장기관의 백색체에 축적된다. 전분은 광합성이 일어나는 낮에 보통 생성되지만 밤에는 호흡작용과 계속적인 전류 때문에 전분의 일부는 소실된다.

### 07 정답 ④
- 운동에 관여하는 단백질로는 소위 동력단백질(motor protein)로 불리는 마이오신(myosin), 다이네인(dynein), 키네신(kinesin)이 있다.
- 세포의 골격구조는 액틴과 튜불린의 중합체인 미세섬유와 미세소관으로 구성되어 있다. 대표적인 구조단백질에는 케라틴(keratin), 콜라겐(collagen), 엘라스틴(elastin)이 있다.

### 08 정답 ③
세포질에 있는 아미노산은 활성화 과정을 통하여 단백질의 합성에 이용된다. 아미노산의 활성화는 aminoacyl-tRNA synthetase(ARS)가 촉매한다. ARS는 마그네슘 이온을 요구하며, 아미노산과 tRNA에 대한 특이성이 매우 높아 각 아미노산에 대해 기질특이성을 갖는다. 따라서, 20종의 아미노산에 대하여 적어도 하나의 ARS가 존재한다.
단백질의 합성과정은 ①사슬합성의 시작, ②사슬연장 및 ③사슬종결 단계로 구분할 수 있다

### 09 정답 ④
비엽중(SLW) - 단위엽면적당 무게이다.

**10** 정답 ④

인삼의 종자는 채종 후 곧 파종하면 토양 중에서 천천히 후숙되어 대부분의 씨는 21개월 후에 발아를 한다.

**11** 정답 ①

양상추종자에서 파장이 다른 여러 광선의 발아촉진효과를 보면 적색광에서는 발아율이 높고 원적색광에서는 발아율이 크게 떨어진다.

**12** 정답 ①

- 노화가 일어나는 가장 중요한 특징 가운데 하나는 여러 가지 분해효소의 활성이 증가하여 거대분자들이 가수분해된다는 것이다. 잎에 발현되는 대부분의 mRNA 수준은 노화기 동안에 현저히 감소되는 반면, 특정 유전자의 전사가 두드러지게 증가한다. 노화기에 발현이 감소하는 유전자를 노화하향조절유전자(senescence down-regulated gene, SDG)라고 한다. SDG 중에서는 광합성과 관련된 단백질을 암호화하는 유전자가 대표적이다.
- 노화 동안에 발현이 유도되는 유전자를 노화관련유전자(senescence associated gene, SAG)라고 한다. SAG 중에서는 가수분해효소(단백질, 핵산, 지질 가수분해효소 등)와 에틸렌의 생합성 유전자(ACC synthase와 oxidase)가 대표적이다. 노화의 대표적인 징후는 핵산과 단백질 분해효소가 증가하여 핵산과 단백질의 분해가 가속화되는 것이다. 노화가 진행되는 세포 내에서는 단백질의 양이 지속적으로 줄어든다. 노화가 진행되는 잎에서 감소되는 대표적인 단백질은 rubisco로 분해되어 질소원으로 재이용된다.

**13** 정답 ③

저온 단일의 겨울을 지나고 봄이 되면서 생장억제물질인 ABA의 농도가 감소함과 동시에 내생 지베렐린의 함량이 급격하게 증가된다는 사실과 휴면 중의 유묘를 저온 하에 두면 저온처리의 길이에 따라 지베렐린 함량이 증대하는 사실은 저농도의 ABA와 고농도의 지베렐린이 수목의 눈휴면을 각성시킨다는 것을 의미한다.

**14** 정답 ①

많은 식물의 발아 후 생장속도를 조사해보면 시그모이드곡선(sigmoid curve)을 나타내는 것을 볼 수 있다. 이때 생장속도는 초장·엽면적·생체중·건물중의 증가로 표시할 수 있다. 이와 같은 측정은 전체 식물체를 대상으로 하거나 또는 줄기·뿌리·과실 등 식물체 각 기관을 대상으로 할 수 있다. 일반적으로 생장곡선에 나타난 생장속도는 초기의 느린 시기(lag phase), 중기의 빠른 시기(log phase, exponential phase), 말기의 느린 시기(senescent phase, stationary phase)의 3단계로 구분된다. 초기는 주로 세포분열에 의한 생장의 준비시기이며, 저장양분에 의존하여 생장하는 시기로 생장속도가 느린 것이 특징이다. 중기에는 생장체제가 갖추어지게 되면서 세포의 확대생장이 활발하게 이루어지고, 대사작용이 왕성해지면서 급격히 생장하게 된다. 식물체나 기관생장은 대부분 이 시기에 이루어진다. 그리고 후기에는 다시 생장속도가 둔화되는데, 이는 광·수분·무기양분 등에 대한 경쟁, 생리적 활성의 둔화, 생장억제물질의 축적 등의 영향을 받기 때문이다.

**15** 정답 ③

노화가 진행되면서 불포화지방산의 산화 중간산물의 양이 크게 증가하며, 이와 함께 원형질막의 지질가수분해효소(lipoxygenase)의 양이 급격하게 증가한다. 막 유동성의 변화는 막에 존재하는 다양한 효소와 신호전달 수용체(receptor)의 기능에 영향을 미친다.

**16** 정답 ③

청고현상은 탁한 물이 정체되고 수온이 높아질 때 전분, 당, 유기산이 급격히 소모되면서 죽을 때 잎이 청색을 띠는 것이다. 적고현상은 맑고 흐르는 물에 잠겼을 때 수온이 높지 않아 양분이 서서히 소모된 후 최종적으로 엽록소에 붙어 있는 단백질마저 기질로 이용되어 적갈색으로 변하는 것을 말한다.

**17** 정답 ④

고립상태에서는 광과 이산화탄소가 광합성을 하는 데 크게 제한받지 않으므로 광합성량은 엽면적에 비례한다. 그러나 포장상태에서는 작물이 어릴 때에는 고립상태와 같으나, 작물이 생장함에 따라 엽면적이 커지고 하위엽이 광을 충분히 받지 못하므로 엽면적 크기는 물론, 잎의 형태·위치 등도 총광합성량에 영향을 끼친다. 또, 종실·괴근·괴경·인경 등 특정 양분저장기관을 이용하는 작물은 광합성 산물이 저장기관에 축적되어야 이용할 수 있다.

## 18 정답 ②

| 오염물질 | 피해 엽 | 피해 조직 | 피해한계 ppm | 피해한계 $\mu g/m^3$ | 노출 시간 | 잎의 피해증상 |
|---|---|---|---|---|---|---|
| $SO_2$ | 성숙한 잎 | 엽육 조직 | 0.30 | 785 | 8시간 | 엽맥 간 갈색 점, 표면 작은 반점 |
| $O_3$ | 늙은 잎 | 해면 조직 | 0.03 | 59 | 4시간 | 표면 작은 반점, 엽맥 간 갈색 점 |
| PAN | 어린 잎 | 해면 조직 | 0.01 | 50 | 6시간 | 이면 광택화, 엽맥 간 갈색 점 |
| $NO_2$ | 성숙한 잎 | 엽육 조직 | 2.50 | 4,700 | 4시간 | 엽맥 간 갈색 점, 표면 작은 반점 |

## 19 정답 ③

눈(bud)의 휴면유도를 지배하는 가장 중요한 외적 요인은 일장이며, 온도도 영향을 미친다. 일반적으로 장일조건은 영양생장을 촉진하며, 단일조건은 신장생장을 억제하고 휴면눈의 형성을 촉진한다.

사과·배·복숭아 등의 휴면형성은 비교적 일장에 대한 반응 정도가 낮다. 반면에 아까시나무·자작나무·잎갈나무 등의 식물은 장일조건을 주게 되면 휴면하지 않고 생장을 계속한다(18개월 이상). 그러나 이들을 단일조건으로 옮기면 10~14일 사이에 즉시 생장이 정지되면서 휴면눈을 형성하게 된다. 단일조건 하에서 휴면눈이 형성될 때에도 개화유도에서 관찰되는 광주기성 반응과 같은 한계일장이 적용된다. 이때에도 명기의 길이보다는 연속암기의 길이에 의하여 휴면유도가 결정된다.

## 20 정답 ③

호흡급증형 과실과 비호흡급증형 과실

| 구분 | 과실 |
|---|---|
| 호흡급증형 | 사과·복숭아·배·감·자두·토마토·아보카도·바나나·캔탈로프·무화과·망고·올리브 |
| 비호흡급증형 | 딸기·수박·파인애플·포도·귤·피망·체리 |

작물생리학 400
동형모의고사

## 작물생리학 07회 정답 및 해설

| 01 | 02 | 03 | 04 | 05 | 06 | 07 | 08 | 09 | 10 |
|---|---|---|---|---|---|---|---|---|---|
| ② | ② | ③ | ③ | ① | ③ | ② | ④ | ① | ① |
| 11 | 12 | 13 | 14 | 15 | 16 | 17 | 18 | 19 | 20 |
| ④ | ① | ④ | ③ | ① | ④ | ③ | ② | ④ | ④ |

### 01 정답 ②
- 단자엽식물 : 벼, 옥수수, 마늘, 난초, 백합, 토란, 바나나, 야자
- 쌍자엽식물 : 콩, 배추, 참외, 사과, 장미, 과꽃, 해바라기, 선인장

### 02 정답 ②
마늘의 알리인은 세포벽에 분포하는 효소 알리나아제의 작용으로 알리신, 피루브산 그리고 암모니아로 분해되며, 이 중 알리신이 항암, 항균, 매운 맛 등을 나타낸다. 글루코시놀레이트는 배추과 식물에 널리 분포하는 기능성 함황유기화합물로서 매운 맛을 나타내는 물질이다.

### 03 정답 ③
종자가 발아하기 위해서는 수분흡수, 저장양분의 소화, 양분의 이동, 호흡, 생장 등의 일련의 과정을 거친다.
발아는 종자가 물을 흡수하는 것으로부터 시작된다.
종자가 발아하여 광합성 기관을 전개하고 광합성을 할 때까지 기관형성에 필요한 성분이나 생활유지에 필요한 에너지는 종자 안에 저장되어 있는 양분으로부터 공급받는다. 종자의 저장양분인 전분·지방·단백질 등은 분자량이 큰 화합물로 물에 대한 용해도가 낮아 작물체 내 이동이 용이하지 않으므로 먼저 가수분해되어 물에 잘 녹는 분자량이 작은 물질로 전환된 다음에 이동하게 된다. 이와 같이 저장양분이 물에 녹아 이동하기 쉬운 물질로 전환되는 과정을 소화(消化; digestion)라 한다.
종자의 물 흡수, 분해효소의 활력 증가, 저장양분의 소화 등의 일련의 과정이 진행되면 가용성이 된 양분은 저장되어 있던 세포에서 배가 생장하고 있는 부분으로 이동하게 된다.
발아중인 종자는 다른 조직이나 기관에 비하여 왕성한 호흡을 한다. 호흡작용에 의하여 생성된 에너지는 유식물의 생장에 필요한 단백질이나 셀룰로스 등의 세포 구성물질 합성에 쓰이지만 대부분은 호흡열로 소실된다.
종자가 물을 흡수하면 발아과정이 시작되며 부피도 팽창하여 종피(seed coat)가 찢어진다. 쌍떡잎식물에서는 보통 유근(幼根; radicle)이 먼저 나타난다. 외떡잎식물인 벼 종자의 경우 수분이 적은 상태에서 발아하면 유근이 먼저 출현하는 반면, 물에 잠긴 상태에서 발아되면 유아(幼芽; plumule)가 먼저 나타난다.

### 04 정답 ③
- 질소부족이나 건조, 저온 등의 조건에서는 뿌리의 생장률이 더 높아진다.
- 어린 잎과 성숙한 잎은 겨드랑이눈의 생장을 억제한다. 겨드랑이눈의 생장에도 여러 가지 식물호르몬이 관여한다. 사이토키닌은 잎에 의한 생장억제효과를 감소시켜 겨드랑이눈의 생장을 유도하는 반면, 옥신, 에틸렌, ABA는 겨드랑이눈의 생장을 억제시킨다.
- 정단부와 어린 잎에서 합성되는 옥신이 극성이동을 하여 곁눈에 고농도로 축적되면서, 이 고농도의 옥신이 측아생장을 억제한다.
- 일반적으로 생식기관의 발달은 영양기관의 생장을 억제시킴으로써 촉진시킬 수 있다.
- 꽃눈의 원기를 제거하면 영양생장이 촉진되고 수명이 연장된다.

### 05 정답 ①
과실은 자방과 그 주변의 기관이 비대 발달한 것이다. 과실은 크게 진과와 위과로 나뉜다. 진과는 자방이 비대한 것이고, 위과는 자방 이외의 화탁 등이 발달하여 형성된 것이다.
- 진과 : 핵과류(자두, 살구, 배실, 복숭아), 포도, 감, 토마토, 고추, 가지
- 위과 : 인과류(사과, 배), 박과채소류(오이, 호박, 참외), 딸기, 파인애플

### 06 정답 ③
끝눈[정아]이나 곁눈[측아]의 분열조직에서 분화된 엽원기의 생장으로 잎이 형성된다.
엽원기는 정단분열조직의 하부에 있는 것일수록 빨리 생장하고, 초기에는 정단생장을, 후기에는 주변생장을 한다. 주연분열조직은 표면에서 직각방향으로 수층분열을 하여 표피층을 형성하고, 그 아래 분열조직에서 해면조직이나 울타리조직[책상조직(柵狀組織)]과 같은 내부조직이 형성된다.

### 07 정답 ②
종자의 충실도는 개화 후의 동화산물 공급능력에 의하여 결정된다. 따라서, 수량의 큰 결정요인은 종자의 무게일 경우가 많으므로 종자비대기의 수광상태 개선과 동화산물 분배에 의한 수확지수(收穫指數; harvest index)를 증가시키는 것은 매우 중요하다.

종자의 성숙이란 종자가 최종 크기에 도달하여 건물중 증가율이 0에 가까우며, 종자 특유의 저장양분을 함유하고 있으며, 탈수·건조된 상태를 말한다. 일반적으로 화곡류나 콩류는 완전히 성숙한 상태에서 수확하나, 단옥수수나 풋콩(green bean) 등은 미성숙 상태에서 수확하기도 한다.

**08** 정답 ④

일장유도 처리된 식물은 비교적 높은 온도에서 개화가 촉진되는 것이 일반적이다. 장일식물에서 암기를 늘려 개화를 억제시킬 경우나 단일식물에서 암기를 늘려 개화를 촉진시킬 경우 모두 온도가 낮으면 개화 억제나 촉진 효과가 감소되며 더욱 긴 유도기간이 필요하게 된다. 즉, 꽃을 재배할 때 밤의 온도에 따라 개화반응이 달라지는 일이 생길 수 있음을 의미한다. 예를 들면, 단일식물인 포인세티아는 야간온도가 13℃ 이하로 되면 단일처리를 해도 꽃눈이 형성되지 않는다. 국화도 야간기온이 10~15℃ 이로 떨어지면 단일에서도 꽃눈분화가 일어나지 않으므로 전등조명에 의한 억제재배를 할 때 야간온도가 15℃ 이하로 내려가지 않도록 유의해야 한다.

**09** 정답 ①

파이토크롬 조절 생리반응에 관한 다양한 생리·생화학적 연구는 여러 종류의 파이토크롬이 존재한다는 것을 입증하고 있다. 면역학적 또는 광화학적 연구를 통해 서로 다른 특성을 갖는 파이토크롬이 존재함이 확인되었다. 파이토크롬은 광에 불안정한 형(Ⅰ형)과 광에 안정한 형(Ⅱ형)으로 나눌 수 있다. 암조건에서 키운 완두 유식물에는 Ⅰ형이 Ⅱ형보다 대략 9배 정도 많다. 명조건에서 키운 완두 유식물에는 두 가지 형태의 양이 거의 비슷하여 빛이 Ⅰ형 파이토크롬을 분해한다는 것을 알 수 있다.

**10** 정답 ①

| 구분 | 주요 특성 |
|---|---|
| 1차적 기능을 획득한 2차대사물질 | diterpenoid(지베렐린〈식물호르몬〉) |
| | sesquiterpenoid(앱시스산〈식물호르몬〉) |
| | triterpenoid(브라시노스테로이드〈식물호르몬〉) |
| | tetraterpenoid(카로티노이드, 잔토필〈광보호〉) |
| | flavonoid(플라보노이드 중 일부〈발달조절자〉) |
| | benzoate(살리실산〈스트레스 신호〉) |
| 1차적 및 2차적 기능을 동시에 갖는 대사물질 | lignin(세포벽 강화 및 화학적 방어) |
| | canavanine(화학적 방어 및 종실 질소 저장) |

**11** 정답 ④

지방종자는 땅콩, 참깨, 피마자, 아마 등이 있다.
종자의 저장양분은 배유와 떡잎에 저장되어 있으며, 이들 저장양분은 종자가 발아하는 동안 분해되어 유묘의 생장에 필요한 에너지원으로 사용된다.

종자는 여러 가지 성분을 함유하고 있으나, 다량으로 함유되어 있는 저장양분의 종류에 따라 전분종자(starch seed), 지방종자(oil seed), 단백질종자(protein seed) 등으로 나누어지고 있다. 벼·보리·밀·옥수수 등은 전분종자이고, 유채·땅콩·목화·뽕나무 등은 지방종자이며, 콩·완두 등은 단백질종자이다. 전분종자의 전분은 주로 배유에 저장되며, 저장된 전분립은 작물의 종류에 따라 고유한 형태와 크기를 나타낸다. 지방종자는 지방이 주로 배유에 저장되어 있는 것(피마자·목화), 떡잎 속에 저장되어 있는 것(해바라기·콩), 그리고 배유와 떡잎 속에 고루 분포되어 있는 것(뽕나무)으로 나누어진다. 콩과 같은 단백질종자는 20~36%의 저장단백질을 함유하고 있는 반면에 전분종자는 10% 정도의 저장단백질을 함유하고 있다. 밀의 경우 단백질은 배유를 둘러싸고 있는 호분층(糊粉層; aleurone layer)에 주로 분포하고 있으며, 배와 배유에는 소량이 분포하고 있다.

**12** 정답 ①

자연적으로 단위결과가 일어나는 경우는 토마토·고추·호박·오이·감귤류·바나나·파인애플 등에서 볼 수 있다. 바나나와 감귤류에서는 불완전한 꽃가루, 파인애플은 자가불화합성이 원인이 되어 단위결실을 한다. 유전적으로 불임성인 3배체 멜론의 경우에는 수분은 되지만 꽃가루관이 배주에 이르지 못하여 종자가 형성되지 못한다. 또한, 수정이 끝난 후 배의 발달이 불완전하여 씨 없는 과실이 생기는 일도 있는데, 복숭아·포도 등이 이에 속한다.

**13** 정답 ④

원형질의 내건성은 원형질의 수분함량이 감소해도 생리적 장해를 크게 받지 않는 진정한 의미의 내건성이며, 내탈수성이라고도 한다. 조직 중에는 생장점의 세포와 같이 원형질이 많아 수분퍼텐셜이 낮은 세포는 내건성이 강하며, 특히 종자는 수분함량이 아주 낮은 경우에도 살아남을 수 있다.

**14** 정답 ③

보통 $CO_2$ 농도가 높아지면 호흡작용은 저하되는데, 이와 같은 영향은 온도가 낮고 $O_2$가 부족할 때 특히 현저하다. $CO_2$에 의한 호흡억제는 과실이나 채소의 저장에 이용된다.

**15** 정답 ①

* **무기물의 엽면시비가 효과적인 경우**
1) 토양 속에서 불용태가 되기 쉽고, 요구량이 적은 무기양분을 사용할 경우 : Mn, Zn, Cu 등은 토양에서 불용태가 되기 쉽고, 작물의 요구량이 극히 적으며, 많이 흡수하면 오히려 유해작용이 우려되므로 토양에 알맞은 양을 사용하기 어려울 경우 낮은 농도로 엽면시비를 하면 효과적이다.

2) 지효성 무기물을 시용할 경우 : 사과나무에 마그네슘이 결핍되었을 때 마그네슘을 토양에 사용하면 3년 정도 걸려야 회복되지만 epsom염($MgSO_4 \cdot 7H_2O$)을 엽면살포 하면 빨리 회복된다.

3) 토양조건에 따라 무기물의 흡수가 저해되는 경우 : 추락답에서 자란 벼나 답리작 맥류가 습해를 받아 상했거나 활력이 떨어져서 무기물의 흡수력이 떨어졌을 때 요소를 엽면시비 하면 효과적이다.

4) 영양부족 상태를 급속히 회복시키는 경우 : 작물이 동상해나 그 밖의 기상장해, 병충해 등으로 인하여 질소가 부족할 때에는 요소의 엽면시비가 토양시비보다 더 빨리 회복된다.

5) 작물의 생육시기 때문에 토양시비의 효과가 적은 경우 : 가을에 뽕나무의 잎은 단백질이 줄고 탄수화물이 많아 잎이 거칠고 딱딱하여 품질이 떨어지는데, 이때 요소를 엽면시비 하면 품질저하를 막을 수 있다. 또, 사과나무도 낙엽기에 요소를 엽면시비 하면 이듬해 봄에 토양시비 하는 것보다 생육이 좋아진다.

6) 시비를 원하지 않는 작물과 같이 재배할 경우 : 과수원에서 초생재배를 할 때 토양시비를 하면 피복작물은 비료의 흡수율이 높고 과수는 비료의 흡수율이 낮은데, 엽면시비를 하면 과수에만 효과적으로 시비할 수 있다.

## 16 정답 ④

- 액포는 용질의 농도가 높아 물을 흡수하고 세포의 팽압을 유지하는 역할을 한다. 액포의 산도는 보통 약산성을 띠며, 양성자나 다른 이온의 세포질로의 방출을 조절하여 세포질의 산도, 효소의 활성 및 세포골격 구조의 조립 등을 조절한다. 액포에는 세포질에 존재하고 있는 유해한 물질이 축적되어 세포가 유해한 물질로부터 보호된다. 또한, 액포에는 사멸한 세포 구성요소의 분해와 재활용에 기여하는 다양한 가수분해효소가 들어있다.

- 미소체(微小體; microbody)는 지름이 0.2~1.7μm인 단일막으로 둘러싸인 기관으로, 이에는 퍼옥시솜(peroxisome)과 글리옥시솜(glyoxisome)이 있다. 퍼옥시솜에는 과산화수소가 많이 들어 있는데 이것을 분해하는 catalase가 있어서 과산화수소를 물분자로 무독화시킨다. 잎의 퍼옥시솜은 엽록체와 미토콘드리아와 함께 광호흡을 진행한다. 지질함량이 높은 종자의 발아과정에서 지방산의 분해를 돕는 역할을 하는 미소체는 글리옥시솜이다. 글리옥시솜에서 분해된 지방산의 대사물질은 미토콘드리아를 거쳐 세포질에서 당으로 전환되는데, 이 과정을 포도당신생합성(gluconeogenesis)이라고 한다.

## 17 정답 ③

작물의 함수량은 수분의 흡수와 배출의 상호관계에 의해 결정되며, 물의 배출은 거의 증산작용이 차지하고 있으므로 흡수량(A)과 증산량(T)의 비, 즉 물의 출납률 $q=T/A$는 수분경제를 고찰하는 데 있어서 하나의 기준이 된다.

$q<1$의 경우는 수분의 흡수가 과잉이고, $q>1$의 경우는 수분배출의 과잉으로 함수량이 감퇴하고, $q=1$의 경우는 흡수와 배출이 같고 작물은 정상 또는 정상에 가까운 상태에 있다. 어떤 작물의 q값은 장기간의 총흡수량과 총배출량을 고려하면 1에 가까운 경우가 많지만, 단기간에는 그때의 사정에 따라 변화하므로 같은 작물이라도 다른 조건에서는 함수량이 변화하게 된다.

작물의 함수량을 다시 체내의 생리적인 면에서 보면, 그 수분보유능력에 의하여 아주 많이 지배되며, 이 값이 크면 함수량이 많아진다. 작물의 수분보유능력은 작물의 종류에 따라 다르다. 대체로 작물체 안에서 함수량은 생리적으로 활동이 왕성한 기관, 예를 들면 어린 잎이나 생장 중인 줄기 등에서는 많고 생리기능이 저하된 부분인 묵은 잎, 줄기의 아랫부분 또는 휴면 중인 종자 등에서는 적다.

## 18 정답 ②

황은 벼과<콩과<배추과 작물의 순으로 요구도가 크다. 황은 식물체에서 재분배가 쉽지 않기 때문에 결핍증은 오래된 잎보다 어린 잎에서 먼저 일어나며, 단백질 합성이 저해되므로 잎 전체가 황백화한다. 황이 부족하면 사람의 영양에 필수적인 메싸이오닌이 부족하기 쉬우므로 농산물의 영양가가 낮아진다. 그리고 시스테인 함량이 낮으면 밀가루의 제빵 특성이 나빠지는데, 이는 반죽을 할 때 이황화물결합이 저해되어 glutelin의 중합이 안 되기 때문이다. 작물의 황 대사는 질소고정과 관계가 있는데, 콩과작물에서는 황이 결핍하면 뿌리혹세균[근류균(根瘤菌)]에 의한 질소고정이 감소한다.

## 19 정답 ④

기공의 개폐(開閉)는 공변세포의 팽압 변화에 따라 일어나며, 공변세포가 팽만상태에 있을 때 열리고 팽압을 잃을 때 닫힌다. 물은 주변 세포로부터 공변세포로 들어감에 따라 공변세포의 팽압을 증가시키며, 팽만된 공변세포는 기공의 열림을 유도할 수 있다.

## 20 정답 ④

많은 다육식물은 밤에 $CO_2$를 고정하여 다량의 말산 또는 시트르산을 액포에 축적한다. 낮에는 말산에서 $CO_2$가 유리되면서 피루브산이 되며, 유리된 $CO_2$는 칼빈-벤슨회로에 의하여 RuBP와 결합하여 PGA를 만든 다음에 탄수화물로 전환된다. 이와 같은 식물은 밤에 $CO_2$를 효율적으로 포착하여 기공이 닫히는 낮에 잎 안에서 광합성을 하는 데 이용한다.

따라서, 밤에는 이와 같은 다육식물의 산 함량은 증가되고 탄수화물 함량은 급격히 감소되지만, 낮에는 이와 반대로 산 함량은 감소되고 탄수화물 함량은 증가된다.

# 작물생리학 400
동형모의고사

## 작물생리학 08회 정답 및 해설

| 01 | 02 | 03 | 04 | 05 | 06 | 07 | 08 | 09 | 10 |
|----|----|----|----|----|----|----|----|----|----|
| ① | ④ | ① | ③ | ③ | ① | ④ | ③ | ① | ① |
| 11 | 12 | 13 | 14 | 15 | 16 | 17 | 18 | 19 | 20 |
| ② | ④ | ④ | ④ | ④ | ④ | ③ | ② | ② | ④ |

### 01 정답 ①
사과나무와 배나무는 눈이 트기 전 휴면하는 가지에 황산아연을 살포하면 효과적이지만, 앵두나무와 호두나무는 엽면시비의 효과가 없어 주사법을 이용한다.

### 02 정답 ④
산성비는 잎 표면의 왁스와 칼슘을 비롯하여 칼륨·마그네슘 등 무기염류를 잎에서 유실시키고, 표피세포와 엽육세포의 생리적 교란을 일으키며, 엽록소 함량·생육·수량을 감소시킨다. 피해가 더욱 심하면 잎에 갈색·황색·흰색의 괴사 반점이 발생한다.
인공산성비 시험에서 산성비의 피해는 주로 pH 3.0 이하에서 발생하므로 매년 경운을 하고, 필요할 경우 석회를 시용하여 토양을 중화시킴으로써 작물의 산성비에 의한 피해를 최소화할 수 있다. 그러나 경운을 하지 않은 산림토양에서는 토양이 산성화하고, 심할 경우 $Al^{3+}$가 용탈되어 하천이나 호수로 내려가면 어류가 죽는다.
산성비의 피해는 pH, 작물, 노출횟수, 기상환경 등에 따라 다른데, 대체로 pH 3.0 이하에서 발생한다. 작물 간에는 쌍떡잎 초본식물<쌍떡잎 목본식물<외떡잎식물<침엽수의 순으로 산성비에 대한 저항성이 크다.

### 03 정답 ①
일장반응에 따른 식물의 분류

| 구분 | 장일식물 | 단일식물 | 중성식물 |
|------|----------|----------|----------|
| 필수적으로 요구(절대적) | 사탕무·귀리·토끼풀·가을보리·시금치·카네이션 | 국화·담배·포인세티아·딸기·일본나팔꽃 | 오이·장미·토마토·고추·감자 |
| 촉진적으로 작용(조건적) | 상추·완두·순무·피마자·봄밀 | 목화·코스모스·벼의 일부 | |

### 04 정답 ③
담배 수조직 절편에서 유도된 배양 캘러스 조직이 뿌리나 줄기로 분화하는지의 여부는 배지 내의 옥신과 사이토키닌의 비율에 의해 결정된다. 즉, 사이토키닌에 비해 옥신의 비율이 높을 때에는 뿌리의 형성이 촉진되고, 그 반대로 옥신에 비해 사이토키닌의 농도가 높을 때에는 새가지[신초]의 형성이 촉진된다. 그 중간 수준에서는 미분화한 캘러스로 자란다. 이와 같은 사실은 옥신과 사이토키닌이 조직 배양세포(또는 식물)의 발육 또는 형태형성에 깊이 관여한다는 사실을 입증해 주고 있다.

### 05 정답 ③
에틸렌은 아미노산인 메티오닌에서 출발하여 SAM과 ACC를 거쳐 합성된다.

### 06 정답 ①
식물에서 자스몬산의 생합성에 필요한 리놀렌산(linolenic acid)의 주요 공급부위는 세포막과 엽록체막인 것으로 추정된다. 자스몬산은 리놀렌산을 전구물질로 lipoxygenase(LOX), allene oxide synthase(AOS), allene oxide cyclase(AOC) 등의 작용에 의하여 생합성된다.

### 07 정답 ④
증산작용이 약할 때 또는 전혀 이루어지지 않을 때에는 수분은 근압(根壓)에 의하여 통도조직 안으로 밀려 올라가는데, 이와 같이 해서 올라가는 수분량은 증산작용에 의하여 끌려 올라가는 수분량에 비하여 매우 적다.
밤에 증산작용이 정지하고 있을 때에도 엽육세포가 낮의 높은 흡수력을 지속하고 있으면 그들의 세포가 최대의 팽만상태에 도달할 때까지 물의 상승이 계속된다. 또, 줄기의 선단부가 왕성한 생장을 하고 있어 생장반응에 따라 물이 다른 화합물과의 결합에 의하여 소비될 때에도 줄기 선단부의 흡수량이 증가하며 그 부분으로 물이 올라간다.

### 08 정답 ③
규소는 줄기와 뿌리의 통기조직을 발달하게 하여 뿌리에 산소 공급을 좋게 하고, 뿌리 표면에서 철과 망간을 산화시켜 불용태로 만들어 흡수를 억제하므로 이들의 해독작용을 막는 역할을 한다.
규소는 지각에서 두 번째로 많은 무기원소이며, 토양 중에는 규산(silicic acid; $H_2SiO_3$) 또는 규산염(silicate; $K_2SiO_3$)의 형태로 존재하고 있다. 그러나 토양용액에 존재하는 형태는 주로 mono-silicic acid[$Si(OH)_4$]이며, 중성부근의 pH에서는 해리도가 낮아 이온화하지 않으나 쉽게 막을 통과하여 증산류에 따라 식물체의 각 부분에 수송되어 잎에서는 규산 젤(gel)의 형태로 침적된다.

규소는 벼·사탕수수·보리 등 외떡잎식물에서 많이 흡수되고, 쌍떡잎식물 중에서는 토마토·오이 등에서 많이 흡수된다. 벼에서는 다수확을 위하여 질소를 많이 사용하면 도열병과 도복에 대한 내성이 약해지고 잎이 늘어져 수광태세가 나빠지지만, 규소가 함유된 비료를 사용하면 이들에 대한 저항성이 커져서 규소를 필수원소로 분류한다.

## 09 정답 ①

해당과정에서 생긴 피루브산은 탈탄산작용(脫炭酸作用)에 의하여 아세트알데하이드가 되고, 알코올탈수소효소에 의하여 알코올로 환원된다.

$$포도당 \xrightarrow{해당과정} 피루브산 \xrightarrow{탈탄산효소} 아세트알데하이드 \xrightarrow{알코올탈수소효소} 에틸알코올 + CO_2$$

## 10 정답 ①

유기호흡 과정에서 포도당은 주로 해당과정과 TCA회로(크렙스회로)를 통해 $CO_2$와 물로 완전히 산화된다. 그러나 glucose-6-phosphate로부터 시작하여 포도당을 산화하는 다른 대사회로가 있는데, 이를 5탄당인산회로라고 한다.
5탄당인산회로는 포도당인산의 직접적인 산화로 시작되는 반응으로서 Warburg와 Dickens는 1935년에 이 회로의 존재를 발견하였고, 1951년 Horecker 등이 이 회로의 주요 과정을 완성하였기 때문에 Warburg-Dickens-Horecker회로라고도 한다. 그리고 glucose-6-phosphate 수준에서 해당과정과 갈라지기 때문에 6탄당인산분지회로라고도 한다. 포도당대사의 10%정도는 5탄당인산회로를 통하여 산화된다. 5탄당인산회로는 해당과정과 유사하여 공통의 반응물을 가지며, 주로 세포질에서 일어난다. 그러나 5탄당인산회로는 $NADP^+$가 전자수용체인 반면, 해당과정은 보통 $NAD^+$가 전자수용체인 것이 다르다.

## 11 정답 ②

* 단순단백질

단순단백질(單純蛋白質; simple protein)은 가수분해되었을 때에 오직 아미노산만을 생성하는 단백질이다. 단순단백질은 주로 용해성을 기준으로 분류된다.
1) 알부민(albumin) : 물이나 낮은 농도의 염류용액에 녹고, 열을 가하면 응고한다. 보리의 β-amylase는 알부민의 좋은 예이다.
2) 글로불린(globulin) : 물에 불용성이거나 약간 녹고, 낮은 농도의 염류용액에 녹으며, 열을 가하면 응고한다. 종자의 저장단백질로서 존재한다.
3) 글루텔린(glutelin) : 중성용액에는 녹지 않으나 약산이나 알칼리성 용액에는 녹는다. 주로 화곡류의 종자 속에 존재하며, 밀의 글루테닌, 벼의 오리제닌(oryzenin) 등이 좋은 예이다.
4) 프롤라민(prolamin) : 물에는 녹지 않으나 70~80% 알코올에 녹는다. 이들 단백질이 가수분해되면 비교적 다량의 프롤린(prolin)과 암모니아가 생성된다. 식물체에 존재하는 프롤라민으로는 옥수수의 제인, 밀이나 호밀의 글리아딘(gliadin), 보리의 호르데인(hordein) 등이 있다.
5) 히스톤(histone) : 아르지닌(arginine)이나 라이신(lysine)과 같은 아미노산이 많고, 물에 녹는다. 이들 단백질은 세포핵에 다량 존재하며 염색체의 뉴클레오좀 입자를 형성한다.
6) 프로타민(protamine) : 물에 녹고, 히스톤과 같이 세포핵에 존재하며, 핵산과 관련되어 있다. 이들 단백질에는 아르지닌이 많고 타이로신(tyrosine)이나 트립토판(tryptophan)과 같은 아미노산은 없다.

* 복합단백질

자연계에는 단순단백질 이외에 단백질 부분과 비단백질 부분이 결합한 복합단백질(複合蛋白質; conjugated protein)이 있다.
1) 핵단백질(核蛋白質; nucleoprotein) : 핵단백질이 가수분해되면 단순단백질과 핵산이 생성된다.
2) 당단백질(糖蛋白質; glycoprotein) : 당단백질은 보결분자단(補缺分子團; prosthetic group)으로서 소량의 탄수화물을 함유하는 단백질이다. 세포벽에 존재하는 엑스텐신(extensin)과 많은 수의 효소들이 이에 포함된다.
3) 지질단백질(脂質蛋白質; lipoprotein) : 지질단백질은 레시틴(lecithin)이나 세팔린(cephalin)과 같은 지질을 보결분자단으로 함유하고 있으며, 세포벽, 핵, 엽록소의 라멜라 등에 존재한다.
4) 색소단백질(色素蛋白質; chloroprotein) : 색소단백질은 플라빈단백질과 광합성복합단백질 등을 포함한다. 모든 색소단백질은 보결분자단으로서 색소기를 갖고 있다.
5) 금속단백질(金屬蛋白質; metalloprotein) : 활성제로서 금속을 요구하는 여러 가지 효소가 이에 속한다.

## 12 정답 ④

과당류(寡糖類; oligosaccharides)는 그 구조 중에 나타나는 단위단당류의 수에 따라 2당류·3당류·4당류 등으로 부르며, 단위단당류의 수가 더 많은 경우에는 다당류에 소속시킨다.
작물과 같은 고등식물에서 함유되어 있는 중요한 2당류는 자당(sucrose)이다. 자당은 동화생산물로서 직접 형성되거나 광합성에 의하여 생긴 단당류에서 간접적으로 형성된다. 사탕수수 또는 사탕무와 같은 작물은 체내에 자당함량이 매우 많은데, 이를 생산하기 위하여 재배되고 있다. 자당은 포도당(glucose)과 과당(fructose)이 물 1분자를 잃고 축합된 것이며, $C_{12}H_{22}O_{11}$의 분자식을 갖고 있다. 환원당인 포도당과 과당의 축합이 알데하이드기와 케톤기 사이에서 이루어지므로 자당은 환원력을 갖고 있지 않다. 작물과 같은 고등식물에 있어서 탄수화물의 전류는 주로 자당의 형태로 이루어진다.

맥아당(麥芽糖; maltose)은 대부분의 식물에 함유되어 있지만 그 함량은 극히 적다. 그러나 맥아당은 다당류, 특히 전분의 구성성분으로서 널리 존재하며 amylase에 의하여 전분이 분해될 때의 생성물로서 유리된다. 2분자의 포도당이 maltase의 효소작용으로 축합하여 맥아당이 합성되는데, maltase는 맥아당의 분해에도 작용한다. 2분자의 포도당의 축합에 알데하이드기의 하나는 축합에 포함되어 있지 않으므로 맥아당은 환원력을 갖고 있다.

가을~겨울에 뽕나무 가지에 함유되어 있는 맥아당 함량의 품종간 차이는 과당이나 자당에 비하여 훨씬 크며, 맥아당의 함량이 많은 품종일수록 내동성이 강하다고 한다.

셀로비오스(cellobiose)는 셀룰로스 또는 리그닌이 분해할 때 생성되는 2당류이다. 셀로비오스는 2분자의 포도당이 축합된 것으로서 맥아당과 마찬가지로 환원력을 지니고 있다.

## 13 정답 ④

지질은 막의 주성분으로서 막의 소수성 장벽을 형성하여 세포와 세포 내 미소기관을 형성한다. 또한, 미토콘드리아와 엽록체의 내막에서의 전자전달계를 구성하여 에너지 생성에 관여한다. 많은 식물의 종자, 특히 유지작물 종자에 다량 저장된 지질은 일시에 다량의 에너지와 탄소를 필요로 하는 발아하는 새싹의 에너지와 탄소 공급원이 된다. 지질은 탄수화물보다 더 환원된 성분이어서 에너지가 2배 더 많이 포함되어 있다.

## 14 정답 ④

무, 배추는 생식생장으로 전환될 때 유한생장을 한다.

## 15 정답 ④

낮과 밤의 온도차이는 식물의 생장에서 중요한 의미를 지닌다. 일반적으로 주간온도는 높고 야간온도는 낮은 것이 생장에 유리하다. 주야간의 적온은 종류에 따라 다르며, 주야간 온도차이의 범위에 따라 식물의 분포가 결정되기도 한다. 야간에 온도가 낮으면 당 함량이 높아지고, 뿌리로의 당 이동이 증가하고, 호흡에 의한 탄수화물의 소모가 감소하기 때문에 생장에 유리하다. 낮과 밤의 온도차이를 DIF(differential)라고 하며 DIF가 생장에 미치는 효과는 원예작물에서 상업적으로 널리 이용되고 있다. DIF가 클수록 신장생장이 좋아지는 경향이 있다. 온실 내에서 DIF값에 반응이 좋은 식물로는 백합·국화·제라늄·거베라·피튜니아·토마토 등이 있고, 히아신스·튤립·수선화 등은 반응이 약하거나 없는 것으로 알려져 있다.

## 16 정답 ④

어떤 종류의 화학약제는 식물체의 호흡을 저하시킨다고 알려져 있다. 시안화물(cyanamide), 아지드화물(azide), 플루오르화물(fluoride) 등이 이에 속하며, 이들 약제는 제각기 체내의 특정 호흡효소의 작용을 저해하므로 호흡작용의 기구에 대한 연구에 이용되고 있다. 한편, 에틸렌(ethylene) 등은 과실이나 채소의 착색과 성숙을 앞당기는 데 이용되고 있는데, 이러한 약제는 호흡을 촉진시킨다.

## 17 정답 ③

광호흡은 높은 광도 외에도 높은 $O_2$ 수준과 낮은 $CO_2$ 수준, 그리고 고온에서 촉진된다.

## 18 정답 ②

산소가 충분히 존재할 때 해당과정에 의하여 생성된 피루브산은 산화적으로 탈탄산화되어 acetyl CoA(acetyl coenzyme A)가 된다. 이 반응은 대단히 복잡하며, 적어도 5종의 필수적인 보조인자와 일군의 복합요소가 존재해야 한다.

acetyl CoA의 형성에 필요한 5종의 보조인자는 thiamine pyrophosphate(TPP), Mg이온, $NAD^+$, coenzyme A 및 리포산(lipoic acid)이다.

acetyl CoA는 해당과정과 크렙스회로를 연결시키는 역할을 한다. 즉, acetyl CoA는 물분자의 도움으로 크렙스회로의 최종 산물인 옥살초산(oxaloacetic acid)과 결합하여 시트르산(citric acid)을 형성하고, CoA를 유리한다. 이와 같이하여 일련의 탈탄산, 탈수소, 가수화, 탈수소작용에 의하여 최후에 옥살초산이 재생된다.

## 19 정답 ②

휴면중의 감자를 2~3ppm의 GA용액에 30~60분간 처리하면 발아된다.

## 20 정답 ④

단일식물의 광중단효과는 적색광이 $P_r$에 대한 $P_{fr}$의 비율을 증가시키기 때문이다.

Paper 등(1946)은 광중단(光中斷; night break)에 의한 단일식물인 도꼬마리의 꽃눈분화 억제와 장일식물인 보리의 유수형성 촉진에는 적색광이 가장 효과적인 반면, 원적색광(far-red, FR)은 효과가 없음을 밝혔다. 일반적으로 광주기성에는 적색광(660nm)과 등황색광이 효과적이며, 청색광(480nm)은 효과가 낮고, 녹색광은 효과가 전혀 없다.

광주기성 개화반응에서 광질의 효과는 단일식물의 개화유도기간 중에 적색광과 원적색광을 번갈아 약 2분씩 조사하면 적색광은 개화를 억제시키고, 원적색광은 적색광의 억제효과를 상쇄시켜 개화가 유도되는 현상에서 잘 증명된다. 즉, 최종적으로 조사된 광 종류에 의해 단일식물의 개화반응이 결정되는데, 광질에 대한 이러한 반응은 광발아종자인 상추의 발아 조절에서도 동일하게 나타난다.

작물생리학 400
동형모의고사

| 01 | 02 | 03 | 04 | 05 | 06 | 07 | 08 | 09 | 10 |
|---|---|---|---|---|---|---|---|---|---|
| ③ | ① | ④ | ④ | ② | ① | ① | ② | ① | ③ |
| 11 | 12 | 13 | 14 | 15 | 16 | 17 | 18 | 19 | 20 |
| ④ | ③ | ④ | ③ | ③ | ② | ④ | ① | ③ | ④ |

## 01 정답 ③

- 몰리브덴이 결핍되면 옥수수에서 출웅(出雄; tasseling)이 지연되고, 개화와 꽃가루의 생산력이 떨어질 뿐만 아니라 생산된 꽃가루의 크기도 작아지고, 발아력이 떨어진다. 또, 산성토양에서 자란 멜론은 몰리브덴이 부족하면 꽃가루를 생산하지 못한다. 토마토에서는 엽맥 사이가 갈변하고, 잎자루 가까운 쪽이 황백화하는 증상을 보인다. 감귤류(citrus)에서는 엽맥을 따라 부분적으로 반점이 생기거나 조직이 괴사하며, 꽃양배추의 잎은 말 채찍의 끝처럼 좁게 된다. 몰리브덴결핍은 토양 pH가 낮고 활성 철이 많을 때 일어나기 쉬우며, 몰리브덴을 엽면시비 하면 결핍증상이 없어진다.
- 구리가 과잉이면 엽록체 틸라코이드막의 파괴로 황백화현상이 발생하고, 뿌리의 생장이 억제되는 증상을 보인다. 반면에 구리가 결핍되면 생장이 억제되고, 어린 잎이 비틀리며, 정단분열조직이 괴사되는 증상을 보인다. 구리부족으로 정단분열조직이 죽으면 볏과작물은 분얼이 많아지고, 쌍떡잎식물은 곁눈이 많이 발생한다. 때로는 어린 잎이 시들기도 하는데, 이는 물관에 리그닌이 많이 축적되지 않아 수분의 수송이 잘 안되기 때문이다.

## 02 정답 ①

삼투퍼텐셜은 수분퍼텐셜에 영향을 미치는 용질의 양을 나타내며, 용질이 첨가됨에 따라 생기고, 용질의 농도가 높아짐에 따라 물의 농도가 감소하게 되어 삼투퍼텐셜은 낮아진다. 삼투퍼텐셜은 용액 내에 존재하는 용질에 의하여 형성되므로 용질퍼텐셜(solute potential)이라고도 불리며, Ψs, π(pi)로 표시되며, 그 값은 0이나 또는 그 이하를 나타내게 되므로 항상 음(-)의 값을 가지게 된다.

세포액의 삼투퍼텐셜은 작물의 종류에 따라 다르고, 같은 작물이라도 기관에 따라, 또 같은 기관이라도 조직에 따라 다르다. 물론 예외는 있지만 대개 뿌리는 이 값이 높고 잎은 뿌리보다 낮으며, 줄기의 높은 곳에 붙어 있는 잎일수록 더욱 낮은 값을 나타낸다.

작물체의 세포액 삼투퍼텐셜에 영향을 주는 체내 조건으로는 함수량이 적어지면 체내 가용성 물질의 농도가 높아지기 때문에 세포액 삼투퍼텐셜은 감소되고, 반대로 함수량이 증가되면 가용성 물질의 농도가 상대적으로 낮아져서 삼투퍼텐셜은 증가된다. 한편, 체내 가용성 물질의 함유량이 많아지면 함수량의 변화가 없을지라도 당연히 세포액 삼투퍼텐셜이 감소된다.

따라서, 체외조건은 함수량과 가용성 물질 함유량과의 2개 체내 조건에 대한 영향을 통해서 작물체의 세포액 삼투퍼텐셜에 영향을 미치게 된다.

## 03 정답 ④

보조단백질(補助蛋白質; accessory protein)은 세포골격 중합체와 함께 정제되는 단백질이다. 미세섬유와 미세소관은 세포의 비계(scaffold)를 구성하며, 보조단백질은 비계에 연결하는 연결체, 비계를 움직이는 모터 또는 비계를 변형하는 도구로서 세포골격의 기능에 크게 영향을 미친다. 소위 모터단백질로 불리는 단백질에는 마이오신(myosin), 디네인(dynein), 키네신(kinesin)이 있다. 가교 또는 결체 단백질은 세포골격 중합체 사이에 결합을 형성하며, 이에는 핌브린(fimbrin)과 α-액티닌(α-actinin)이 있다.

## 04 정답 ④

색소체(色素體; plastid)는 광합성, 그리고 다양한 물질의 저장 및 세포의 구조와 기능에 필요한 물질의 합성을 담당하는 기관이다. 색소체는 동심원의 2중막으로 둘러싸여 있으며, 2중막의 내막과 외막은 조성·구조·기능이 각각 다르다.

색소체는 매우 다양하게 분화하고 또한 탈분화하는 성질을 지니고 있다. 모든 색소체는 발육상으로 전색소체(前色素體; proplastid)로부터 유래한다. 전색소체는 어린 분열조직 세포에 약 20여 개가 존재하며, 내부 막계의 발달이 빈약하다. 전분체(澱紛體; amyloplast)는 색소가 없는 색소체로서 녹말입자로 채워져 있다. 백색체(白色體; leucoplast)는 무색의 색소체로서 정유에 함유되어 있는 모노테르펜(monoterpene)의 생성에 관여한다. 황백화색소체(etioplast)는 전색소체가 엽록체로 발달하는 과정에서 광이 부족하여 발달이 정지된 색소체이다. 잡색체(雜色體; chromoplast)는 황색·주황색·적색 등의 색소를 갖고 있는 색소체로서 꽃과 과일의 색깔을 결정한다. 전색소체에 빛이 조사되면 엽록체(chloroplast)로 분화된다.

## 05  정답 ②

- 압력구배에 따라 분자들이 이동하는 것을 집단류(集團流; mass flow, bulk flow)라고 하며, 물질의 이동은 이동하는 물질에 중력과 압력과 같은 힘이 외부로부터 작용하기 때문에 압력구배에 따라 물질의 분자는 하나의 집단으로 같은 방향으로 모두 함께 이동한다.
- 삼투(滲透; osmosis)는 반투성 막(半透性 膜; semipermeable membrane)을 통하여 물이 확산되는 현상으로 정의될 수 있다.
- 집단류와 대조적으로 확산(擴散; diffusion)은 분자, 이온 또는 교질입자들의 운동에너지에 의하여 무방향(無方向) 운동으로 일어난다. 모든 물질의 구성분자는 절대온도 이상에서는 운동에너지를 가지고 움직임으로써 방향성이 없이 서로 충돌하면서 평행상태를 유지하기 위하여 분자들은 화학퍼텐셜이 높은 부위에서 낮은 부위로 확산한다.
  확산은 집단류가 정수압의 차이에 의하여 일어나는 것과 같이 화학퍼텐셜의 차이에 의하여 좌우된다.

## 06  정답 ①
**＊ 전자전달경로**

해당과정과 크렙스회로에 의하여 생성된 NADH와 $FADH_2$는 직접 효소와 결합하여 물을 생성하지 못하고 미토콘드리아에 있는 다른 전자전달계 효소를 통하여 재산화되며, 이와 같은 산화과정에서 유리된 에너지는 ATP합성에 이용된다.

호흡의 산화과정에서 수소의 수용체(NAD, FAD)에 의해 취해진 전자는 최종적으로 전자전달계(electron transport system)에 전달되며, 그곳에서 전자는 효소의 계열에 따라 플라빈효소를 지나 시토크롬효소계로 전달되어 최후에 $O_2$에 전달된 후 $H^+$와 결합하여 $H_2O$를 형성하게 된다.

이 전자전달 과정에서 1분자 NADH가 산화될 때마다 3분자의 ATP가 생성되고, $FADH_2$가 산화될 때에는 2분자의 ATP가 생성된다.

이와 같이 미토콘드리아 내에 있는 전자전달계효소는 이 에너지를 포착해서 ATP의 에너지로 변하게 할 수 있는데, 이와 같은 호흡의 산화반응과 관련된 ATP의 합성을 산화적 인산화라고 한다.

포도당 1분자가 완전히 산화될 경우 해당과정에서 생긴 2개의 ATP와 2분자의 NADH를 생성하고, 이 NADH는 전자전달계를 통한 산화에서 2개의 ATP를 생성하므로 전체적으로 6개의 ATP를 생성한다.

크렙스회로에서는 8분자의 NADH가 생성되기 때문에 전자전달계를 통한 산화적 인산화에 의하여 24분자의 ATP가 형성되고, 생성된 2분자의 $FADPH_2$는 각각 2분자의 ATP를 생성하므로 모두 4분자의 ATP를 생성하게 되며, 또 별도로 2분자의 ATP가 생기므로 크렙스회로 전체로는 30분자의 ATP를 생성한다. 따라서, 여기에 해당과정의 6분자 ATP를 합하면 전부 36분자의 ATP가 생기게 된다.

호흡작용은 전자전달과 ATP의 생산으로 그 과정이 일단 종료되지만, 호흡에너지가 작물체 내에서 대사에 실제적으로 사용되려면 후에 ATP가 ADP와 인산으로 분해되어야 한다. 즉, 광합성에 의하여 당에 저장된 잠재에너지는 호흡작용에 의하여 이 에너지가 생리적 활동에 공급된다.

## 07  정답 ①

줄기는 형태가 변하여 독특한 모양과 기능을 갖기도 한다. 예를 들면 가시(경침) 외에도 덩굴손(포도), 엽상경(선인장), 비대경(콜라비), 근경(잔디), 인경(양파), 구경(글라디올러스), 괴경(감자) 등이 있다.

## 08  정답 ②

- 저장 중의 종자가 발아력을 잃는 중요한 원인은 종자의 원형질 구성단백질과 저장단백질의 변성에 있다. 일반적으로 건조종자의 수명은 수분을 다량 함유한 종자보다 길다.
- 대부분의 종자는 함수량 2~3% 이하의 조건에서는 견딜 수 없다. 그러나 무의 일종에서는 0.4%까지 건조시켜도 발아력을 유지한다고 한다.
- 종자의 함수량 자체뿐만 아니라 함수량의 변화도 종자의 수명을 단축하는 원인이 된다.
- 저장온도가 낮으면 종자는 오랫동안 발아력을 잃지 않는다. 저온효과는 특히 종자 함수량이 높을 때 크게 나타난다.
- 일반적으로 장기저장에서는 산소의 존재가 수명을 단축시킨다. 그러나 종자가 건조하면 종피가 산소에 대하여 불투성이 되므로 산소의 유무는 크게 문제되지 않으며, 온도가 낮은 경우에도 산소의 영향은 줄어든다. 반면, 함수량이 많은 종자를 무산소 상태로 저장하면 혐기성 호흡에 의하여 생성되는 유해물질 때문에 발아가 저해된다.

## 09  정답 ①

암술을 구성하는 기본단위는 심피이다. 보통 꽃잎의 수는 꽃받침잎, 수술, 심피의 수와 같다. 자방이 세 가지 다른 화엽 위에 생기면 상위자방(복숭아), 아래에 생기면 하위자방(사과), 중간에 생기면 중위자방(벚나무)이라 한다. 화통이 자방과 융합되는 경우도 있다. 총상화서는 주축에 소화경이 있고, 원추화서는 분지된 총상화서가 원추형을 이룬다. 수상화서는 소화경이 없는 총상화서이다. 복산형화서는 전체적으로 펴는 우산 모양이며, 두상화서는 원반형의 화탁(화서자루)이 있다.

## 10  정답 ③

많은 다육(多肉; succulent)식물은 낮에는 기공이 닫히고 밤에는 열리므로 수분부족이 두드러진 낮에 수분손실을 줄이는 이점이 있으나 $CO_2$의 흡수를 적게 함으로써 광합성이 일어나는 데는 불리하다. 그러나 이러한 식물은 특수한 형태의 광합성대사를 하며, 돌나물과(Crassulaceae)에 속하는 식물에서 이와 같은 광합성 과정이 처음으로 관찰되었기 때문에 CAM(crassulacean acid metabolism)식물이라고 한다.

CAM식물은 밤에 $CO_2$를 고정하여 다량의 말산 또는 시트르산을 액포에 축적한다. 낮에는 말산에서 $CO_2$가 유리되면서 피루브산이 되며, 유리된 $CO_2$는 칼빈-벤슨회로에 의하여 RuBP와 결합하여 PGA를 만든 다음에 탄수화물로 전환된다.

이와 같은 식물은 밤에 $CO_2$를 효율적으로 포착하여 기공이 닫히는 낮에 잎 안에서 광합성을 하는 데 이용한다.

따라서, 밤에는 이와 같은 다육식물의 산 함량은 증가되고 탄수화물 함량은 급격히 감소되지만, 낮에는 이와 반대로 산 함량은 감소되고 탄수화물 함량은 증가된다.

| 구분 | $C_3$식물 | $C_4$식물 | CAM식물 |
|---|---|---|---|
| 잎 해부 | 광합성세포에 뚜렷한 유관속초세포가 없음 | 잘 분화된 유관속초세포가 존재함 | 일반적으로 잎의 울타리 조직 세포가 없고, 엽육 세포에는 커다란 액포가 있음 |
| carboxylase | ribulose bisphosphate carboxylase | PEP carboxylase ribulose bisphosphate carboxylase | 밤 : PEP carboxylase 낮 : 주로 RuBP carboxylase |
| 이론적 에너지 요구량($CO_2$ : ATP : NADPH) | 1:3:2 | 1:5:2 | 1:6.5:2 |
| 증산율(g$H_2O$/g 건량증가) | 450~950 | 250~350 | 18~125 |
| 잎 엽록소 a/b율 | 2.8±0.4 | 3.9±0.6 | 2.5~3.0 |
| 무기영양으로서 $Na^+$ 요구 | 없음 | 있음 | 있음 |
| $CO_2$보상점 (ppm $CO_2$) | 30~70 | 0~10 | 0~5(암소) |
| 21% $O_2$에 의한 광합성 억제 | 있음 | 없음 | 있음 |
| 광호흡 | 있음 | 유관속초세포에만 있음 | 정오 후에 측정 가능함 |
| 광합성 적정 온도 | 15~25°C | 30~47°C | ≈35°C |
| 건물생산량 (ton/ha/연) | 22±0.3 | 39±17 | 낮고 변화가 심함 |

## 11  정답 ④

작물의 영양생장기 동안 잎에서 생산된 동화물질은 대부분 줄기·뿌리 및 어린 잎으로 전류되어 분배된다. 대부분의 볏과작물은 영양생장기 동안 우선적으로 잎과 뿌리로 동화물질이 공급되고 줄기에는 적게 공급된다. 생장점과 같은 분열조직은 동화물질을 받는 데 유리한 위치에 있다. 발육 중인 어린 잎은 필요한 동화물질을 자체 생산할 수 있을 때까지는 필요한 에너지와 탄소골격을 만들기 위해 동화물질을 분배한다. 그리고 분지와 분얼의 초기생장에는 스스로 독립영양을 할 때까지 동화물질을 분배한다.

## 12  정답 ③

종자가 수분을 흡수하지 않으면 춘화처리 효과는 없다. Purvis(1961)는 가을호밀 종자는 건물중의 50% 가량의 수분이 흡수되어야만 춘화처리 효과를 얻을 수 있다고 하였다.

## 13  정답 ④

뿌리가 목질화되며 통기계가 발달하는 것은 내습성을 갖는 작물의 특성이다.

작물이 근권에서 산소가 부족할 때 뿌리가 호흡작용을 할 수 있는 것은 기공이나 지상부 조직에서 뿌리로 산소를 보낼 수 있는 통기조직(通氣組織; aerenchyma)의 발달에 달려 있다. 습생식물 뿌리의 피층세포는 직렬로 배열되어 세포간극이 크다. 따라서, 세포가 사열(斜列)로 배열되고 세포간극이 작은 중생식물보다는 통기가 잘되므로 과습조건에 더 잘 적응한다.

벼는 산소공급과 관계없이 공기가 차 있는 통기조직이 발달되어 있지만, 과습으로 산소가 부족하면 피층의 세포가 죽어 파생통기조직(破生通氣組織)이 더욱 크게 발달한다.

담수(湛水)상태로 자라는 벼 등은 뿌리의 표피가 심하게 코르크화(suberization) 또는 목질화(木質化; lignification)되고, 골풀의 경우에는 표피와 근모가 모두 목질화된다. 뿌리 세포의 코르크화와 목질화는 통기조직을 통하여 공급된 산소가 뿌리 밖으로 확산되지 않고 생장점으로 공급되어 산소가 부족한 땅 속에서도 지상부로부터 공급된 산소를 이용하여 뿌리가 깊게 자랄 수 있도록 하는 역할을 한다.

**14** 정답 ③

정단조직이 전체 식물에서 옥신의 주된 공급원이기 때문에 극성 수송의 결과 줄기에서 뿌리에 이르는 옥신 구배가 형성된다. 축을 따른 옥신농도 구배는 줄기의 신장, 정단우세, 상처회복, 그리고 잎의 노쇠를 포함하는 다양한 발달과정에 영향을 미친다. 줄기에서 뿌리의 분화는 옥신농도가 높을 때 촉진되므로 뿌리는 해부학적 기부에서 형성된다. 반대로, 새가지[신초] 발생은 옥신농도가 가장 낮은 정단 부위에서 형성되는 경향이 있다. 옥신 극성수송은 식물의 줄기-뿌리 극성 발달을 위해 필수적이다.

식물의 배(胚)를 옥신 수송저해제(NPA, TIBA)로 처리하면 줄기와 뿌리 정단에서 심각한 발생 이상과 함께 극성생장 특성이 상실된다.

**15** 정답 ③

저위도 지방에서는 한계일장보다 길어지는 장일조건이 되지 않으므로 장일식물의 개화는 장애를 받지만, 단일식물은 연중 개화가 가능하므로 널리 분포되어 있다. 이와 반대로, 고위도 지방에서는 생육가능 온도조건 때문에 단일식물은 유성번식이 불리하므로 분포가 제한되지만 장일식물은 널리 분포하고 있다. 중위도 지방, 즉 온대에서는 장일식물과 단일식물 모두 존재한다. 중성식물은 개화가 일장의 영향을 거의 받지 않으므로 온도에 의하여 생육이 제한되지 않는다면 어느 계절이라도 개화가 가능하여 위도가 낮은 지방에서부터 높은 지방에 이르기까지 널리 분포한다.

**16** 정답 ②

과실의 생장은 대부분의 식물에서 단일시그모이드곡선(single sigmoid curve) 형태를 보이나 핵과류나 포도처럼 2중시그모이드곡선(double sigmoid curve)을 나타내는 것도 있고, 콩과 같이 꼬투리는 단일시그모이드곡선, 종자는 2중시그모이드곡선을 나타내는 것도 있다.

**17** 정답 ④

· 쿠마린(coumarin)은 식물에 널리 분포하는 benzopyranone 대사물질군에 속한다. 식물의 종피·과실·꽃·뿌리·잎·줄기 등에 분포하나 과실과 꽃에 많이 함유되어 있다. 이들 성분은 항균, 섭식저해, 발아억제 및 자외선 차단 등의 활성을 나타내어 식물의 방어반응에 관여한다. 동물이 쿠마린 함량이 높은 식물을 섭취하면 대량의 내장출혈이 발생할 수 있다. 이러한 특성을 이용하여 쥐약인 warfarin이 개발되었다.

· 스틸벤(stilbene)은 시나모일-CoA와 4-쿠마로일-CoA의 축합반응으로 생성된다. 스틸벤은 선태식물·양치식물·속씨식물 및 겉씨식물에 존재하며, 현재 약 300종의 스틸베노이드가 알려져 있다. 적포도와 포도주에 들어 있는 레스베라트롤(resveratrol)은 강력한 항암작용을 나타낸다.

**18** 정답 ①

질소동화의 가장 첫 단계는 뿌리로부터 흡수한 질산태질소가 암모니아태질소로 환원되는 과정이다. 이 과정은 흡수된 질산태질소가 뿌리로부터 잎으로 이동하는데, 먼저 잎의 세포질에서 2단계로 질산이 아질산으로 환원되고, 2단계로 아질산이 엽록체로 들어와 암모니아로 다시 환원되어 일어난다.

**19** 정답 ③

국화과식물, 특히 뚱딴지(돼지감자)·달리아·우엉·민들레 등의 괴경에는 저장물질로서 이눌린(inulin)이 집적되어 있다. 이눌린은 약 35개의 과당이 β(2→1)결합을 하고 있는 화합물이다. 이눌린은 식물 저장조직의 세포액에 산재하여 있으며, 물에서는 콜로이드용액을 형성한다. 이눌린은 inulase에 의하여 과당으로 가수분해되며, 소량의 포도당이 생긴다.

**20** 정답 ④

체관부하적과 수용부 세포로의 운반은 심플라스트 및 아포플라스트 경로를 거친다.

뿌리와 어린 잎과 같이 생장이 이루어지고 있는 영양생장기관 수용부위에서의 체관부하적과 수용부 세포로의 운반은 심플라스트경로를 통해 운반된다.

사탕무 뿌리와 사탕수수 줄기와 같은 저장기관 수용부위에서 자당은 수용부위의 심플라스트로 들어가기 전에 아포플라스트로 하적된다. 생식기관 수용부위(발육 중인 종자)에서는 배조직(胚組織)과 모계조직(母系組織) 간에 심플라스트로 연결되지 않기 때문에 아포플라스트 단계가 필요하다.

작물생리학 400
동형모의고사

| 01 | 02 | 03 | 04 | 05 | 06 | 07 | 08 | 09 | 10 |
|---|---|---|---|---|---|---|---|---|---|
| ④ | ① | ① | ③ | ① | ① | ② | ① | ① | ② |
| 11 | 12 | 13 | 14 | 15 | 16 | 17 | 18 | 19 | 20 |
| ④ | ② | ① | ④ | ② | ① | ④ | ③ | ② | ② |

## 01 정답 ④
칼륨은 광합성이 활발한 잎이나 세포분열이 왕성한 생장점 부위에 다량으로 분포되어 있고, 줄기의 목질부나 종자에는 분포 농도가 미미하다.

## 02 정답 ①
작물이 생육하는 데 알맞은 환경 하에서 필수원소 중 어느 한 가지만 부족해도 기대하는 수량을 얻을 수 없다. 작물의 건물은 대부분이 광합성 산물이지만 무기양분이 부족하면 광합성이 영향을 받으므로 무기양분의 공급이 생육의 제한인자가 될 경우가 많다.

## 03 정답 ①
호흡계수(RQ)는 호흡에 의하여 발생하는 $CO_2$ 양과 소비되는 $O_2$ 양과의 비, 즉 $CO_2/O_2$를 말한다. 대부분의 식물에서 호흡계수는 1에 가까워지지만 1보다 크거나 작을 때도 적지 않다. 예를 들면, 저장물질로서 지방을 많이 함유하고 있는 종자가 발아할 때 호흡기질은 당이 아니고 지방이 되므로 지방은 당과 비교하여 산소가 적고 수소가 많기 때문에 산화되어 $CO_2$와 $H_2O$가 되기 위해서는 더 많은 산소가 필요하게 되어 호흡계수는 1보다 작아진다.

〈스테아르산〉 $C_{18}H_{36}O_{12} + 26O_2 \rightarrow 18CO_2 + 18H_2O$

따라서, RQ=18/26=0.7로 된다.
이와 반대로, 당에 비하여 산소가 많은 물질이 호흡기질이 될 때에는 호흡계수가 1보다 커진다. 예를 들면, 말산이 완전히 산화될 때의 호흡계수는 1.33이 된다.

〈말산〉 $C_4H_6O_5 + 3O_2 \rightarrow 4CO_2 + 3H_2O$

따라서, RQ=4/3=1.33이 된다.

## 04 정답 ③
포도당 1분자가 완전히 산화될 경우 해당과정에서 생긴 2개의 ATP와 2분자의 NADH를 생성하고, 이 NADH는 전자전달계를 통한 산화에서 2개의 ATP를 생성하므로 전체적으로 6개의 ATP를 생성한다.

크렙스회로에서는 8분자의 NADH가 생성되기 때문에 전자전달계를 통한 산화적 인산화에 의하여 24분자의 ATP가 형성되고, 생성된 2분자의 $FADPH_2$는 각각 2분자의 ATP를 생성하므로 모두 4분자의 ATP를 생성하게 되며, 또 별도로 2분자의 ATP가 생기므로 크렙스회로 전체로는 30분자의 ATP를 생성한다. 따라서, 여기에 해당과정의 6분자 ATP를 합하면 전부 36분자의 ATP가 생기게 된다.

호흡작용은 전자전달과 ATP의 생산으로 그 과정이 일단 종료되지만, 호흡에너지가 작물체 내에서 대사에 실제적으로 사용되려면 후에 ATP가 ADP와 인산으로 분해되어야 한다. 즉, 광합성에 의하여 당에 저장된 잠재에너지는 호흡작용에 의하여 이 에너지가 생리적 활동에 공급된다.

## 05 정답 ①
지방을 많이 함유하고 있는 종자가 발아할 때 글리옥시솜에서 진행되는 β-산화에 의해 생성된 아세틸-CoA의 일부는 글리옥시솜·미토콘드리아 및 세포질에서 진행되는 일련의 반응을 통하여 포도당으로 전환되는데, 이 과정을 포도당신생합성이라고 한다. 포도당은 유식물의 생장에 필요한 에너지원이나 중간대사물질로 이용된다.

포도당신생합성 경로의 글리옥시솜에서 진행되는 아세틸-CoA가 숙신산으로 전환되는 과정을 글리옥실산회로(glyoxylic acid cycle)라고 한다. 글리옥실산회로에서는 β-산화에 의해 지방산으로부터 생성된 아세틸-CoA가 글리옥실산과 반응하여 말산을 생성하고, 말산은 말산탈수소효소에 의해 산화되어 옥살초산으로 전환된다. 옥살초산은 β-산화에서 생성된 아세틸-CoA와 반응하여 시트르산을 형성하고, 시트르산은 아이소시트르산(isocitric acid)으로 전환된 다음, 숙신산과 글리옥실산으로 분리된다. 즉, 글리옥실산 경로의 말산의 생성에서 아이소시트르산의 생성까지의 반응이 미토콘드리아에서 진행되는 시트르산회로와 동일하게 진행된다.

글리옥실산회로에서 생성된 숙신산은 글리옥시솜에서 미토콘드리아로 운송되어 포도당신생합성에 이용된다. 즉, 숙신산은 미토콘드리아의 시트르산회로에 의하여 차례로 푸마르산과 말산으로 전환된다. 말산은 세포질로 운송되어 옥살초산을 거쳐 phosphoenolpyruvate로 전환된 다음 해당과정(解糖過程)의 역과정(逆過程)을 거쳐 6탄당으로 전환된다.

## 06 정답 ①
아포플라스트에서 양이온이 높고 평형을 유지하려는 경향은 양이온을 심플라스트로 확산하게 한다. 아포플라스트의 pH가 높으면($H^+$농도가 낮으면) 외부의 자당이 체요소와 반세포로 잘 흡수되지 않는다.

이러한 효과는 아포플라스트의 양이온 농도가 낮은 경우 심플라스트의 양이온 확산 및 자당-$H^+$ 공동수송 단백질의 추진력이 감소하기 때문이다. 특정 운반체분자는 자당을 운반하게 하며, 이러한 종류의 운반을 자당/양이온 공동수송(共同輸送; symport, contranspot)이라고 한다. 이와 같은 능동적 체관부적재는 체관부 전류기구에 중요한 역할을 한다.

## 07 정답 ②

식물의 상처반응 펩타이드호르몬인 시스테민(systemin)은 분자량이 큰 전구체(92~291아미노산 잔기)로 합성된 다음 1~6개의 활성펩타이드로 가공되어 상처를 받은 세포에서 분비된다. 활성펩타이드는 18~23개의 아미노산 잔기를 갖고 있다.

## 08 정답 ①

저장 중의 종자가 발아력을 잃는 중요한 원인은 종자의 원형질 구성단백질과 저장단백질의 변성에 있다. 일반적으로 건조종자의 수명은 수분을 다량 함유한 종자보다 길다. 이는 함수량이 많을 때 단백질이 응고하기 쉽기 때문이다. 또한, 함수량이 많으면 종자의 호흡이 왕성해지고 그 결과 생성된 유해물질이 집적하는 것도 하나의 원인이다. 종자의 수명에 영향을 미치는 외적 요인에는 습도·온도·산소농도 등이 있다.

## 09 정답 ①

잎의 신장속도는 잎의 발생과 같이 볏과작물은 생육 초기에는 지온의 영향을 많이 받지만, 생장점이 지상에 있는 생육 후기에는 기온의 영향을 많이 받는다. 그러나 생육 초기부터 생장점이 지상에 있는 쌍떡잎식물 잎의 신장은 항상 지온보다 기온의 영향을 더 크게 받는다. 작물은 생육적온까지는 온도가 높을수록 잎의 신장률이 높아지나, 잎의 최종 크기는 온도의 영향을 크게 받지 않으므로 잎의 신장기간이 단축된다.

## 10 정답 ②

벼·맥류·감자 등 특수한 저장기관을 이용하는 작물은 잎에서 합성된 광합성 산물이 저장기관으로 이동되어야 하며, 그 이동 정도를 수확지수로 나타낸다. 수확지수(收穫指數; harvest index)란 지상부 전체 건물중(乾物重; biomass) 중에서 저장기관인 종실의 수량이 차지하는 비율을 말한다. 뿌리의 수량도 전체 건물중에 포함시켜야 하지만 작업이 어렵고 정밀도가 떨어지므로 일반적으로 제외한다.

수확지수 = (종실중/전체 건물중) × 100%

우리나라의 벼 품종은 대체로 통일계 품종이 일반계 품종보다 수확지수가 높으며, 생산된 산물이 더 효율적으로 종실에 축적되어 다수확 품종의 특성을 갖는 것으로 생각된다. 밀식하거나 질소비료를 많이 사용하면 생식기관보다 영양기관의 발달이 더 우세하여 수확지수는 낮아진다.

## 11 정답 ④

성숙한 잎에서 생합성되는 IAA의 대부분은 체관부를 통하여 식물의 나머지 부위로 비극성 수송되는 것으로 나타난다. 옥신은 체관부 수액 내 다른 성분과 함께 극성수송의 경우보다 훨씬 빠른 속도로 이들 잎에서 식물체의 상하로 이동할 수 있다.

## 12 정답 ②

### 대기오염물질의 분류

| 구분 | 오염물질 |
|---|---|
| 산화장해물질 | 오존, PAN, 이산화질소, 염소 |
| 환원장해물질 | 아황산가스·일산화탄소·황화수소·알데하이드류 |
| 산성장해물질 | 불화수소·염화수소·산화황·시안화수소 |
| 알칼리성 장해물질 | 암모니아 |
| 유기계 가스 | 에틸렌·아세틸렌·프로필렌·부틸렌 |
| 초체 입자상 물질 | 분진·부유미립자 |

## 13 정답 ①

복숭아는 진과로 비대하여 외과피, 중과피, 내과피로 구분된다. 사과는 단과이면서 위과로 화통의 피층이 발달하여 과육을 이룬다. 딸기는 복과이면서 위과로 화탁이 비대하여 식용부위가 되고 그 위에 점점이 박혀 있는 것이 수과(과실적 종자)이다. 블랙베리는 복과이고, 벼는 건폐과이고, 완두는 건개과에 속한다.

## 14 정답 ④

미량원소 중 철과 망간은 토양에 많이 존재하지만 산화상태로 있으면 물에 녹지 않는다. 그러나 배수가 불량한 토양에서는 환원되어 가용태로 되기 때문에 이들의 해독작용이 나타나기도 한다. 그리고 배추와 채소와 콩과작물은 붕소요구량이 많아 이것의 시용효과가 있고, 석회암지대에서는 토양pH가 높아 벼에서 아연결핍이 문제되기도 한다. 또, 추락답(秋落畓)에서는 망간·철 등이 작토층으로부터 용탈되므로 이들의 결핍이 문제되기도 하지만, 일반적으로 작물을 토양에 재배할 때 미량원소의 과잉이나 결핍은 크게 문제되지 않는다.

현재 식물의 필수원소로 분류되지는 않았지만 식물이 부수적으로 많이 흡수하는 원소로는 셀레늄·요오드·코발트 등이 있다. 셀레늄은 인산의 흡수를 억제하므로 인산에 예민한 식물의 인산해독을 막아 작물의 생육을 촉진하고, 요오드는 특히 해조류에 많이 함유되어 있으며, 코발트는 콩과작물이 뿌리혹[근류(根瘤)]에서 질소를 고정하는 데 필요하다.

## 15 정답 ②

제1광계와 제2광계는 각각 광자를 흡수하는 엽록소와 카로티노이드 분자를 포함한 여러 종류의 단백질을 간직하고 있다. 광계에서 대부분의 엽록소는 안테나엽록소로서의 기능을 한다. 특정 단백질을 가진 엽록소는 엽록소-단백질복합체를 형성한다. 안테나색소는 광을 흡수하나 직접적으로 광화학반응에는 관여하지 않는다. 그러나 안테나엽록소는 서로 밀접해 있어 여기(勵起)된 에너지가 인근 색소분자들 사이를 쉽게 통과할 수 있다. 흡수된 광자의 에너지는 안테나복합체를 통하여 이동하며, 한 엽록소 분자로부터 다음 엽록소 분자를 통과하여 최종으로 반응중심에 도달한다.

## 16 정답 ①

호흡작용은 산소가 있어야 일어나므로 식물 주변에 산소가 충분히 있어야 한다. 식물 주변의 공기가 20% 이하이면 호흡작용은 저하되고, 5% 이하이면 유기호흡은 현저하게 감소된다. 발아하는 종자는 산소농도가 낮을 때 유기호흡보다 무기호흡을 더 많이 하나 산소농도가 10% 이상이면 유기호흡을 한다.

## 17 정답 ④

식물이 저장하는 탄수화물은 주로 전분이다. 저장전분(貯藏澱粉)은 저장기관에 전류해 온 당류가 다시 그 조직 안에서 전분으로 합성된 것이며, 동화전분(同化澱粉; assimilation starch)과 비교하여 전분립이 대단히 크고 또 작물의 종류에 따라 특유한 형상을 나타낸다. 저장탄수화물로서 전분 이외에 가용성인 탄수화물이 축적되는 일도 있는데, 사탕수수에서는 줄기에, 사탕무에서는 뿌리에 다량의 자당이 저장되고, 과수의 과실에는 포도당이나 과당과 같은 단당류가 축적된다. 저장단백질은 밀의 곡립, 아주까리의 종자 등에 함유되어있고, 저장지방은 종자나 열매 등에 많이 함유되어 있다.

유채·땅콩·아주까리·콩 등의 지방종자를 형성하는 작물에서는 종자의 배유 또는 떡잎[자엽]의 조직 속에 지방이 저장되며, 이 지방은 수확의 대상으로 된다.

지방의 저장은 저장조직의 발달에 의하여 일어나는데, 그림 7-8은 유채 종자의 생장에 따르는 지방의 축적상태를 나타낸 것이다. 종자 내의 지방함량은 개화 후 40일경까지는 현저한 증가를 나타내고, 50일경에 최고에 도달한다. 지방종자에서는 동화기관으로부터 전류해 온 당류가 종자 내부에서 지방으로 변화하여 축적된다. 콩과작물 종자에는 탄수화물보다 단백질과 지방이 훨씬 많이 저장된다. 단백질은 아미노산의 형태로 전류되어 저장기관에서 합성되고, 지방은 당류로 전류되어 종자의 내부에서 지방으로 합성되어 축적된다.

## 18 정답 ③

전분의 분해는 가수분해효소인 amylase에 의하여 촉매된다. amylase는 전분종자에 다량으로 함유되어 있으며, 종자가 발아할 때 저장전분을 급격히 가수분해하여 어린 식물에 대한 당류의 공급을 가능하게 한다.

전분의 분해에 관여하는 amylase에는 α-amylase, β-amylase, iso-amylase(R-효소) 등이 있다. β-amylase는 아밀로스와 아밀로펙틴을 말단으로부터 맥아당(maltose) 단위로 가수분해하며, α-amylase도 아밀로스와 아밀로펙틴을 가수분해한다. α-amylase는 전분에 작용하여 긴 전분의 중합체의 중간부분에서 덱스트린(dextrin)이라는 6분자의 포도당단위를 분해시킨다. α-amylopectin의 최초 단계에서는 두 분자의 α-D-glucose가 α-1,6결합에 의하여 이루어진 isomaltose를 생성한다.

## 19 정답 ②

**저플루언스반응**

파이토크롬 유도반응 중 어떤 것은 플루언스가 $1.0\mu mol\ m^{-2}$에 도달할 때까지 개시될 수 없으며, $1,000\mu mol\ m^{-2}$에서 포화된다. 저플루언스반응(low-fluence response, LFR)은 상추 종자 발아와 잎 운동의 조절과 같은 대부분의 적색광/원적색광 광가역적 반응에서 볼 수 있다.

VLFR와 LFR 모두 빛의 연속적인 짧은 섬광에 의해서 유도될 수 있다. 이는 광에너지의 총량이 합산되어 필요한 플루언스에 도달되면 반응이 유도된다는 것을 의미한다. 총플루언스는 플루언스율($\mu mol\ m^{-2}s^{-1}$)과 조사시간(照射時間)이라는 두 요인의 함수이다. VLFR와 LFR은 상보성의 법칙을 따른다. 즉, 반응의 정도(발아율 또는 하배축 신장 저해율 등)는 플루언스율과 조사시간의 곱에 의존적이다.

## 20 정답 ②

**발아온도**

① 메밀 - 3~5℃
② 호박 - 16~19℃
③ 옥수수 - 8~10℃
④ 콩 - 2~4℃

작물생리학 400
동형모의고사

## 작물생리학 11회 정답 및 해설

동형모의고사 49p

| 01 | 02 | 03 | 04 | 05 | 06 | 07 | 08 | 09 | 10 |
|----|----|----|----|----|----|----|----|----|----|
| ④ | ① | ① | ① | ④ | ③ | ④ | ④ | ③ | ④ |
| 11 | 12 | 13 | 14 | 15 | 16 | 17 | 18 | 19 | 20 |
| ① | ① | ② | ③ | ③ | ④ | ② | ② | ② | ② |

### 01 정답 ④

체관부유조직은 저장기능과 식물체 내에서의 당의 합성이나 전류에 있어서도 작은 역할을 담당하는 것으로 생각된다. 잎이나 녹색식물의 체관부유조직은 흔히 엽록체를 함유하며, 당류는 체관요소를 통해 전류하는 기능을 담당한다. 분열조직이나 저장부위는 양분을 유조직세포를 통해서 체관부이동에 의하여 체관요소로부터 얻을 수 있다.

### 02 정답 ①

6탄당이 호흡작용에 의하여 산화되는 경우 실제로 호흡원으로서 이용되는 것은 당류 자체가 아니고 인산화된 당류인 fructose-1,6-bisphosphate이다. 6탄당은 모두 이 물질로 변화한 다음에 비로소 호흡작용에 의하여 분해된다.

### 03 정답 ①

순환적 광인산화반응은 여기된 엽록소의 전자전달이 전자수용체를 지나서 엽록소로 되돌아오는 형이다.

### 04 정답 ①

해당과정(glycolysis)은 6탄당인 포도당이 두 분자의 피루브산으로 전환되는 과정으로서 Embden-Meyerhof-Parnass(EMP)회로라고도 부른다.
해당과정은 칼빈-벤슨회로의 역행은 아니며, 칼빈-벤슨회로가 엽록체에서 일어나는 반면에 해당과정은 세포질의 액상 콜로이드 상태인 시토졸(cytosol)에서 일어난다. 포도당이 fructose-1,6-bisphosphate로 되는 맨 처음의 반응은 산화라기보다는 기질의 인산화(燐酸化; phosphorylation)에 의하여 일어난다.

### 05 정답 ④

뿌리는 특수한 기능을 하기 위해 변형된다. 양분을 저장하는 저장근(직근류 : 무, 당근, 우엉, 괴근류 : 달리아, 고구마), 수분보유와 광합성, 지지작용을 하는 기근(옥수수, 난), 수축근(마늘, 백합), 산소를 공급하는 호흡근(늪지대식물) 등이 그 예이다.
당근과 무는 주근이, 고구마는 측근이 각각 저장기관으로 발달한 것이다.
옥수수의 기근은 지지작용을 하고, 난의 기근은 수분보유와 광합성 기능을 한다. 마늘의 수축근은 뿌리가 땅속에 고착된 후 수축하여 줄기를 적당한 깊이의 땅속에 묻는 역할을 한다.

### 06 정답 ③

낮과 밤의 온도차이는 식물의 생장에서 중요한 의미를 지닌다. 일반적으로 주간온도는 높고 야간온도는 낮은 것이 생장에 유리하다. 주야간의 적온은 종류에 따라 다르며, 주야간 온도차이의 범위에 따라 식물의 분포가 결정되기도 한다.
야간에 온도가 낮으면 당 함량이 높아지고, 뿌리로의 당 이동이 증가하고, 호흡에 의한 탄수화물의 소모가 감소하기 때문에 생장에 유리하다.
낮과 밤의 온도차이를 DIF(differential)라고 하며 DIF가 생장에 미치는 효과는 원예작물에서 상업적으로 널리 이용되고 있다.
DIF가 클수록 신장생장이 좋아지는 경향이 있다.
온실 내에서 DIF값에 반응이 좋은 식물로는 백합·국화·제라늄·거베라·피튜니아·토마토 등이 있고, 히아신스·튤립·수선화 등은 반응이 약하거나 없는 것으로 알려져 있다.

### 07 정답 ④

- 에틸렌(ethylene)이 과실의 성숙을 일으키는 물질이라는 것은 잘 알려져 있다. 잘 익은 사과와 익지 않은 토마토를 비닐봉지에 함께 넣어두면 토마토가 붉은색으로 쉽게 변하는 것을 관찰할 수 있는데, 이는 사과가 방출하는 에틸렌에 의한 노화촉진 작용 때문이다. 식물이 기계적인 손상, 침수, 병원균 감염 등을 받게 되면 노화 또는 괴사가 촉진되는데, 이때에도 에틸렌의 생성이 크게 증가한다. 에틸렌에 의해 유도되는 일반적인 노화현상으로는 호흡률의 증가, 막투과성의 증가, 그리고 엽록소의 파괴 등을 들 수 있다. 특히, 과실과 꽃에서는 여러 종류의 색소합성, 탄수화물·유기산 및 단백질의 함량 변화, 과육조직의 경도변화, 휘발성 향기성분 발생 등이 에틸렌에 의해 유도된다.

- ABA는 식물의 노화를 촉진시키는 호르몬이다. ABA는 노화가 진행되는 동안 단백질분해효소의 합성을 촉진하고 노화관련 단백질의 합성을 촉진한다. ABA는 엽록소와 단백질의 분해를 촉진시켜 광합성을 저해하고 호흡률을 증가시키며, 세포막 구조를 변화시켜 세포질 누출을 촉진시킨다. 또한, ABA는 핵산합성을 억제하고 핵산분해효소를 활성화시켜 RNA의 분해를 촉진한다.

## 08 정답 ④

영양기관을 이용하는 작물은 저장기관의 크기가 미리 결정되어 있지 않으므로 환경조건이 좋으면 그 작물이 갖는 잠재수량을 얻을 수 있다. 일반적으로 질소비료의 사용은 뿌리보다 경엽의 발육을 촉진시키므로 엽채류의 수량은 증가시킬 수 있지만 지나치면 조직이 연약하게 자라거나 $NO_3^-$의 축적 등 품질이 저하된다.

## 09 정답 ③

매트릭퍼텐셜은 교질물질과 식물세포(원형질 또는 세포벽 물질)의 표면에 대한 물의 흡착친화력으로 표시된다. 매트릭퍼텐셜은 젤라틴·셀룰로스와 같은 물질을 물에서 부풀게 하고, 침지된 종자를 처음에 부풀게 하는데, 이와 같이 부풀게 될 때 상당한 압력이 생기게 된다.
매트릭퍼텐셜은 액포가 없는 세포를 가진 조직에서는 상당히 높다. 풍건된 완두 종자를 물에 침지할 때에는 100MPa 이상의 압력이 발생되는 것으로 추정된다. 건조한 콜로이드나 친수성 표면은 보통 대단히 낮은 매트릭퍼텐셜(최저 -300MPa)을 가지지만, 같은 콜로이드일지라도 물속에 잠겨 있는 경우에는 물이 포화되어 그 값은 0이 된다. 매우 건조한 지대나 사막에 적응된 식물의 조직은 보통 매트릭퍼텐셜이 매우 낮다. 한편, 초본식물에서 성숙된 액포를 갖고 있는 조직은 매트릭퍼텐셜이 거의 0에 가깝다.
매트릭퍼텐셜은 여러 식물 조직에서 0.01MPa 정도로 매우 낮은 값을 나타내므로 수분퍼텐셜에 거의 영향을 주지 않기 때문에 흔히 무시하게 된다. 그러나 건조한 종자나 토양에서 매트릭퍼텐셜은 매우 중요하다. 종자가 발아할 초기에 수분을 흡수하는 것은 매트릭퍼텐셜 때문이다.

## 10 정답 ④

액포의 산도는 보통 약산성을 띠며, 양성자나 다른 이온의 세포질로의 방출을 조절하여 세포질의 산도, 효소의 활성 및 세포골격 구조의 조립 등을 조절한다. 액포에는 세포질에 존재하고 있는 유해한 물질이 축적되어 세포가 유해한 물질로부터 보호된다. 또한, 액포에는 사멸한 세포 구성요소의 분해와 재활용에 기여하는 다양한 가수분해효소가 들어있다.

## 11 정답 ①

작물은 토양용액 중에 있는 모든 무기양분을 같은 정도로 흡수하는 것이 아니고, 선택적 흡수를 하기 때문에 작물에 따라 흡수하는 성분과 흡수량이 다르다.

## 12 정답 ①

증산작용은 뚜렷한 일변화(日變化)를 보이며 낮에는 증가하고 저녁에는 감소한다. 단위시간당 증산량의 시간에 따른 변화와 일조도·기온·공중습도의 일변화 간에는 밀접한 관계가 있고, 증산량과 이들 세 조건과의 상관계수는 매우 높다. 특히, 이 중에서도 일조도(日照度)와의 상관관계가 가장 높다.

## 13 정답 ②

광호흡(photorespiration)이란 광조건에서만 호흡작용이 일어나는 현상을 뜻하며, 페록시솜(peroxisome)이라는 특정 기관에서 일어난다. 광호흡의 기질(基質)은 칼빈-벤슨회로의 RuBP가 $CO_2$와 결합하지 않고 $O_2$와 결합하여 생성된 글리콜산(glycolic acid)이며, 산소의 농도가 높고 $CO_2$의 농도가 낮은 조건에서 글리콜산의 생성이 촉진된다.

## 14 정답 ③

ATP분자는 adenin, D-ribose, 3개의 무기인산으로 구성되어 있는 고에너지인산화합물이다.

## 15 정답 ③

카로티노이드(carotenoid)색소는 노란색, 오렌지색 또는 빨간색을 나타내는 색소이며 녹색인 모든 식물조직에 존재하고 있으며, 그 밖에 당근의 뿌리, 여러 가지 식물의 꽃·열매·종자 등에도 함유되어 있다. 녹색 잎 안에서 카로티노이드는 엽록소와 함께 엽록체 속에 들어 있으며, 그곳에서는 물에 녹지 않는 단백질복합체로서 존재한다.

## 16 정답 ④

식물이 저장하는 주된 탄수화물은 전분이다. 전분 이외에도 마늘 등에서 보는 것처럼 프락탄의 형태로 저장되는 경우도 있다.

## 17 정답 ②

광화학 과정에서 에너지 전환에 관여하는 광화학반응은 두 종의 반응계, 즉 제1광계와 제2광계에서 일어나고, 전자전달계가 이 두 광계를 연결시켜 주고 있다.

 제1광계(photosystem Ⅰ)는 반응중심이 P700으로 불리며 700nm의 파장에서 최대흡수치를 나타내는 단 하나의 엽록소 a 분자로 구성되어 있다. P700은 광합성단위를 구성하는 약 250 엽록소 분자 중에서 광화학적 활성부위가 되고, 기타 색소는 다만 광에너지를 흡수하여 반응중심 P700으로 전달하는 부수적인 능력만을 갖고 있을 뿐이다. 이 제1광계는 순환적 광인산반응과 관계가 있다. 제2광계(photosystem Ⅱ)는 P680으로 표시되며, 680nm의 파장에서 최대흡수치를 나타내는 엽록소 a 분자에 반응중심이 위치하고 있다. 광인산화반응에는 순환적 광인산화 비순환적 광인산화의 두 형이 있다.

## 18 정답 ②

대기오염물질에 의한 작물의 피해는 가시장해[可視障害; visible injury)와 비가시장해(非可視障害; invisible injury)로 나누어진다. 가시장해는 다시 급성형(急性型; acute type), 만성형(慢性型; chronic type), 복합형(複合型; mixed type)으로 구분된다.
급성형은 고농도(ppm 이상)의 오염물질이 특수한 기상조건에서 식물에 장해를 입히는 것으로 주로 황화(chlorosis) 또는 괴사(necrosis) 현상으로 나타나며, 회복되어도 수량이 크게 감소된다.
만성형은 비교적 고농도인 ppm에서 수십 ppb 농도의 오염물질이 식물에 접촉되어 생육을 저해하며 가벼운 장해를 나타내는 것으로, 도시 근교의 대기오염 피해는 주로 만성형에 속한다. 비가시장해는 ppb 단위의 저농도에서 육안으로 관찰되지 않는, 피해증상은 보이지 않지만 내부적으로 생리적 장해가 일어나 생육이 부진해지는 경우이다.

## 19 정답 ②

저장양분 가운데 수분에 대한 팽윤 정도는 단백질이 가장 크고, 다음의 전분이며, 셀룰로오스가 가장 적다.

## 20 정답 ②

발아는 종자가 물을 흡수하는 것으로부터 시작된다. 종자의 물 흡수는 침윤(浸潤; imbibition)과 삼투에 의하여 일어난다. 보통 종자가 발아에 필요한 만큼 충분한 물을 흡수하려면 종자가 직접 물에 접촉해야 한다. 그러나 밀·보리·호밀 등의 종자는 수증기로 포화된 공기 중에서도 발아에 충분한 물을 흡수할 수 있다. 수분흡수에 영향을 미치는 요인으로는 종자의 크기, 종자의 교질(膠質) 조성, 종피의 투수성, 물과의 접촉상태, 온도 등이 있다. 종자의 물 흡수량이 최고에 도달하는 시간은 작물의 종류에 따라 다를 뿐만 아니라, 온도에 따라서도 다르다. 대체로 작물 종자의 흡수속도는 온도가 높아짐에 따라 빨라지지만 온도가 너무 높아지면 오히려 늦어진다.

작물생리학 동형모의고사 400

| 01 | 02 | 03 | 04 | 05 | 06 | 07 | 08 | 09 | 10 |
|---|---|---|---|---|---|---|---|---|---|
| ④ | ② | ② | ③ | ② | ② | ① | ① | ③ | ④ |
| 11 | 12 | 13 | 14 | 15 | 16 | 17 | 18 | 19 | 20 |
| ① | ① | ① | ① | ① | ④ | ④ | ④ | ④ | ① |

## 01 정답 ④

증산작용에 의하여 작물의 함수량이 저하하면 생장이 억제되므로 개화, 결실이나 열매의 성숙이 빨라진다고 한다. 또, 토양 속의 물을 적게 하거나 공기습도를 낮추어서 개화, 결실을 유기시킬 수 있다는 것도 알려져 있으며, 특히 다년생 목본식물에서는 생장억제에 의하여 탄수화물이 식물체 내에 축적되고 꽃눈형성이 촉진된다고 한다.

## 02 정답 ②

미토콘드리아(mitochondria)는 진핵세포(眞核細胞)에 존재하며, 시트르산회로와 산화적 전자전달계를 통해 ATP를 생성하는 호흡계를 내포하고 있다. 미토콘드리아는 유기산과 아미노산 등의 합성에 사용되는 다양한 화합물을 공급한다. 미토콘드리아는 두께가 0.5~1μm이며, 길이는 1~4μm이고 모양은 구형 또는 타원형이며, 2중막으로 둘러싸여 있다. 외막은 매끄럽고 내막은 주름이 많이 잡힌 구조이다. 내막으로 둘러싸인 공간을 기질(matrix)이라고 하며, 내막이 기질 깊숙이 주름지게 접혀진 구조가 내강(cristae)이다. 내막과 외막의 사이는 막간공간(intermembrane space)이다. 내막에는 전자전달계를 구성하는 단백질 복합체가 풍부하여 막의 약 75%가 단백질이다. 미토콘드리아는 고리형의 2중가닥 DNA를 갖고 있어 유전적으로 반자치적인 특성을 지닌다.

## 03 정답 ②

### ★ 칼슘(calcium, Ca)

식물체 내에서 이온으로 존재하는 칼슘(calcium, Ca)은 세포막의 선택적 투과성이나 원형질 교질의 수화성(水和性)에 영향을 끼치며, 뿌리에 의한 다른 이온의 흡수를 조절한다. 체내에 산이 많거나 유독한 산이 있으면 염을 만들어 중화한다. 칼슘은 세포벽의 구성성분으로 중층(中層; middle lamella)에 있는 펙틴(pectin)과 결합하여 세포를 서로 결합하는 역할을 하므로 세포분열과 생장에 중요하다.

사과에서는 성숙기에 칼슘을 엽면시비 하면 과실에 칼슘함량이 증가하고, 저장 중 세포벽의 분해를 지연시켜 과실의 저장성과 품질을 향상시킬 수 있다. 또한, 칼슘은 환경과 호르몬에 대한 작물의 다양한 반응을 위한 2차 신호 전달자로서도 작용하는 것으로 알려져 있다.

칼슘을 사용하면 토양의 pH가 상승하므로 몰리브덴은 용해도가 증가하지만 산성에서 용해도가 큰 철·망간 등 다른 미량의 원소는 용해도가 감소한다. 또, 칼슘 시용량이 많으면 길항작용에 의하여 $Mg^{2+}$의 흡수가 억제된다.

칼슘은 2가 양이온($Ca^{2+}$)이므로 토양에서 잘 이동되지 않는다. 식물체 내에서도 대부분 지방산이거나 유기산과 염을 형성하기 때문에 잘 이동되지 않고, 결핍증은 어린 잎에서 먼저 발생한다. 칼슘이 부족하면 세포벽 형성이 저해되므로 뿌리가 짧고 굵어지며, 끝이 죽는다. 심한 경우 처음에는 생장점이나 어린 잎이 말라죽는데, 이는 성숙한 잎에 있던 칼슘이 어린 잎으로 이동하지 못하기 때문이다. 또, 식물체가 목질화되고, 잎의 빛깔이 엷어지며, 심하면 죽게 된다. 또, 칼슘이 부족하면 고두병(苦痘病; bitter pit)이 발생하고, 토마토는 배꼽썩음병이 발생하며, 땅콩은 종자가 들어 있지 않은 쭉정이가 발생한다.

## 04 정답 ③

세포주기의 단계적인 진전은 사이클린의존성 인산화효소(cyclin-dependent kinase, CDK)의 활성변화에 의해 조절된다. CDK는 사이클린과 복합체를 형성하여 활성화가 시작되며 다른 인산화효소, 인산가수분해효소 또는 특정의 저해단백질에 의해 활성이 조절된다. 한편, CDK효소의 기질 특이성과 세포 내 위치는 사이클린에 의해 조절된다.
CDK저해제(CDK inhibitor, CKI)는 CDK-사이클린 복합체를 불활성화시켜 기질단백질의 인산화 반응을 저해한다. CKI는 세포주기의 전이 전에 CDK-사이클린 복합체의 활성을 조절하고 DNA손상이나 다른 신호경로에 반응하여 세포주기를 일시적으로 정지시킨다. 세포주기의 G1에서 S기로의 전이를 유도하기 위해서는 CKI복합체의 분해가 필요하다.

## 05 정답 ②

비순환적 광인산화반응은 여기(勵起)된 엽록소 분자에서 이탈된 전자가 여러 전자수용체를 거치는 과정에서 ATP를 형성시키며, 최종적으로 NADP에 의하여 전달되어 NADPH로 환원되고 엽록소로 되돌아가지 않는 과정이다. 제1광계와 제2광계 모두 이 반응에 관련되어 ATP와 NADPH를 형성하게 된다.

## 06 정답 ②

**∗ 지질의 종류와 구조**

지질은 화학적 조성과 구조 및 기능적 특성에 따라 다양하게 분류되는데, 화학적 조성에 따라서는 단순지질(單純脂質; simple lipid)과 복합지질(複合脂質; complex lipid)로 크게 분류된다. 단순지질이란 가수분해에 의해 2종 이하의 주성분을 생성하는 지질을 말하고, 복합지질이란 3종 이상의 주성분을 생성하는 지질을 말한다.

단순지질에는 triacylglycerol, diacylglycerol, monoacylglycerol, sterol, sterol ester, 왁스, 토코페롤 등이 있다.

복합지질에는 glycerophospholipid, glycoglycerolipid, spingomyelin, glycospingolipid 등이 있다.

glycerophospholipid에는 phosphatidic acid, phosphatidylglycerol, cardiolipin, phosphatidylcholine, phosphatidylethanolamine, phosphatidylinositol, phospholipid 등이 있다.

## 07 정답 ①

저장단백질(貯藏蛋白質; storage protein)은 영양분과 에너지를 세포에 저장하는 역할을 한다. 벼의 저장단백질에는 알부민·글루테닌·프롤라민·글로불린 등이 있다. 옥수수·밀·콩 및 완두의 대표적인 저장단백질은 각각 제인(zein), 글루테닌(glutenin), 글리시닌(glycinin) 및 파세올린(phaseolin)이다.

## 08 정답 ①

세포로 흡수된 질산태질소는 세포질에서 질산환원요소(NR)에 의해 아질산($NO_2$)으로 환원된다. NR는 금속플라보단백질 복합체이며, 전자공여체로 환원형 피리딘뉴클레오티드(NADPH, NADH), 전자담하체로 플라빈아데닌디뉴클레오티드(FAD) 및 몰리브덴(Mo)을 이용한다. NR는 동질이합체 또는 이질4합체의 철을 포함하는 복합체이며, 환원반응에 필요한 2개의 전자는 NAD(P)H를 공여체로 이용하여 얻는다. 또한, FAD, 헴(heme)-철, 몰리브덴 등 3종의 보효소(補酵素)가 전자전달계로 작용하는 산화환원의 중심을 제공한다. NR는 질산환원 과정의 속도를 조절하는 단계로 작용하며, NR활성은 질산·글루타민·이산화탄소·설탕·사이토키닌·빛 등에 의해 조절되며, 질산농도가 높아지면 증가한다.

아질산($NO_2$)은 아질산환원효소(NiR)에 의하여 암모니아로 환원된다. 아질산의 환원에는 6개의 전자가 필요한데, 엽록체에서는 광합성에서 생성된 환원형 페레독신(ferredoxin)으로부터 전자를 얻는다. 비광합성 세포에서는 색소체의 환원형 페레독신을 이용한다. NiR은 단량체(單量體; monomer)이며 2개의 기능영역과 페레독신에서 아질산으로 전자를 전달하는 역할을 하는 보효소를 갖고 있다. NiR활성이 저해되면 식물체는 아질산이 축적되어 황화현상이 나타난다. 따라서, 식물은 질산과 빛에 의하여 NiR가 유도되면 항상 충분한 양을 초과하는 많은 양의 NiR을 유지하여 아질산을 즉시 암모니아로 환원시킨다.

## 09 정답 ③

콩과식물에서 아스파라긴은 유엽, 뿌리, 꽃 등 필요한 부위로 이동하여 재사용된다.

## 10 정답 ④

충분한 저장양분을 갖고 있는 큰 종자는 발아하는 데 광이 반드시 필요하지 않다. 그러나 크기가 작은 종자들은 광이 없는 조건에서 발아하면 광에 도달하기 전에 저장양분의 고갈로 죽게 될 것이다. 빛이 도달하기 힘든 깊이에 종자가 파묻혔을 경우에는 발아에 필요한 다른 모든 요건이 충족되더라도 발아하지 않고 휴면상태를 유지한다. 뿐만 아니라 종자들이 토양 위에 노출되더라도 초관에 의해 그늘이 심할 경우 이들 종자는 이러한 광 환경을 감지하여 발아를 조절한다. 즉, 원적색광 비율이 높아지면 발아는 저해된다.

## 11 정답 ①

MH는 특히 담배의 곁순의 발생을 방지하여 적심의 효과를 높이고 저장중인 감자나 양파의 싹이 트는 것을 막는다. MH를 식물에 처리하면 절간이 짧아지고 암록색의 잎을 형성하고 때로는 엽신이 펼쳐지지 못한 식물이 된다.

## 12 정답 ①

특수한 환경조건에서 생기는 자극 때문에 단위결실이 되는 경우가 있다. 오이는 단일과 야간의 저온에 의해 단위결과가 유도될 수 있다. 토마토의 어떤 품종은 야간온도를 6~10℃로 낮게 하면 수정은 되지 않은 채 꽃가루에서 분비되는 물질의 자극으로 씨방이 비대해진다. 이러한 경우를 자극적 단위결과라고 하며, 자극의 원인이 되는 것으로는 온도·일장·환상박피·타가수분·곤충작용 등이 있다. 고온에서 단위결과를 일으키는 것에는 배와 토마토가 있다.

## 13 정답 ①

작물이 근권에서 산소가 부족할 때 뿌리가 호흡작용을 할 수 있는 것은 기공이나 지상부 조직에서 뿌리로 산소를 보낼 수 있는 통기조직(通氣組織; aerenchyma)의 발달에 달려 있다. 습생식물 뿌리의 피층세포는 직렬로 배열되어 세포간극이 크다. 따라서, 세포가 사열(斜列)로 배열되고 세포간극이 작은 중생식물보다는 통기가 잘되므로 과습조건에 더 잘 적응한다.

## 14 정답 ①

- 상위엽이 상대적으로 작고 직립하는 개량된 초형을 가진 품종의 경우 엽면적지수가 커져도 직립하는 상위엽은 수평인 잎보다는 광을 적게 받지만 광포화점에는 도달할 수 있고, 오히려 과도한 광에 의한 광호흡도 줄일 수 있다. 한편, 광투과율이 높아 하위엽도 광을 많이 받을 수 있으므로 모든 잎에서 광합성이 충분히 일어날 수 있을 뿐만 아니라, 처음에는 엽면적지수가 증가할수록 호흡작용이 직선적으로 증가하지만 어느 한계 이상 되면 엽면적지수가 증가해도 호흡량이 크게 증가하지 않아 군락의 광합성량은 감소하지 않고 높은 수준을 유지한다. 따라서, 이러한 품종은 최적엽면적이 존재하지 않고, 일정 수준 이상의 엽면적이면 최고 수량을 내는 최고엽면적형(ceiling LAI type)이라고 한다.

- 최적엽면적형은 주로 벼에서 연구되었는데 대부분의 일반계(Japonica type) 품종과 인디카(Indica type) 품종인 Peta와 같이 잎이 늘어지는 품종이 이에 속하며, 다수확을 위하여 다비 밀식하여 출수기의 엽면적지수가 5 이상 되면 오히려 수량성이 낮아질 수 있다.
그러나 통일계 품종이나 인디카 품종인 IR 8과 같이 잎이 직립하는 개량된 초형을 가진 품종은 최고엽면적형인데, 이들 품종은 출수기의 엽면적지수가 5~10이 되어도 수량성이 감소하지 않으므로 엽면적지수가 높은 재배조건에서도 안정적으로 다수확을 할 수 있다.

## 15 정답 ①

옥수수는 배유가 배보다 먼저 발달한다. 배유는 수분 후 4~10일째에 형성되나, 배는 수분 후 15~18일째에 발달하기 시작하여 45일째에 완전히 성숙한다. 생체량은 수분 후 30일까지 증가하나 이후 성숙기의 건조와 함께 감소한다. 세포분열은 수분 후 28일 정도 지나면 사실상 완료되며, 배유에서 저장물질의 합성은 수분 후 약 2주째부터 왕성하게 일어나며, 이때 배는 자라기 시작한다.

## 16 정답 ④

어린 앨팰퍼와 조직배양을 한 참새귀리는 4℃의 저온에서 수일간 처리하여 순화시키거나 ABA를 처리하면 내동성이 증가하여 -10℃에서도 견디는데, 이는 내동성과 관계 깊은 새로운 단백질이 생성되기 때문이다. 감자는 15일간 저온처리를 해야 내동성이 생기고, 따뜻한 곳에서 24시간 경과하면 내동성이 상실된다. 이는 마치 과수의 겨울눈은 내동성이 강하지만 봄에 휴면이 타파된 후에는 0℃ 부근의 온도에서도 동해를 받는 것과 같다.

## 17 정답 ④

토양오염은 대기오염·수질오염과 밀접하게 연관되어 있어 대기나 수질을 오염하는 물질이 토양에 퇴적하여 토양을 오염시키며, 그 밖에 고형폐기물이 토양을 오염시키는 경우가 많다. 고형폐기물에는 산업폐기물, 건축 폐자재, 생활폐기물, 음식물 찌꺼기 등이 있다.
한편, 경작지 토양의 경우 일반적인 토양 오염원은 물론 무분별한 농약과 화학비료 사용이 토양을 오염시키고, 농업용 비닐과 같은 농업자재가 토양을 오염시키기도 한다.
토양오염물질로는 카드뮴(Cd), 구리(Cu), 아연(Zn), 비소(As) 등과 같은 중금속이 큰 비중을 차지하고 있다.

## 18 정답 ④

꽃 분열조직의 발달은 눈 정단조직으로부터 꽃 분열조직으로 수송되는 옥신에 의하여 조절된다. 이들 조직으로부터의 옥신 수송은 잎의 개시와 잎의 출현패턴, 즉 잎차례도 조절한다.

## 19 정답 ④

GA가 성 결정에 미치는 영향은 종에 따라 차이가 난다.
옥수수에서는 GA가 수술의 발달을 억제하여 암꽃만 형성시킨다.
반면, 오이·대마·시금치에서는 지베렐린을 처리하면 수꽃의 형성이 촉진되고, GA생합성 억제제를 처리하면 암꽃의 형성이 촉진된다.

## 20 정답 ①

지방을 많이 함유하고 있는 종자는 발아하는 데 필요한 양분을 지방에서 얻는다. 저장지방은 리페이스(lipase)의 작용에 의해 글리세롤(glycerol)과 지방산으로 분해된다. 글리세롤은 다이하이드록시아세톤인산(dihydroxyacetonephosphate)으로 전환된 다음 TCA회로에 합류된다. 지방산은 일부 기관을 형성하기 위한 인지질(phospholipid)이나 당지질(glycolipid)의 합성에 사용되기도 하지만, 대부분 당으로 전환된 다음 생장에 재이용된다. 지방산은 산화과정을 거쳐 아세틸 CoA(acetyl-CoA)로 전환된다. 아세틸-CoA는 다음과 같은 글리옥실산(glyoxylic acid)회로를 통해서 당과 지방산으로 전환된다.

1) 글리옥시솜(glyoxysome)에서 시트르산(citric acid), 말산(malic acid), 숙신산(succinic acid)으로 전환됨.
2) 미토콘드리아에서 숙신산이 말산으로 전환됨.
3) 역해당과정에 의하여 말산이 당으로 전환됨.
4) 전색소체(前色素體; proplastid)에서 시트르산이 지방산으로 전환됨.

작물생리학 동형모의고사 400

# 작물생리학 13회 정답 및 해설

| 01 | 02 | 03 | 04 | 05 | 06 | 07 | 08 | 09 | 10 |
|----|----|----|----|----|----|----|----|----|----|
| ② | ② | ② | ④ | ① | ③ | ② | ④ | ③ | ④ |
| 11 | 12 | 13 | 14 | 15 | 16 | 17 | 18 | 19 | 20 |
| ② | ④ | ③ | ② | ② | ① | ③ | ① | ③ | ④ |

## 01 정답 ②

수분이 뿌리의 표피로부터 내피까지 이동하는 데는 두 경로, 즉 아포플라스트(apoplast)와 심플라스트(symplast)를 통하여 이루어진다.

아포플라스트경로란 어느 막도 통과하지 않고 식물의 죽어 있는 부위인 세포벽과 세포간극을 통하여 수분과 용질을 한 세포에서 다른 세포로 이동시키는 것을 뜻한다.

아포플라스트를 통한 물의 이동은 카스파리대(Casparian strip)에 의하여 방해를 받는다. 카스파리대는 내피에서 왁스(wax)와 비슷한 소수성 물질인 수베린(suberin)이 구형 세포벽에 집적된 띠[대(帶); strip]이다. 그러므로 내피를 우회하여 운반된 모든 분자는 원형질막을 통과하여 세포질로 들어가야만 한다.

## 02 정답 ②

색소체(色素體; plastid)는 광합성, 그리고 다양한 물질의 저장 및 세포의 구조와 기능에 필요한 물질의 합성을 담당하는 기관이다. 색소체는 동심원의 2중막으로 둘러싸여 있으며, 2중막의 내막과 외막은 조성·구조·기능이 각각 다르다.

색소체는 매우 다양하게 분화하고 또한 탈분화하는 성질을 지니고 있다. 모든 색소체는 발육상으로 전색소체(前色素體; proplastid)로부터 유래한다. 전색소체는 어린 분열조직 세포에 약 20여 개가 존재하며, 내부 막계의 발달이 빈약하다. 전분체(澱粉體; amyloplast)는 색소가 없는 색소체로서 녹말입자로 채워져 있다. 백색체(白色體; leucoplast)는 무색의 색소체로서 정유에 함유되어 있는 모노테르펜(monoterpene)의 생성에 관여한다. 황백화색소체(etioplast)는 전색소체가 엽록체로 발달하는 과정에서 광이 부족하여 발달이 정지된 색소체이다. 잡색체(雜色體; chromoplast)는 황색·주황색·적색 등의 색소를 갖고 있는 색소체로서 꽃과 과일의 색깔을 결정한다. 전색소체에 빛이 조사되면 엽록체(chloroplast)로 분화된다. 고등식물의 엽록체는 평면 또는 양면 볼록렌즈 모양이며, 지름과 두께가 각각 5~10μm와 2~3μm이다. 성숙한 엽록체의 외막과 내막의 두께는 약 7nm이고, 막 사이의 공간은 4~70nm이다. 내막의 안쪽 공간은 스트로마(stroma)이고, 스트로마에는 매우 복잡한 틸라코이드(thylakoid)막계가 발달되어 있다. 틸라코이드막으로 둘러싸인 공간이 내강(內腔; lumen)이다. 틸라코이드막이 10~100겹으로 쌓여 있는 부분이 그라나(grana)이며, 그라나는 하나의 엽록체 내에 40~60개가 있다. 틸라코이드에는 엽록소, 적황색 색소, 단백질 및 빛 에너지를 이용하여 NADPH와 ATP를 생성하는 전자전달계가 존재한다. 색소체는 고리형의 2중가닥 DNA 분자를 포함하고 있어 유전적으로 반자치적인 특성을 지니고 있다.

## 03 정답 ②

산소를 이용하지 않고 유기물을 분해해서 $CO_2$, 알코올 또는 유기산을 생성하는 현상을 무기호흡 또는 혐기성 호흡이라고 하는데, 이 과정은 미생물이나 효소에 의하여 일어나는 일이 많으므로 발효(醱酵; fermentation)라고도 한다.

## 04 정답 ④

$C_4$식물은 특수한 조직배열이 있는 크란츠해부구조(Kranz anatomy)를 가진다. 즉, 세포간극이 작고 각 유관속(維管束)은 현저하게 발달된 유관속초세포(bundle sheath cell)로 둘러싸여 있으며, 엽육세포(mesophyll cell)와 엽맥 주위의 유관속초세포에 각각 엽록체를 갖고 있다. 유관속초세포에는 보통 그라나가 없고 다수의 전분립을 가진 큰 엽록체가 들어 있으며, 엽육세포에는 그라나가 있고 전분립이 없는 작은 엽록체가 들어 있다.

## 05 정답 ①

**※ 크렙스회로**

산소가 충분히 존재할 때 해당과정에 의하여 생성된 피루브산은 산화적으로 탈탄산화되어 acetyl CoA(acetyl coenzyme A)가 된다. 이 반응은 대단히 복잡하며, 적어도 5종의 필수적인 보조인자와 일군의 복합요소가 존재해야 한다.

acetyl CoA의 형성에 필요한 5종의 보조인자는 thiamine pyrophosphate(TPP), Mg이온, $NAD^+$, coenzyme A 및 리포산(lipoic acid)이다.

acetyl CoA는 해당과정과 크렙스회로를 연결시키는 역할을 한다. 즉, acetyl CoA는 물분자의 도움으로 크렙스회로의 최종산물인 옥살초산(oxaloacetic acid)과 결합하여 시트르산(citric acid)을 형성하고, CoA를 유리한다. 이와 같이하여 일련의 탈탄산, 탈수소, 가수화, 탈수소작용에 의하여 그림 5-5와 같은 경로를 거쳐 최후에 옥살초산이 재생된다.

시트르산은 시스아코니트산(cis-aconitic acid)과 아이소시트르산(isocitric acid)이 되고 NADH+H$^+$가 생긴다.
옥살숙신산(oxalosuccinic acid)은 탈탄산작용을 받아 $CO_2$와 2개의 수소를 이탈시키면서 succinyl CoA를 거쳐 숙신산(succinic acid)이 생기게 된다. 이 과정에서 인산화반응으로 한 분자의 ATP가 생긴다. 숙신산은 2개의 수소가 이탈되어 푸마르산(fumaric acid)이 된다. 푸마르산에 물분자가 가해져서 말산이 형성된다. 말산은 2개의 수소가 이탈되어 다시 옥살초산이 형성된다. 이것이 또 acetyl CoA와 결합하여 다시 같은 회로를 되풀이한다. 이러한 과정을 통하여 물과 $CO_2$로 완전히 산화된다.
이 회로는 가장 중요한 중간생성물이 시트르산이므로 시트르산회로(citric acid cycle) 또는 TCA회로(tricarboxylic acid cycle)라고 부른다. 또한, 이 회로를 밝히는 데 공헌한 Hans Krebs의 이름을 따서 크렙스회로(Krebs cycle)라고 불린다.
피루브산(pyruvic acid)은 이 회로를 통하여 산화될 때 3분자의 $CO_2$를 방출하고 3분자의 물이 가해져서 10개의 수소를 잃게 되는데, 그중 8개의 수소는 NAD에 전하여 8개의 NADH를 생성하고 2개의 수소는 플라빈효소(FAD)에 의하여 제거되어 2개의 $FADH_2$를 생성한다.

## 06 정답 ③

라이신(lysine), 트레오닌(threonine) 및 메티오닌(methionine)은 아스파라진산(aspartate)에서 유래하며, 엽록체 등의 색소체에서 합성된다. 트레오닌의 탄소골격은 모두 아스파라진산에서 제공된다. 모든 아스파라진산 유래 아미노산 생합성의 첫 번째 개입단계는 아스파라진산이 aspartate kinase에 의해 인산화되어 아스파라진산-4-인산이 생성되는 반응이다.
아스파라진산-4-인산은 2회의 환원반응과 1회의 인산화반응을 거쳐 호모세린-4-인산이 된다. 트레오닌은 threonine synthase가 진행하는 호모세린-4-인산의 탈인산화와 수산기(水酸基)의 재배열 반응에 의하여 생성된다.
라이신은 아스파라진산-4-인산의 첫 번째 환원반응 산물인 아스파라진산-4-세미알데하이드와 피루브산의 축합반응에 의하여 트레오닌 생합성 경로에서 분기하고, 이후 여러 단계의 반응을 거쳐 생성된다.
메티오닌은 트레오닌 생합성 단계의 마지막 중간대사 산물인 호모세린-4-인산에 시스테인의 황이 전이되는 반응과 이후 methionine synthase에 의한 메틸기 전이반응을 거쳐 생성된다.

## 07 정답 ②

식물이 저장하는 탄수화물은 주로 전분이다. 저장전분(貯藏澱粉)은 저장기관에 전류해 온 당류가 다시 그 조직 안에서 전분으로 합성된 것이며, 동화전분(同化澱粉; assimilation starch)과 비교하여 전분립이 대단히 크고 또 작물의 종류에 따라 특유의 형상을 나타낸다. 저장탄수화물로서 전분 이외에 가용성인 탄수화물이 축적되는 일도 있는데, 사탕수수에서는 줄기에, 사탕무에서는 뿌리에 다량의 자당이 저장되고, 과수의 과실에는 포도당이나 과당과 같은 단당류가 축적된다. 저장단백질은 밀의 곡립, 아주까리의 종자 등에 함유되어있고, 저장지방은 종자나 열매 등에 많이 함유되어 있다.
유채·땅콩·아주까리·콩 등의 지방종자를 형성하는 작물에서는 종자의 배유 또는 떡잎[자엽]의 조직 속에 지방이 저장되며, 이 지방은 수확의 대상으로 된다.
지방의 저장은 저장조직의 발달에 의하여 일어난다. 종자 내의 지방함량은 개화 후 40일경까지는 현저한 증가를 나타내고, 50일경에 최고에 도달한다. 지방종자에서는 동화기관으로부터 전류해 온 당류가 종자 내부에서 지방으로 변화하여 축적된다. 콩과작물 종자에는 탄수화물보다 단백질과 지방이 훨씬 많이 저장된다. 단백질은 아미노산의 형태로 전류되어 저장기관에서 합성되고, 지방은 당류로 전류되어 종자의 내부에서 지방으로 합성되어 축적된다.

## 08 정답 ④

* 단순단백질

단순단백질(單純蛋白質; simple protein)은 가수분해되었을 때에 오직 아미노산만을 생성하는 단백질이다. 단순단백질은 주로 용해성을 기준으로 분류된다.
1) 알부민(albumin) : 물이나 낮은 농도의 염류용액에 녹고, 열을 가하면 응고한다. 보리의 β-amylase는 알부민의 좋은 예이다.
2) 글로불린(globulin) : 물에 불용성이거나 약간 녹고, 낮은 농도의 염류용액에 녹으며, 열을 가하면 응고한다. 종자의 저장단백질로서 존재한다.
3) 글루텔린(glutelin) : 중성용액에는 녹지 않으나 약산이나 알칼리성 용액에는 녹는다. 주로 화곡류의 종자 속에 존재하며, 밀의 글루테닌, 벼의 오리제닌(oryzenin) 등이 좋은 예이다.
4) 프롤라민(prolamin) : 물에는 녹지 않으나 70~80% 알코올에 녹는다. 이들 단백질이 가수분해되면 비교적 다량의 프롤린(prolin)과 암모니아가 생성된다. 식물체에 존재하는 프롤라민으로는 옥수수의 제인, 밀이나 호밀의 글리아딘(gliadin), 보리의 호르데인(hordein) 등이 있다.
5) 히스톤(histone) : 아르지닌(arginine)이나 라이신(lysine)과 같은 아미노산이 많고, 물에 녹는다. 이들 단백질은 세포핵에 다량 존재하며 염색체의 뉴클레오좀 입자를 형성한다.

6) 프로타민(protamine) : 물에 녹고, 히스톤과 같이 세포핵에 존재하며, 핵산과 관련되어 있다. 이들 단백질에는 아르지닌이 많고 타이로신(tyrosine)이나 트립토판(tryptophan)과 같은 아미노산은 없다.

## 09 정답 ③

폴리펩타이드사슬의 신장은 리보솜의 A자리에 3종류의 종결암호(UAA, UAG, UGA) 중의 하나가 위치하면 종결된다. 종결암호에 대응하는 tRNA는 존재하지 않으며, 대신 유리인자(release factor)가 종결암호가 위치한 A자리에 결합하여 종결을 유도한다.

## 10 정답 ④

대부분의 속씨식물의 체관요소에는 P-단백질체(P-protein body)라는 체관부단백질이 풍부하다. P-단백질은 체관공(sieve plate pore)을 막아 손상을 받는 체요소를 메우는 역할을 한다. 체판 손상을 장기적으로 해결하기 위해 체판공에서 칼로스(callose)가 생성된다. $\beta$-1,3-glucan인 칼로스는 원형질막의 효소에 의해 합성되며, 원형질막과 세포벽 사이에 쌓인다. 칼로스는 상해나 기계적인 자극, 고온과 같은 스트레스, 그리고 휴면과 같은 정상적인 발달 과정에서 합성된다. 체판공에 상처 칼로스가 침적되면 주변의 온전한 조직으로부터 손상받은 체관요소를 효율적으로 차단하며, 체관요소가 손상되면 칼로스가 이들 체판공에서 사라진다.

## 11 정답 ②

지방산의 생합성은 아세틸-CoA를 전구체로 이용하여 탄소 2개를 아실기에 첨가하는 반응을 일반적으로 아실기의 탄소가 16개 또는 18개가 될 때까지 반복적으로 진행하는 과정이다. 식물에서 지방산의 생합성은 색소체에서 진행되며, 진행과정은 대장균에서와 유사하다.

지방산의 생합성을 촉매하는 ACCase는 biotin carboxylase, biotin carboxyl carrier protein(BCCP), carboxyltransferase의 3가지 기능 영역을 갖고 있다.

FAS는 ACCase활성을 제외한 지방산 생합성의 모든 효소활성을 의미하며, Ⅰ형 및 Ⅱ형 FAS가 있다. 아실운반단백질(acyl carrier protein)은 약 80개의 아미노산으로 된 작은 단백질이며, 펩타이드 중앙부의 세린 잔기에 공유 결합된 보결분자단인 인산판테테인(phosphopantetheine)을 갖고 있다. 인산판테테인의 말단에 있는 설프하이드릴(-SH)기에 지방산이 결합한다.

지방산의 생합성은 ①아세틸-CoA의 탄산화에 의한 말로닐-CoA의 생성(ACCase), ②말로닐-CoA와 ACP의 결합에 의한 말로닐-ACP의 생성(malonyl-CoA : ACP transacylase), ③아세틸-CoA와 말로닐-ACP 간의 1 : 1 축합에 의한 케토아실(3-케토부티릴)-ACP의 생성(3-ketoacyl-ACP synthase), ④케토아실-ACP의 케토기의 환원(3-ketoacyl-ACP reductase, KAS), ⑤탈수효소에 의한 이중결합의 도입(3-ketoacyl-ACP dehydratase), ⑥환원효소에 의한 이중결합의 환원(2,3-trans-enoyl-ACP reductase), 그리고 아실기 간의 축합(부티릴-ACP와 말로닐-ACP)에 의해 탄소 2개가 첨가된 케토아실기의 생성(3-ketoacyl-ACP synthase) 등의 순으로 진행된다.

## 12 정답 ④

아포플라스트경로를 통한 이동의 경우 당이 체요소와 반세포의 원형질막에 위치하면서 에너지에 의하여 추진되는 선택적인 수송단백질에 의하여 아포플라스트로부터 이들 체관부 세포로 능동적으로 적재된다.

제2차수송 과정에서 화학퍼텐셜 구배에 역행한 용질의 이동은 ATP가수분해에 의하여 직접적으로 일어나지 않고 간접적으로 제1차수송에서 ATPase에 의하여 이루어진 양이온 구배에 의하여 일어난다.

아포플라스트에서 양이온이 높고 평형을 유지하려는 경향은 양이온을 심플라스트로 확산하게 한다. 아포플라스트의 pH가 높으면($H^+$농도가 낮으면) 외부의 자당이 체요소와 반세포로 잘 흡수되지 않는다. 이러한 효과는 아포플라스트의 양이온 농도가 낮은 경우 심플라스트의 양이온 확산 및 자당-$H^+$ 공동수송 단백질의 추진력이 감소하기 때문이다. 특정 운반체분자는 자당을 운반하게 하며, 이러한 종류의 운반을 자당/양이온 공동수송(共同輸送; symport, contrantsport)이라고 한다. 이와 같은 능동적 체관부적재는 체관부 전류기구에 중요한 역할을 한다.

## 13 정답 ③

공생적 질소고정에는 식물의 대사와 발달의 변형을 유도하는 다수의 Nod유전자, 감염사의 성장과 분화 및 세균상체(細菌狀體; bacteroid)의 대사와 질소고정 등에 필요한 다수의 유전자의 단계적 발현이 필요하다. 세균이 생성한 Nod인자는 식물의 근모세포의 분극화나 칼슘이온의 유출 등의 변화를 유도하여, 결과적으로 세포골격의 재조정과 세포 내 칼슘구배의 재배치가 일어나도록 한다. 옥신·사이토키닌·에틸렌 등의 호르몬이 뿌리혹의 형성과정을 조정하는 신호로 작용한다. 특히, 에틸렌은 일부 콩과식물의 뿌리혹형성과 특이적으로 연계되어 있다.

공생적 질소고정에서는 질소는 질소고정효소(nitrogenase)의 촉매작용으로 암모니아로 환원된다. nitrogenase는 몰리브덴과 철을 함유하는 이질4체 복합체(Mo-Fe단백질) 하나에 철을 함유하는 동질2합체(Fe단백질) 2개가 양쪽에 하나씩 결합되어 있다. 질소의 고정은 Mo-Fe단백질 복합체에서 진행되며, 질소고정에 필요한 환원에너지는 철단백질로부터 공급받는다. Mo-Fe단백질과 철단백질은 결합과 해리를 반복적으로 진행하면서 전자를 전달한다. nitrogenase는 산소분자에 의해 비가역적인 저해를 받는다. 따라서, 식물체 내에서는 산화적 ATP합성이 가능하면서도 nitrogenase의 활성을 저해하지 않는 정도의 약한 호기적 환원 환경을 조성하여 뿌리혹 내의 산소농도를 낮게 유지한다. 뿌리혹 내의 산소농도가 낮게 유지되는 데 기여하는 주요한 요소는 뿌리혹 유조직의 산소투과 장벽, 산소결합 식물단백질인 뿌리혹 헤모글로빈(leghemoglobin) 및 산소를 소비하는 세균의 호흡 등이다.

## 14 정답 ②

고복사조도반응(high-irradiance response, HIR)에는 떡잎 확장, 마디사이 신장, 개화유도 등이 있다. HIR가 일어나기 위해서는 비교적 높은 복사조도의 광에 장기간 또는 지속적으로 노출되어야 하며, 반응이 포화되어 광을 더 비추어도 더 이상의 효과가 나타나지 않을 때까지 반응은 일정 범위의 강도에 비례한다.

**고복사조도에 의해서 유도되는 일부 식물의 광형태형**

| 구분 | 광형태형성 반응 |
|---|---|
| 여러 쌍떡잎 유식물 및 사과껍질 | 안토시아닌 합성 |
| 겨자, 상추, 그리고 피튜니아 유식물 | 하배축 신장의 저해 |
| 사리풀(Hyoscyamus) | 개화 유도 |
| 상추 | 유아의 후크 열림 |
| 겨자 | 떡잎의 확장 |
| 수수 | 에틸렌 생산 |

## 15 정답 ②

배의 생장은 ①배를 구성하고 있는 세포들의 신장, ②유아와 유근을 연결하는 역할을 맡은 배축(胚軸; embryonic axis)의 형성과 생장, ③유아나 유근의 분열조직에서 새로운 세포의 생성에 따른 형태적 변화과정을 통해 유식물체 형성으로 이어진다.

## 16 정답 ①

유식물은 생장하는 방법에 따라 두 가지 형으로 구별된다. 그 중 하나는 하배축(下胚軸; hypocotyl)이 신장하여 떡잎이 지표로 나타나는 형(강낭콩)이고, 다른 하나는 하배축은 거의 신장하지 않고 떡잎과 유아 사이의 상배축(上胚軸; epicotyl)이 신장하여 유아가 지표에 나오는 형(잠두, 쌍떡잎식물)이다.

**지상 및 지하 자엽형 식물의 예**

| 구분 | 지하 자엽형 | 지상 자엽형 | 구분 | 지하 자엽형 | 지상 자엽형 |
|---|---|---|---|---|---|
| 배유 식물 | 밀<br>옥수수<br>보리<br>자주닭개비 | 피마자<br>메밀<br>마디풀<br>양파 | 무배유 식물 | 상추<br>완두<br>붉은 강낭콩 | 덩굴 강낭콩<br>오이<br>땅콩 |

## 17 정답 ③

식물은 생장하고 있는 환경에서 주어지는 많은 종류의 생물적, 비생물적 스트레스에 반응한다. 많은 종류의 2차대사 산물은 식물이 받는 다양한 스트레스에 반응하여 적응하는 과정에서 중요한 역할을 수행한다.

**1차대사와 2차대사의 주요 특성 비교**

| 구분 | 주요 특성 |
|---|---|
| 1차대사 | 개체의 성장과 발달을 담당함.<br>필수적, 보편적, 획일적, 보존적 특성을 지님.<br>대사과정에 관여하는 유전자는 필수기능을 엄격하게 조절함. |
| 2차대사 | 개체의 환경과의 상호작용을 담당함.<br>개체의 생장과 발달에는 비필수적이나 환경에서의 생존에 필수적임.<br>특이적이고 다양하며 적응하는 특성을 지님.<br>대사과정에 관여하는 유전자는 가변적인 환경의 선발압력을 받는 기능을 유연하게 조절함. |

2차대사물질 중에는 식물호르몬이나 신호전달물질과 같이 필수적인 기능을 수행하는 경우도 있다. 2차대사물질 중 어떤 종류는 1차적 기능과 2차적 기능을 동시에 수행하기도 한다.

## 18 정답 ①

1차휴면이 타파된 종자 또는 원래 휴면이 없는 종자가 발아에 부적당한 환경에 일정 기간 부딪치면 휴면에 들어가는 현상을 2차휴면(二次休眠; second dormancy)이라고 한다.

발아에 부적당한 환경으로는 고온·저온·습윤·건조·암흑·광·산소부족 등이 있다. 이산화탄소($CO_2$)는 고농도에서는 억제적으로 작용하는 경우가 많으나 저농도에서는 식물 종에 따라 촉진 또는 억제적으로 작용한다.

마디풀(Polygonum aviculare)의 종자는 겨울철 저온에 의하여 휴면이 타파되고 봄철에 발아하는데, 초여름 이후 발아적온보다 약간 높은 고온에서는 다시 2차휴면에 들어간다. 2차휴면은 실험실 내에서도 종자를 고온상태에서 높은 $CO_2$ 농도에 보관하면 유도된다. 뚝새풀 종자의 2차휴면은 저온, 무산소 상태에서 유기되고, 고온, 무산소 상태에서 타파된다. 돌피 종자는 20~30℃의 온도에서도 무산소 상태가 되면 2차휴면에 들어간다.

## 19  정답 ③

분열조직에서 새롭게 생성된 세포들은 체적이 지속적으로 커진다. 세포신장이 활발하게 이루어지는 부위를 신장대(elongation zone)라고 하는데, 뿌리에서는 생장점 바로 위, 줄기에서는 바로 밑에 위치하고 있다.

세포가 확대되려면 적당한 팽압과 함께 세포벽 신장이 필수적이다. 세포벽은 가소성(plasticity)의 증가로 유연해지며, 세포가 확대될 때에는 가소성이 커진다. 세포벽의 가소성은 낮은 pH와 옥신에 의하여 증가한다고 알려져 있다. 즉, 옥신이 세포막에 있는 ATPase의 활성을 증가시켜 세포벽 쪽으로 $H^+$를 방출시킴으로써 세포벽의 pH를 낮춘다. 세포벽 내의 $H^+$가 증가하면 세포벽 구성물질 간의 수소결합이 약해져서 세포벽이 느슨해진다. 이와 같이 생장에 필수적인 세포벽의 가소성 증가가 세포벽의 산성화에 의하여 일어난다고 하여 이를 산생장설(acid growth theory)이라고 한다.

세포벽이 유연해지면서 수분이 흡수되면 팽압이 증가하고 세포는 확대생장을 한다. 세포벽의 유연성과 세포의 팽압 증가와 함께 새로운 물질이 합성되고 보충되어야 세포가 생장한다. 식물세포의 생장에는 액포(液胞; vacuole)의 발달이 수반되는 것이 특징이다. 세포의 생장방향 결정은 미세소관의 배열과 밀접한 연관이 있다. 미세소관은 세포의 생장방향과는 수직으로 배열된다.

## 20  정답 ④

토양수분은 뿌리의 생장과 분포에 영향을 미친다. 대체로 뿌리는 토양수분이 충분하면 지표면 가까이 분포하는 반면, 부족하면 깊게 분포한다. 토양의 산소와 이산화탄소 농도 또한 뿌리의 생장에 영향을 미친다. 특히, 토양산소는 뿌리의 생장, 양분의 능동적 흡수, 토양미생물의 활성화, 무기원소의 유효도 등에 영향을 미친다. 토양산소는 대기 중 산소농도의 1/3이면 뿌리의 생장에 적절한 것으로 알려져 있다. 한편, 벼와 같은 담수적응 작물은 통기조직이 잘 발달되어 있어 산소가 부족한 조건에서도 잘 적응한다.

토양산도·토양입자·토양밀도 등도 뿌리의 생장에 영향을 미친다. 토양산도는 pH 5~8 범위가 적당하며, 이 범위를 벗어나면 여러 가지 생리장해현상이 나타난다. 토성(土性)도 생장속도에 영향을 미친다. 일반적으로 사질토양의 경우 생장속도가 빠른 반면에 조직이 치밀하지 못하고 노화가 촉진되는 경향을 보인다.

작물생리학 400
동형모의고사

| 01 | 02 | 03 | 04 | 05 | 06 | 07 | 08 | 09 | 10 |
|---|---|---|---|---|---|---|---|---|---|
| ② | ④ | ④ | ③ | ② | ① | ③ | ② | ① | ③ |
| 11 | 12 | 13 | 14 | 15 | 16 | 17 | 18 | 19 | 20 |
| ④ | ③ | ④ | ① | ② | ③ | ② | ④ | ② | ③ |

## 01 정답 ②

잎에 도달하는 광은 대개 혼합광으로 다양한 파장이 섞여있는 형태이다. 일반적으로 특정 파장의 광은 식물의 생장에 독특한 영향을 끼친다. 식물의 생육에는 390~760nm의 가시광선이 중요한 역할을 한다. 보통 400~700nm의 광선을 광합성유효광(光合成有效光; photosynthetically active radiation, PAR)이라고 부르는데, 이 가운데 광합성에 가장 효과적인 파장은 650~680nm의 적색광과 430nm 부근의 청색광이다.

파장 400~450nm의 청색광 또한 식물의 생장에 큰 영향을 미친다. 특히, 청색광은 굴광반응, 마디의 신장생장 등에 관여하는 것으로 알려져 있다. 자외선은 200~400nm 파장 영역으로 UV-A (320~400nm), UV-B (280~320nm), UV-C (200~280nm)로 나누어진다. UV-A는 플라보노이드와 각종 색소의 합성에 관여하고, UV-B와 UV-C는 DNA 구조를 변화시킬 수 있어 식물의 생장에 해롭게 작용한다.

장파장(750nm)의 빛은 광합성에는 효과적이지 못하나 광형태형성 유도에는 중요한 신호로 작용하며, 작물체온의 상승효과가 크다. 적외선은 중배축(mesocotyl)의 신장을 촉진시킨다. 특히, 군락상태에서 초관 하부에는 원적색광의 비율이 높아 웃자라기 쉽다.

## 02 정답 ④

### ✱ 저플루언스반응

파이토크롬 유도반응 중 어떤 것은 플루언스가 $1.0\mu mol\ m^{-2}$에 도달할 때까지 개시될 수 없으며, $1,000\mu mol\ m^{-2}$에서 포화된다. 저플루언스반응(low-fluence response, LFR)은 상추 종자 발아와 잎 운동의 조절과 같은 대부분의 적색광/원적색광 광가역적 반응에서 볼 수 있다.

VLFR와 LFR 모두 빛의 연속적인 짧은 섬광에 의해서 유도될 수 있다. 이는 광에너지의 총량이 합산되어 필요한 플루언스에 도달되면 반응이 유도된다는 것을 의미한다. 총플루언스는 플루언스율($\mu mol\ m^{-2}s^{-1}$)과 조사시간(照射時間)이라는 두 요인의 함수이다. VLFR와 LFR은 상보성의 법칙을 따른다. 즉, 반응의 정도(발아율 또는 하배축 신장 저해율 등)는 플루언스율과 조사시간의 곱에 의존적이다.

### ✱ 고복사조도반응

고복사조도반응(high-irradiance response, HIR)에는 떡잎 확장, 마디사이 신장, 개화유도 등이 있다. HIR가 일어나기 위해서는 비교적 높은 복사조도의 광에 장기간 또는 지속적으로 노출되어야 하며, 반응이 포화되어 광을 더 비추어도 더 이상의 효과가 나타나지 않을 때까지 반응은 일정 범위의 강도에 비례한다.

### 고복사조도에 의해서 유도되는 일부 식물의 광형태형성 반응

| 구분 | 광형태형성 반응 |
|---|---|
| 여러 쌍떡잎 유식물 및 사과껍질 | 안토시아닌 합성 |
| 겨자, 상추, 그리고 피튜니아 유식물 | 하배축 신장의 저해 |
| 사리풀(Hyoscyamus) | 개화 유도 |
| 상추 | 유아의 후크 열림 |
| 겨자 | 떡잎의 확장 |
| 수수 | 에틸렌 생산 |

## 03 정답 ④

종자의 저장기관과 발아율과의 관계를 비교하였을 때, 일반적으로 모든 종자는 오래된 것일수록 발아율이 감소할 뿐만 아니라 발아가 지연되고 생육이나 수량도 떨어진다. 그러나 오랜 저장연수를 경과한 종자라도 저장법이 완전하여 왕성한 발아력을 가질 때에는 발아 후의 생장도 새 종자와 비슷하다. 종자의 저장기관과 발아 후의 발육, 특히 추대(抽薹; bolting), 개화 등과의 관계를 보면 열무・시금치・완두・토마토・오이 등의 종자는 오래될수록 활력이 저하되고 생장력이 약한 식물이 되어 추대, 개화가 지연되는 경우가 많다.

종자가 오래되어 활력이 저하되면 여러 가지 변화가 생긴다. 예를 들면, 다당류가 분해되어 단당류가 늘고, 이에 따라 종자 함수량이 증가하고 종피의 투과성이 높아져서 여러 가지 전해질이 용출되기 쉽게 한다. 또한, 호흡률, 단백질 합성률 및 당 이용률 등이 저하되고, 여러 가지 효소의 활성도 떨어지게 된다.

## 04 정답 ③

세포를 죽음에 이르도록 하는 과정은 크게 3가지로 나뉜다. 첫째는 계획된 세포의 죽음(programmed cell death, PCD)으로 예정된 노화과정이다. 둘째는 괴사(壞死; necrosis)로서 냉해, 상처 및 미생물의 침입 등과 같이 갑자기 발생하는 외부요인에 의해 일어나는 과정이다. 셋째는 만성적인 퇴행으로 시간이 경과함에 따라 점차 치명적인 손상이 누적되면서 나타나는 과정으로, 이것이 곧 진정한 의미에서의 노화이다.

예를 들면, 배양세포가 시간이 지나면서 점차 분열능력을 잃어가거나 저장된 종자가 시간이 지남에 따라 생존능력을 점차 잃어가는 것 등은 노화에 해당된다.

PCD는 손상을 받아 제대로 작용하지 못하는 특정 세포를 식물체 스스로가 선택적으로 제거하기 위해서 다양한 분해효소의 작용에 의하여 세포를 죽게 하는 과정으로서, 유전적인 통제를 받는 발달과정의 일환이다. 그러나 괴사는 발달과는 무관한 과정으로, 핵산분해효소나 단백질분해효소의 작용도 필요하지 않고 유전자의 통제도 받지 않는다. PCD는 세포의 질병이 다른 부분으로 퍼져 나가는 것을 막는 데 도움을 주지만, 괴사에 의한 세포의 죽음은 죽은 세포 구성성분이 인접한 다른 세포에 영향을 미치기 때문에 병원균이 건강한 부분으로 퍼져 나가는 것을 막지 못한다.

## 05 정답 ②

단위엽면적당 광합성능력은 작물·품종·생육기·엽록소·무기양분·수분함량 등 작물의 내적 요소와 온도·광도·이산화탄소(탄산가스) 농도 등 환경요소에 따라 다르다. 그러므로 포장에서는 우량품종의 선택과 재배시기, 재식밀도, 시비방법 등 재배방법의 개선으로 광합성능력을 향상시키면 수량을 증가시킬 수 있다.

작물에 따라 광합성에 알맞은 온도가 다르다. 벼·옥수수·콩 등 여름작물은 생육적온이 25~30℃이므로 일찍 재배하면 봄에 늦서리 피해를 받거나 유묘기에 냉해를 받기 쉽고, 늦게 재배하면 가을에 첫서리 피해를 받거나 등숙이 불량하기 쉬우므로 알맞은 시기에 재배해야 한다. 일반적으로 종실작물을 조식재배 하면 온도가 높고 일장이 긴 시기에 개화하여 등숙기간에 광합성량이 많아 수량이 증가한다.

호냉성(好冷性) 작물은 온도가 높으면 오히려 생육에 불리하므로 여름이 되기 전에 수확하거나 여름이 지난 후에 재배한다. 즉, 감자는 20℃ 이상에서는 광합성보다 호흡이 우세하여 괴경이 잘 비대하지 않으므로 여름에 온도가 높은 평야지에서는 봄에 일찍 파종하여 온도가 아주 높아지지 않은 6월 하순~7월 중순 이전에 수확하거나 가을에 재배하지만, 여름에도 온도가 크게 높지 않은 강원도 산간에서는 봄에 심어 가을에 수확하므로 높은 수량을 올릴 수 있다.

## 06 정답 ①

감자의 괴경형성을 촉진하는 단일조건에서 함량이 증가하는 괴경형성 유도물질인 튜버론산(tuberonic acid)은 자스몬산의 유도체이다. 튜버론산은 단일처리를 한 잎에 다량으로 축적되고 있지만, 장일처리를 한 잎에서는 미량 존재한다.

## 07 정답 ③

AA 처리에 의해 에틸렌의 생성이 증가한다. IAA 처리에 의해서 증가하는 몇 종류의 ACC synthase가 밝혀져서 옥신에 의한 에틸렌의 생성 증가가 부분적으로는 ACC synthase 증가 때문이라고 추정한다. 따라서, 옥신의 작용이라고 여겨졌던 반응의 일부는 실제로 옥신에 의해 생산되는 에틸렌에 의해 매개된다는 것이 밝혀졌다.

## 08 정답 ②

2년생 작물은 1년 이내에 채종하려고 할 경우나 월동 1년생 채소작물을 봄에 파종한 후 채종하려고 할 때 춘화현상을 응용할 수 있다. 예를 들면, 배추를 봄에 파종하면 영양생장기간이 길어지고 생식생장이 나쁘며, 개화기의 고온으로 인한 불임이 많아 채종이 곤란하지만, 종자를 춘화처리 하여 봄에 파종하면 개화기가 촉진되어 채종이 가능하다. 추파성 작물을 봄에 파종하여 출수, 등숙시킬 수 있기 때문에 추파성 품종과 춘파성 품종과의 교배가 가능하다.

## 09 정답 ①

광주기성에 영향을 끼치는 광에너지의 양은 매우 적어, 광합성에는 효과가 없을 정도로 약한 조명으로도 장일식물의 개화유도와 단일식물의 개화억제가 이루어진다. 따라서, 날이 흐리거나 비가 오더라도 일장의 장단에는 큰 변동이 없는 것으로 볼 수 있다.

자연상태에서 광과 암의 경계는 어느 정도의 광도인지, 또는 식물이 어떤 광에너지를 경계로 광과 암 상태의 차이를 감지하는지는 많은 사람들의 의문사항이었다. Salisbury(1981)는 도꼬마리에서 일몰과 함께 암기가 시작될 때에는 400~600nm 파장의 광도가 $18~19mW \cdot m^{-2}$보다 높을 때 명기를 연장시킬 수 있으나, 16시간의 암기 중간 2시간 동안에는 $2~18mW \cdot m^{-2}$의 낮은 광도도 암기를 중단시키는 효과가 있음을 확인하였다. 그러나 암기를 중단시킬 수 있을 정도의 낮은 광도도 보름달에서 나오는 $0.9mW \cdot m^{-2}$(400~800nm)의 광도보다는 훨씬 높다.

단일에 의하여 단일식물의 꽃눈분화가 유도되기 위해서는 낮 동안 높은 광도를 필요로 하는 경우가 있다. 이는 낮 동안에 광합성이 왕성해야 한다는 것을 의미하는데, 실제로 낮은 광도의 영향을 설탕이 대체할 수 있다는 보고도 있다. 국화재배에 있어서 낮 동안의 광도가 낮으면 유도일장에 대한 반응이 낮을 뿐만 아니라 개화가 지연되기도 한다.

## 10  정답 ③

과실에 있어서 성숙이란 두 가지 의미로 구분해서 사용해야 할 필요가 있다. 이용 또는 소비 목적에 따라 오이처럼 어느 크기에 도달하면 수확하는 성숙단계(成熟段階)와 이 단계가 지난 후에 색소, 경도(硬度; firmness) 또는 화학적 조성이 변하여 식용에 가장 적합한 시기에 수확하는 후숙단계(後熟段階)가 있다. 재배목적, 시장성 또는 수송여건 등에 따라 성숙단계에서도 수확할 수 있고 후숙단계에서도 수확할 수 있는데, 이들 성숙과정은 이후에 일어나는 노화(老化; senescence)와 엄연히 구별된다.

과실의 성숙과 함께 일어나는 대표적인 변화로는 색소의 변화를 들 수 있다. 보통 엽록소는 감소하고 카로틴(carotene), 라이코펜(lycopene), 잔토필(xanthophyll) 등과 같은 카로티노이드(carotenoid)와 안토시아닌(anthocyanin)이 증가하는데, 두 가지 작용이 동시에 일어나는 것이 일반적이나, 엽록소 분해만으로도 특유의 색깔이 나타나는 바나나와 같은 경우도 있다.

성숙과정에서 대부분의 과실 경도는 감소한다. 전분의 감소와 당분의 증가도 경도감소에 어느 정도 기여하지만, 이보다는 세포의 중층(middle lamella)에서 펙틴질이 분해되어 가용성이 되면서 세포 간 접착능력을 잃게 되는 것이 주요 원인이다. 성숙과정 중에서 과실 내의 성분변화가 많이 일어나는데, 과수류 또는 과채류의 과실에서는 일반적으로 가용성 고형물(soluble solid)이 증가하고 유기산은 감소하며, 과실 특유의 휘발성 향기성분이 만들어진다.

## 11  정답 ④

구조적 내건성은 수분보존형(水分保存型; water saver)과 수분소비형(水分消費型; water spender)으로 구분된다.

수분보존형은 엽면적이 작고 요수량(要水量)이나 증산량이 많지 않으므로 생육초기에 토양수분을 보존하였다가 여름에 건조할 때 이용하여 한해를 지연시키거나 회피할 수 있는 작물이다. 한편, 수분소비형은 증산량은 다른 작물과 비슷하지만 땅속 깊은 곳까지 뿌리를 뻗고 근계발달이 좋아 수분 흡수량을 증가시켜 한발에 잘 견디는 작물이며, 이들은 토양수분이 더욱 부족하여 원형질의 수분함량이 감소되면 장해를 받는다. 이와 같이 내건성을 나타내는 기작은 작물의 종류와 건조의 정도에 따라 다양하다.

## 12  정답 ③

오존은 쉽게 분해되지 않고 반응력이 강하므로 독성이 있는 활성산소(reactive oxygen, ROS)인 peroxide($O_2^{2-}$), superoxide($O_2^-$), singlet oxygen($^1O_2$), 수산기(水酸基; hydroxyl radical, ·OH)로 변하고, 이것이 세포막에 결합하여 세포막 지질의 과산화로 지질을 파괴하거나 단백질의 -SH기를 산화하므로 대사작용을 교란시킨다.

그러므로 작물은 기공의 개폐가 조절되지 않고, 엽록체의 틸라코이드막이나 효소가 영향을 받아 광합성이 저해된다. 작물체 내에서는 글루타티온(glutathione)이 이들과 결합하여 장해를 회피하기도 한다.

오존에 대한 장해 정도는 작물에 따라 다른데 대기 중 오존에 대해 목화가 가장 민감하여 수량감소가 크며, 콩과작물인 땅콩과 콩도 민감한 것으로 알려져 있다. 반면에 볏과작물은 오존에 대한 내성이 높아 겨울밀〈옥수수〈수수 순으로 오존에 대한 내성이 큰 것으로 알려져 있다.

## 13  정답 ④

**✻ 리그닌(lignin)**

리그닌(lignin)은 섬유소 다음으로 가장 풍부한 천연 유기화합물로 유관속(관다발)식물 조직의 20~30%를 차지한다. 리그닌은 리그놀 단량체가 산화중합반응을 통해 단계적으로 중합도가 증가하여 형성된 중합체이다. 리그닌이 축적되어 수목의 2차물관조직이 형성되고 초본식물의 유관속조직이 강화된다.

**✻ 플라보노이드**

플라보노이드의 A와 B 고리에는 페놀성수산기가 있으며, 수산기에 당이 결합된 배당체가 많이 존재한다. 플라보노이드는 단량체·이량체 및 다량체로 존재하며, 흔히 액포에 들어 있다.

## 14  정답 ①

발아중인 종자는 다른 조직이나 기관에 비하여 왕성한 호흡을 한다. 호흡작용에 의하여 생성된 에너지는 유식물의 생장에 필요한 단백질이나 셀룰로스 등의 세포 구성물질 합성에 쓰이지만 대부분은 호흡열로 소실된다. 당류가 호흡원으로 이용될 때 호흡계수(RQ)는 대략 1이지만 지방산이 호흡원일 때에는 0.7이다. 지방이 당으로 변화할 때에는 산소를 흡수하나 이산화탄소를 방출하지 않아서 호흡계수는 0이다.

## 15  정답 ②

물속에서의 발아 양상으로 작물의 산소요구도를 추정할 수 있으며, 수중발아 정도에 의하여 작물의 종자는 다음과 같이 3군으로 나눌 수 있다. 물속에서 발아하지 못하는 식물은 산소요구도가 높고, 물속에서 발아가 크게 저하되지 않는 작물은 산소요구도가 낮은 것으로 볼 수 있다.

1) 물속에서 발아하지 못하는 식물 : 귀리·밀·무·양배추·코스모스·과꽃·후추·가지·파·머스크멜론·메밀·콩·앨팰퍼

2) 물속에서는 발아가 저하되는 식물 : 담배·토마토·흰토끼풀·금강아지풀·석죽·미모사

3) 물속에서도 발아에 이상이 없는 식물 : 상추·당근·셀러리·티머시·켄터키블루그래스·피튜니아

## 16 정답 ③

지하부의 뿌리와 지상부의 잎과 줄기는 서로 밀접한 관련을 맺고 있다. 이는 뿌리가 수분과 양분을 흡수하여 줄기에 공급하기 때문이기도 하지만, 뿌리에서 합성되어 공급되는 아미노산과 식물호르몬이 줄기의 생장에 큰 영향을 끼치기 때문이다. 특히, 뿌리에서 합성되는 ABA와 사이토키닌은 지상부 생장에 큰 영향을 끼친다.

지상부의 잎과 줄기는 광합성 산물은 물론, 비타민과 호르몬을 공급해 주므로 뿌리의 생장에 영향을 미친다. 특히, 지상부에서 공급되는 옥신은 곁뿌리와 근모의 발생을 촉진시킨다.

뿌리와 줄기의 생장은 환경조건에 따라 달라지며, 그에 다라 이들의 비율인 T/R율(top/root ratio) 또는 S/R율(shoot/root ratio)이 변화한다. 온도와 수분이 적당하고 질소가 충분하면 뿌리보다는 지상부의 생육이 더욱 촉진된다. 반면, 질소부족이나 건조, 저온 등의 조건에서는 뿌리의 생장률이 더 높아진다.

## 17 정답 ②

파이토크롬의 한 가지 중요한 기능은 그늘현상을 감지하는 것이다. 그늘 아래에서 식물은 줄기의 생장을 촉진시키는 그늘회피반응(shade avoidance response)을 나타낸다. 그늘이 짙어지면 R : FR 비는 감소한다. 높은 비율의 원적색광이 Pfr를 Pr로 바꾸기 때문에, 총파이토크롬당 Pfr의 비($P_{fr}/P_{total}$)는 감소하게 된다. 양지식물에 원적색광의 비율을 변화시켜 생육시킬 경우, 원적색광의 비율이 높을 때(즉, $P_{fr} : P_{total}$ 비가 낮을 때) 줄기 신장률이 현저히 증가하는 것을 볼 수 있다.

원적색광의 비율이 높을 때(낮은 $P_{fr} : P_{total}$ 비) 식물들은 지상부(줄기신장)로 더 많은 동화산물을 분배한다. 한편, 이러한 상관관계는 음지환경에서 자라는 '음지식물'에서는 뚜렷하지 않다. 높은 R : FR 값에 노출되더라도 음지식물은 양지식물에 비해 줄기의 신장이 크게 감소하지 않는다.

양지식물이나 그늘회피 식물에서 다른 식물에 의해 그늘이 지면 더욱 빨리 신장하도록 자원을 분배하는 것은 생태적 적응 측면에서 볼 때 큰 의미가 있다.

## 18 정답 ④

압류설의 원리를 체관부를 통한 동화물질의 전류와 연관시켜 살펴보면, 공급부위(供給部位; source)의 체요소(sieve element)와 수용부위(受容部位; sink)의 체요소 사이에 발생한 정수압(靜水壓; hydrostatic pressure) 구배(낙차)에 의하여 물이 집단으로 대량 이동하면서 동시에 동화물질이 함께 이동한다.

이때 정수압 구배는 공급부위에서의 체관부적재와 수용부위에서의 체관부하적의 결과로 생긴다.

공급부위에서 에너지에 의하여 추진되는 체관부적재로 인하여 체요소에 당이 축적되므로 용질퍼텐셜($\Psi$s)이 낮아져서 수분퍼텐셜은 크게 감소한다(더 낮은 값). 물은 수분퍼텐셜 구배에 따라 주변 조직으로부터 체요소로 들어감에 따라 팽압($\Psi$p)이 증가한다.

전류과정의 종착점인 수용부위에서 체관부하적은 체요소의 당 농도를 낮게하므로 수용부위의 체요소에서 용질퍼텐셜을 높이게 한다(더 높은 값). 그러므로 체관부의 수분퍼텐셜이 물관부의 수분퍼텐셜보다 높아지므로 물은 수분퍼텐셜 구배에 따라 체관부를 떠나서 수용부위의 체요소의 팽압을 감소시키게 된다. 따라서, 물과 동화물질은 집단류(集團流)에 의하여 팽압이 높은 공급부위에서 팽압이 낮은 수용부위로 운반된다.

## 19 정답 ②

암모니아나 암모니아태질소가 Nitrosomonas속과 Nitrobacter속 세균의 작용으로 아질산이나 질산으로 변화하는 것을 질화작용(窒化作用; nitrification)이라고 한다. 이들 질화세균은 생육에 필요한 에너지를 암모니아 또는 질산염의 산화를 통해 얻으므로 자급영양세균(自給營養細菌; autotrophic bacteria)이라고 한다. Nitrosomonas속 세균은 암모니아를 아질산염으로 전환시키며, 아질산염을 질산염으로 전환하는 데는 Nitrobacter속 세균이 필요하다.

$$NH_4^+ \xrightarrow{Nitrosomonas} NO_2^- \xrightarrow{Nitrobacter} NO_3^-$$

질산염이 아산화질소($N_2O$)와 질소($N_2$)로 전환하는 과정도 역시 여러 가지 토양미생물의 작용으로 진행되는데, 이 과정을 탈질작용(脫窒作用; denitrification)이라고 한다. 대기 중으로 질소가스를 유리하는 탈질작용으로 자연의 복잡한 질소순환이 완결된다.

## 20 정답 ③

단당류(單糖類; monosaccharides)란 가수분해를 해도 그 이상 간단한 당류로 가수분해될 수 없는 것을 말하며, 함유되는 C원자의 수에 의하여 분류된다. C원자의 수가 3, 4, 5, 6 또는 7개인 탄수화물들이 있으나 작물과 같은 고등식물의 물질대사에 있어서 중요한 것은 5탄당(五炭糖; pentose)과 6탄당(六炭糖; hexose)이다.

단당류에는 알데하이드(aldehyde)기를 가진 알도스(aldose)와 케톤(ketone)기를 가진 케토스(ketose)가 있으며, 이들 당류는 모두 쉽게 산화되므로 환원력을 갖고 있다. 그리고 단당류에는 각각 광학적 이성체(異性體; isomer)인 D형과 L형이 있다.

- 작물의 체내에 널리 존재하는 5탄당(五炭糖)에는 D-xylose, L-arabinose, D-ribose 및 2-deoxy-D-ribose 4종류가 있으며, 모두 가용성 형이 아니고 분자량이 큰 유도체로서 존재한다.
  D-xylose와 L-arabinose는 제각기 세포벽을 구성하고 있는 다당류인 자일란(xylan)이나 아라반(araban)의 성분으로서 작물체의 체제유지에 중요한 역할을 담당하고 있다. 리보스(ribose)와 디옥시리보스(deoxyribose)는 식물체 내 핵산의 성분으로서 널리 존재한다.

- 작물과 같은 고등식물에 보편적으로 함유되어 있는 6탄당(六炭糖)에는 D-glucose, D-fructose, D-mannose 및 D-galactose 4종류가 있다. 이들 중에서 D-glucose와 D-fructose는 세포질이나 세포액 안에 용해되어 분자상태로 함유되어 있으며, 호흡원으로 쉽게 이용된다. 그리고 D-galactose와 D-mannose는 그들의 유도체 형으로 존재하고 특히 세포벽을 구성하는 다당류의 성분을 이루고 있으며, 호흡원으로 이용되지 않는다.

# 작물생리학 동형모의고사 400

| 작물생리학 15회 | 정답 및 해설 |

| 01 | 02 | 03 | 04 | 05 | 06 | 07 | 08 | 09 | 10 |
|---|---|---|---|---|---|---|---|---|---|
| ④ | ② | ③ | ② | ② | ② | ③ | ④ | ① | ① |
| 11 | 12 | 13 | 14 | 15 | 16 | 17 | 18 | 19 | 20 |
| ③ | ③ | ② | ④ | ① | ③ | ④ | ② | ① | ② |

## 01 정답 ④

과당류(寡糖類; oligosaccharides)는 그 구조 중에 나타나는 단위단당류의 수에 따라 2당류·3당류·4당류 등으로 부르며, 단위단당류의 수가 더 많은 경우에는 다당류에 소속시킨다.

**＊ 2당류**

작물과 같은 고등식물에서 함유되어 있는 중요한 2당류(二糖類)는 자당(蔗糖; sucrose)이다. 자당은 동화생산물로서 직접 형성되거나 광합성에 의하여 생긴 단당류에서 간접적으로 형성된다. 사탕수수 또는 사탕무와 같은 작물은 체내에 자당함량이 매우 많은데, 이를 생산하기 위하여 재배되고 있다. 자당은 포도당(glucose)과 과당(fructose)이 물 1분자를 잃고 축합된 것이며, $C_{12}H_{22}O_{11}$의 분자식을 갖고 있다. 환원당인 포도당과 과당의 축합이 알데하이드기와 케톤기 사이에서 이루어지므로 자당은 환원력을 갖고 있지 않다. 작물과 같은 고등식물에 있어서 탄수화물의 전류는 주로 자당의 형태로 이루어진다.

맥아당(麥芽糖; maltose)은 대부분의 식물에 함유되어 있지만 그 함량은 극히 적다. 그러나 맥아당은 다당류, 특히 전분의 구성성분으로서 널리 존재하며 amylase에 의하여 전분이 분해될 때의 생성물로서 유리된다. 2분자의 포도당이 maltase의 효소작용으로 축합하여 맥아당이 합성되는데, maltase는 맥아당의 분해에도 작용한다. 2분자의 포도당의 축합에 알데하이드기의 하나는 축합에 포함되어 있지 않으므로 맥아당은 환원력을 갖고 있다.

가을~겨울에 뽕나무 가지에 함유되어 있는 맥아당 함량의 품종간 차이는 과당이나 자당에 비하여 훨씬 크며, 맥아당의 함량이 많은 품종일수록 내동성이 강하다고 한다.

셀로비오스(cellobiose)는 셀룰로스 또는 리그닌이 분해할 때 생성되는 2당류이다. 셀로비오스는 2분자의 포도당이 축합된 것으로서 맥아당과 마찬가지로 환원력을 지니고 있다.

**＊ 3당류**

여러 가지 식물에 함유되어 있는 3당류(三糖類)에는 젠티아노스(gentianose)와 라피노스(raffinose)가 있다. 이들 3당류는 환원력이 없으며, 젠티아노스가 가수분해되면 2분자의 포도당과 1분자의 과당이 생기고, 라피노스가 가수분해되면 각각 1분자의 갈락토스(galactose), 포도당 및 과당이 생긴다.

라피노스는 여러 식물의 잎에 소량 함유되어 있지만 종자와 같은 저장기관에 다량 함유되어 있으며 발아할 때 소모된다. 종자형성의 경우와 같이 식물조직에 의한 수분의 상실은 라피노스의 합성을 촉진한다. 라피노스 종자뿐만 아니라 나뭇가지나 겨울눈에도 존재하며, 종자나 겨울눈의 발아와 함께 없어지고 늦가을의 생장정지기에 다시 나타난다.

**＊ 4당류**

식물체의 함유되어 있는 4당류(四糖類)에는 스타키오스(stachyose)가 있다. 스타키오스가 가수분해되면 1분자의 포도당, 1분자의 과당, 그리고 2분자의 갈락토스가 생긴다.

그리고 Fraxinus americana, Cucurbita pepo, Verbascum thapsus 등의 식물에 있어서 스타키오스는 자당 대신에 체내를 전류하는 중요한 탄수화물이다.

## 02 정답 ②

**여러 식물에 있어서의 전류속도의 비교**

| 구분 | 속도(cm/h) | 구분 | 속도(cm/h) |
|---|---|---|---|
| 강낭콩 | 107 | 사탕수수 | 270 |
| 사탕무 | 85~100 | 쥬키니호박 | 290 |
| 포도 | 60 | 콩 | 100 |
| 버드나무 | 100 | 호박 | 40~60 |

## 03 정답 ③

용질(주로 당)은 잎의 엽육세포의 광합성세포로부터 엽맥으로 이동되며, 원형질연락사를 경유하여 심플라스트(symplast)를 통하여 전적으로 이동하거나 또는 부분적으로 체관부를 경유하여 아포플라스트(apoplast)로 들어간다. 후자의 경우 당은 이들 세포의 원형질막에 위치한 에너지구동 운반체단백질(carrier protein)에 의하여 아포플라스트에서 체요소와 반세포로 능동적으로 적재(積載; loading)될 수 있다.

엽육세포로부터 아포플라스트로의 자당(蔗糖) 운반은 적어도 부분적으로 $K^+$와 같은 물질의 수준에 의하여 조절된다. 사탕무 잎의 아포플라스트에서 $K^+$수준은 높으며 자당이 아포플라스트로 들어가는 속도를 증가시키고 양분공급을 조절하여 수용부위로의 전류를 증가시키며 수용부위의 생장을 촉진시킨다.

잎에서 이동하는 광합성 물질은 뿌리가 있는 아래쪽으로 전류하거나 또는 꽃이나 열매가 발달하는 과정에 있는 생장점을 향해 위쪽으로 이동한다.

괴경·인경 등과 같은 저장기관 속의 유기물질은 보통 유묘생장에 필요한 영양을 위하여 위쪽으로 이동한다. 옆으로의 이동은 측부 연결이 가능한 원형질연락사를 통하여 이루어진다.

## 04 정답 ②

### ＊ 단당류의 인산화

작물체 안에서 다른 물질로 변화하는 제1단계는 hexokinase의 촉매작용으로 인산과 결합하여 에스테(ester)를 만드는 일이며, 이 변화를 인산화(燐酸化; phosphorylation)라고 한다.
이 반응에서 1분자의 인산염이 adenosine triphosphate(ATP)로부터 6탄당인 포도당으로 옮겨 glucose-6-phosphate가 생성된다.
glucose-6-phosphate는 phosphoglucomutase와 그 보조인자(cofactor)의 작용으로 glucose-1-phosphate로 전환하거나 phosphoglucoisomerase의 작용으로 fructose-6-phosphate로 전환한다. 그리고 fructose-6-phosphate는 ATP와 phosphofructokinase의 존재 아래 다시 한번 인산화되어 fructose-1,6-bisphosphate가 된다.
glucose-6-phosphate→fructose-6-phosphate의 상호 전환에는 phosphoglucoisomerase가, glucose-6-phosphate→glucose-1-phosphate의 상호 전환에는 phosphoglucomutase가 효소작용을 한다. 그러나 fructose-6-phosphate→fructose-1,6-bisphosphate로 전환할 때에는 phosphofructokinase가 효소작용을 하지만, fructose-1,6-bisphosphate→fructose-6-phosphate로 전환할 때에는 fructose-1,6-bisphosphatase가 효소작용을 한다.
6탄당이 호흡작용에 의하여 산화되는 경우 실제로 호흡원으로서 이용되는 것은 당류 자체가 아니고 인산화된 당류인 fructose-1,6-bisphosphate이다. 6탄당은 모두 이 물질로 변화한 다음에 비로소 호흡작용에 의하여 분해된다. 한편, glucose-1-phosphate는 단당류가 식물체 안에서 다당류로 변화하는 출발점이 된다.

## 05 정답 ②

### ＊ 지방산의 분해

트라이아실글리세롤의 가수분해로 생성된 지방산의 탄화수소 사슬의 C-C결합은 매우 안정적이다. 그러므로 지방산은 초기의 활성화반응을 거쳐 β-탄소가 연속적으로 산화되는 β-산화에 의해 분해된다. 즉, 지방산의 산화는 ①카복실기의 탄소(C1)에 보조효소 CoASH의 첨가(fatty acid-CoA synthase), ②β-탄소에 해당하는 C3탄소의 산화효소에 의한 산화(acyl-CoA oxidase), ③C3탄소에 대한 가수반응(enoyl-CoA hydratase) 및 ④탈수소반응에 의한 C3탄소의 카보닐(=C=O)로의 전환(β-hydroxyacyl-CoA dehydrogenase)의 순으로 진행된다.

이어서 진행되는 ⑤acyl-CoA acetyltransferase에 의해 촉매되는 카보닐탄소에 대한 보조효소 CoASH 전이반응(β-ketoacyl-CoA thiolase)으로 아세틸-CoA와 2개의 탄소가 감소된 아실-CoA가 생성된다.
앞의 일련의 반응이 반복적으로 진행되어 아실-CoA가 모두 아세틸-CoA로 전환된다. 예를 들면, C18지방산은 8회의 β-산화를 거쳐 모두 9분자의 아세틸-CoA로 전환된다.
식물에서는 지방산의 산화가 에너지 생성뿐만 아니라 다양한 성분의 생합성 전구물질도 제공한다. 발아 중에는 저장지질이 포도당이나 다른 필수 대사산물로 전환된다. 글리옥시솜에서 지방산 산화에 의해 생성된 아세틸-CoA는 포도당신생합성에 필요한 4탄소 전구체로 전환된다. 글리옥시솜과 페록시솜에는 catalase가 다량 함유되어 있는데, 이들 효소는 지방산의 β-산화과정에서 생성되는 활성산소종인 과산화수소를 무해한 물로 전환시킨다. 지방산이 산화되어 생성된 아세틸-CoA가 시트르산회로와 호흡과정을 통해 완전히 산화되면 많은 양의 에너지가 생성되는데, 이때의 에너지수율은 약 40%에 달한다.

## 06 정답 ②

단백질의 합성과정은 ①사슬합성의 시작, ②사슬연장 및 ③사슬종결 단계로 구분할 수 있다.
사슬합성은 번역개시복합체(飜譯開始複合體)를 형성하는 것으로 시작된다. 먼저 메싸이오닌을 실은 tRNA(Met-tRNA)가 진핵세포 개시인자(開始因子; eukaryotic initiation factor, eIF) 및 GTP와 복합체를 형성한다. 40S 소단위체 리보솜은 개시인자 단백질과 결합하고, 이어서 tRNA복합체와 결합하여 40S : Met-tRNA : 개시인자복합체를 형성한다. 모든 단백질의 합성에서 첫 번째로 이용되는 아미노산은 메싸이오닌이다.
40S : Met-tRNA : 개시인자복합체는 이미 mRNA 5′ 말단의 7-메틸구아노신을 인식하여 5′ 끝에 개시인자가 결합되어 있는 mRNA와 상호작용을 하여 5′ 말단으로부터 3′ 방향으로 mRNA 분자를 따라 이동한다. 복합체가 5′ 말단으로부터 첫 번째 AUG자리를 찾으면 mRNA의 암호와 tRNA의 역암호 사이에 상호작용이 진행된다. 암호와 역암호의 상호작용이 일어나면, 대단위체 리보솜이 결합하고 개시인자와 GDP가 유리되어 80S 번역개시복합체를 완성한다. 80S 번역개시복합체로 조립된 리보솜에는 아미노아실(A)자리(aminoacyl site), 펩타이드(P)자리(peptidyl site) 및 출구(E)자리 (exit site)가 있다. A자리와 P자리에는 각각 새로 들어오는 아미노아실-tRNA와 신장하는 펩타이드가 부착된 tRNA가 결합한다. E자리에는 펩타이드와 분리된 빈 tRNA가 결합하고 이후 리보솜에서 분리된다.

식물과 다른 진핵세포의 세포질에서의 단백질 합성과정은 매우 유사하나, 다른 점 중 하나는 식물에는 소단위체 리보솜이 결합하기 전에 5′ 말단을 인식하는 두 가지 유형의 개시인자 (eIF4F)가 존재한다는 것이다.

## 07 정답 ③

지방산(脂肪酸; fatty acid)은 극성을 갖는 카복실기와 비극성을 띠는 탄화수소사슬 꼬리 부분으로 되어 있으며, 양친매성(兩親媒性; amphiphilic)을 나타낸다. 식물에 존재하는 지방산은 짝수의 탄수원자를 가지며 탄화수소사슬은 가지를 치지 않는다. 탄화수소사슬의 탄소-탄소결합이 모두 단일결합이면 포화지방산이며, 이중결합이 있으면 불포화지방산이다. 불포화지방산은 입체화학적으로 트랜스(trans)형보다는 시스(cis)형 구조를 갖는다. 불포화지방산은 포화지방산보다 융점이 낮아 불포화지방산 함량이 높은 식물성 기름은 상온에서 액체이다.

고등식물에서 발견되는 지방산은 탄소가 8~32개이며, 주요한 것으로 로르산(lauric acid), 팔미트산(palmitic acid), 스테아르산(stearic acid), 올레산(oleic acid), 리놀레산(linoleic acid) 및 리놀렌산(linolenic acid)이 있다. 식물의 세포막에는 주로 탄소 16 또는 18의 지방산이 존재하며, 불포화지방산은 주로 종실에 저장되는 중성지질에 축적된다. 식물에 가장 많이 존재하는 지방산은 다가불포화지방산인 리놀레산과 α-리놀렌산이다.

지방산은 보통 탄소와 이중결합의 수로 표시한다. 예를 들면, 18 : 1은 18개의 탄소로 구성된 지방산으로 1개의 이중결합을 갖고 있음을 나타낸다. 이중결합의 위치는 카복실기에서부터 셈한 이중결합의 첫 탄소의 번호를 $\Delta$를 이용하여 표시한다. 즉, 리놀레산은 (18 : $2^{\Delta 9,12}$)로 표시하고, α-리놀렌산은 (18 : $3^{\Delta 9,12,15}$)로 표시한다.

## 08 정답 ④

* 뿌리의 능동적 흡수

용질의 흡수에서와 같이 뿌리를 통한 물의 흡수는 부분적으로 비삼투적 과정에 의하여 대사에너지의 방출을 수반한다는 능동적 과정에 의하여 일어난다.

이러한 흡수과정의 가능성은 줄기를 자른 곳에서 물이 배출되는 일비현상(溢泌現象; exudation, bleeding), 꽃의 밀선에서 유기용질이 배출되는 현상으로부터 설명될 수 있다.

저녁에 잎의 증산작용이 쇠퇴하였을 때 잎의 가장자리에 있는 수공(水孔; water pore)에서 물이 나오는 일액현상(溢液現象; guttation)도 근압에 의하여 일어난다.

식물은 때때로 뿌리에 근압(根壓; root pressure)이 생긴다. 예를 들면, 어린 식물의 땅 윗부분 줄기를 자르면 자른 부위의 물관부에서 수액이 스며나오는 것을 볼 수 있는데, 이때 줄기를 압력계로 측정하면 높게는 0.05~0.5MPa의 압력을 나타낸다. 근압과 하루 동안의 주기적 변화에는 적어도 능동적 흡수가 일부 역할을 하고 있는 것으로 생각된다.

잎으로부터 증산작용이 왕성하게 일어나서 식물체로부터 물이 증산되면 물관부 중의 수액은 부(-)의 압력(장력)을 받게 되어 근압은 생기지 않는다.

그러나 증산작용이 천천히 일어나는 식물에서 토양수분이 많고 토양온도가 높으면 물관부 내에 있는 물은 흔히 정(+)의 압력(근압)을 받게 되며, 일액현상과 줄기의 절단면에서 세포액이 나오는 일비현상에서 볼 수 있다. 증산작용이 빨리 일어나면 물관부 내에 있는 물은 보통 장력을 받게 되고 일액현상이 일어나지 않는다.

따라서, 증산작용이 느리게 일어나거나 또는 전혀 일어나지 않는 식물의 흡수는 증산작용이 빨리 일어나는 식물의 수분흡수와는 아주 다른 기구에 의하여 일어난다는 것을 시사하고 있다. 능동적 흡수에 있어서 뿌리 물관부의 수분통도조직 중의 수분퍼텐셜 저하는 대부분 또는 전부가 물관부 수액 중의 용질이 집적되는 것에 기인한다. 이 경우 내피 및 그 밖의 조직이 반투성 막의 역할을 하여 뿌리는 흔히 삼투계로 작용하여 물은 수분퍼텐셜의 구배에 따라 뿌리의 외부로부터 내부로 이동하게 된다.

## 09 정답 ①

작물체가 흡수를 정지하고 있을 때나 흡수가 증산에 비하여 대단히 적을 때 작물체는 독립된 하나의 유체역학계를 이룬다고 간주할 수 있다. 이 경우 작물체의 일부분에 물의 부족이 일어나면 그 부분의 세포는 수분퍼텐셜이 저하되어 수분은 수분퍼텐셜이 보다 높은 다른 부분에서 이곳으로 이동한다.

이와 같은 수분이동은 세포에서 세포로, 또는 조직에서 조직으로 집적 일어나는 일도 있지만 대부분은 수분이 이동할 때 저항이 적은 수분통도조직을 통해서 이루어진다.

보통 식물체 안에 수분부족이 현저하게 일어났을 때 세포의 수분퍼텐셜은 거의 그 삼투퍼텐셜과 같으므로(팽압이 0MPa에 가까움) 삼투퍼텐셜이 낮은 세포로 이루어진 조직은 삼투퍼텐셜이 높은 세포로 이루어진 조직으로부터 수분을 빼앗게 된다. 보통 어린 잎은 묵은 잎보다 삼투퍼텐셜이 낮고, 같은 줄기에 착생하는 잎에서는 선단에 가까운 것일수록 삼투퍼텐셜이 낮으며, 또 줄기 자체의 선단은 비교적 삼투퍼텐셜이 낮아서 어린 잎과 거의 같거나 약간 낮다. 또, 잎은 어린 열매보다 삼투퍼텐셜이 낮고, 지상부의 조직은 뿌리의 세포보다 삼투퍼텐셜이 낮다. 그러므로 작물체 안의 수분이 감소하면 어린 잎이나 줄기의 선단은 묵은 잎이나, 열매와 지하부에서 수분을 빼앗는다. 작물이 한발에 부딪히면 먼저 근모에서 최초로 수분을 빼앗긴다. 대부분의 작물을 영구위조 상태에 며칠 두면 이와 같이 근모가 말라죽기 때문에 다시 물을 주어도 위조로부터의 회복이 매우 늦다.

## 10 정답 ①

$SO_4^{2-}$는 황화수소($H_2S$)로 환원되어 호흡계에 있는 시토크롬의 철과 결합하여 효소의 활성을 저해하여 ATP의 생성이 억제되고, 이에 따라 무기양분의 흡수도 억제된다.

이 경우 무기양분의 흡수억제는 인산〉칼륨〉규소〉암모니아태질소〉망간〉물〉마그네슘〉칼슘의 순으로 된다.

## 11  정답 ③

### ✱ 미량원소의 엽면시비

미량원소는 작물의 요구량이 극히 적으며, 엽면시비를 한 미량원소는 잎으로 흡수가 잘되고 1~2회 살포로 충분한 양을 공급할 수 있으므로 잎에서 쉽게 이동되는 성분은 토양시비보다 훨씬 효과적이다. 그러나 철과 같이 흡수 후 체내에서 이동이 잘 안되는 성분은 처리된 잎 이외에는 효과가 없으므로 토양으로 공급하는 것이 효과적이다.

1) 아연 : 과수의 아연결핍은 아연염을 토양에 시용해도 교정되지 않는 경우가 많지만 엽면시비를 하면 효과이다. 감귤의 경우 아연결핍에 의한 반엽증상(斑葉症狀)은 황산아연·산화아연·탄산아연 등의 용액을 1회 처리하면 완전히 회복되며 2~3년 동안 효과가 지속된다.

   그러나 효과는 작물의 종류와 처리방법에 따라 다른데, 사과나무와 배나무는 눈이 트기 전 휴면하는 가지에 황산아연을 살포하면 효과적이지만, 앵두나무와 호두나무는 엽면시비의 효과가 없어 주사법을 이용한다. 또, 석회암지대에서는 토양 pH가 높아 아연이 불용화하므로 벼에 아연결핍증이 나타나는데 모내기 전에 황산아연·산화아연·탄산아연 등의 1% 용액을 모에 살포하거나 2% 용액에 침지하였다가 심으면 된다.

2) 구리 : 황산구리는 잎에서 흡수되어 생장점이나 생장하고 있는 꽃이나 열매로 쉽게 이동하며, 특히 다년생 작물의 구리결핍증은 황산구리의 엽면시비로 쉽게 교정할 수 있다. 감귤에서는 개화 30일 전에 구리석화액을 엽면시비 하면 구리결핍증이 발생하지 않고, 과실이 커져서 품질이 좋아질 뿐만 아니라 수량도 증가한다.

3) 망간 : 채소와 감귤에 망간이 결핍되면 잎이 황백화되는데 황산망간 1~2% 용액을 1회 엽면시비 하면 2년간은 결핍증상이 나타나지 않는다. 또, 추락답에서도 망간의 엽면시비가 효과적일 때가 많다.

4) 붕소 : 과수나 채소의 붕소결핍은 붕사 또는 붕산 0.5~1.0% 용액을 엽면시비 하면 교정된다. 붕사는 토양시비 효과가 있으며, 과수에서 붕소의 엽면시비는 효과가 빨라 첫해에는 토양처리보다 효과적이나 그 다음해에는 토양에 처리한 것이 더 효과적이다. 붕소의 요구량이 많은 콩과작물이나 배추과 채소에는 붕사를 토양시비 하는 것이 좋으며, 결핍증상이 보이면 엽면시비 한다.

5) 몰리브덴 : 몰리브덴의 요구량은 필수원소 중에서 가장 적지만, 산성토양에서는 용해도가 낮아 이 토양에서 자라는 작물에서 결핍증이 나타날 수 있다. 채소류와 감귤 등의 몰리브덴결핍증은 몰리브덴산 암모늄 0.5%를 처리하면 교정된다.

## 12  정답 ③

### ✱ 증산작용에 영향을 미치는 외계조건

증산작용은 물리적인 증발현상에 의하여 많이 지배되고 있으므로 증발에 영향을 주는 외계조건(外界條件)은 모두 증산작용에 영향을 준다. 그러나 외계조건이 증산작용에 미치는 영향은 대단히 복잡하다.

① 일조

증산작용은 뚜렷한 일변화(日變化)를 보이며 낮에는 증가하고 저녁에는 감소한다. 단위시간당 증산량의 시간에 따른 변화와 일조도·기온·공중습도의 일변화 간에는 밀접한 관계가 있고, 증산량과 이들 세 조건과의 상관계수는 매우 높다. 특히, 이 중에서도 일조도(日照度)와의 상관관계가 가장 높다.

② 대기습도

대기가 건조하면 증발이나 증산은 촉진된다. 이 대기의 건조정도를 표시하는 것이 상대습도(相對濕度; relative humidity)이며, 이는 일정한 공기가 함유하는 수증기량을 포화수증기량에 대한 비율로 나타낸 것이다.

그러나 증발이나 증산에 직접 관계가 있는 것은 그 공기가 현재 얼마만큼의 수증기를 보유하고 있는가 보다 앞으로 얼마만큼의 수증기를 더 함유할 여지가 있는가 하는 것이며, 이를 표시하는 방법에는 다음의 두 가지가 있다.

하나는 포화부족량(飽和不足量; saturation deficit)이며, 이것은 일정한 대기 또는 공기에 함유되어 있는 수증기의 실량을 w, 그 공기가 수증기로 포화되었을 때 함유되는 수증기 양을 W라고 하면 W−w로 표시된다. 그리고 이 차(差)를 양자의 수증기의 차로 나타낸 것이 증기압부족량(蒸氣壓不足量; vapor pressure deficit)이며, 이것은 대기의 증기압을 e, 그 공기의 포화수증기압을 E라고 하면 E−e로 나타낼 수 있다.

잎의 증산작용은 잎의 수증기압(엄밀히 말하면, 엽육세포가 함유하는 물의 증기압)과 대기의 증기압과의 차에 비례한다. 엽온은 보통기온과 거의 같거나 또는 이보다 약간 높으므로 증기압의 차는 대기 자체의 증기압부족량과 같다. 따라서, 대기의 증기압부족량이 커지면 커질수록 증산작용은 왕성해진다.

③ 온도

기온이 상승하면 증기압부족량이 증대하므로 증산작용은 촉진되고, 기온이 떨어지면 반대로 그 값이 감소되어 증산작용은 감소된다. 즉, 온도는 공기의 습도에 영향을 주므로 간접적으로 증산작용에 영향을 끼친다. 온도는 직접 작물체에 영향을 끼쳐 그 체온을 좌우하고, 그 결과로서 체내적으로 증산작용에 영향을 끼치게 된다.

증산작용은 엽온이 일조의 영향을 받아서 기온보다 높아지면 엽육세포의 수증기압이 상승하므로 이 차가 커져서 증산작용이 증가된다. 논벼에 있어서 30°C에서의 증산량을 100으로 하면 16°C에서는 61.7%밖에 안 된다.

④ 바람

증산작용에 의하여 배출된 수증기가 잎 표면에 가까이 퇴적하면 잎의 수증기압과 대기의 수증기압과의 차를 작게 하고 증산작용을 저하시키게 된다. 바람이 불면 잎 표면에서 나오는 수증기를 집단운동에 의하여 유동시키므로 잎 표면 가까이 수증기가 퇴적되는 것을 방지하여 증산작용을 촉진한다. 그러므로 풍속이 증가되면 증산작용이 왕성해지지만 이것은 어느 한도의 풍속까지에서만 볼 수 있다. 그러나 한도를 넘은 강한 바람은 오히려 증산작용을 저하시키는데, 이는 기공이 닫히기 때문이다. 통풍이 불량한 곳에서 자라는 논벼가 연약하게 도장하는 것은 증산량이 적기 때문이다.

⑤ 토양조건

토양의 함수량, 토양수의 삼투퍼텐셜, 지온, 토양의 통기 등은 모두 뿌리의 흡수와 밀접한 관계를 가지므로 간접적으로 증산작용에 영향을 미친다. 토양조건에 따라서는 뿌리의 흡수가 적으면 증산작용도 저하된다.

## 13 정답 ②

**※ 전자전달경로**

해당과정과 크렙스회로에 의하여 생성된 NADH와 $FADH_2$는 직접 효소와 결합하여 물을 생성하지 못하고 미토콘드리아에 있는 다른 전자전달계 효소를 통하여 재산화되며, 이와 같은 산화과정에서 유리된 에너지는 ATP합성에 이용된다.

호흡의 산화과정에서 수소의 수용체(NAD, FAD)에 의해 취해진 전자는 최종적으로 전자전달계(electron transport system)에 전달되며, 그곳에서 전자는 효소의 계열에 따라 플라빈효소를 지나 시트크롬효소계로 전달되어 최후에 $O_2$에 전달된 후 $H^+$와 결합하여 $H_2O$를 형성하게 된다. 이 전자전달 과정에서 1분자 NADH가 산화될 때마다 3분자의 ATP가 생성되고, $FADH_2$가 산화될 때에는 2분자의 ATP가 생성된다.

이와 같이 미토콘드리아 내에 있는 전자전달계효소는 이 에너지를 포착해서 ATP의 에너지로 변하게 할 수 있는데, 이와 같은 호흡의 산화반응과 관련된 ATP의 합성을 산화적 인산화(酸化的 燐酸化; oxidative phosphorylation)라고 한다.

포도당 1분자가 완전히 산화될 경우 해당과정에서 생긴 2개의 ATP와 2분자의 NADH를 생성하고, 이 NADH는 전자전달계를 통한 산화에서 2개의 ATP를 생성하므로 전체적으로 6개의 ATP를 생성한다.

크렙스회로에서는 8분자의 NADH가 생성되기 때문에 전자전달계를 통한 산화적 인산화에 의하여 24분자의 ATP가 형성되고, 생성된 2분자의 $FADPH_2$는 각각 2분자의 ATP를 생성하므로 모두 4분자의 ATP를 생성하게 되며, 또 별도로 2분자의 ATP가 생기므로 크렙스회로 전체로는 30분자의 ATP를 생성한다. 따라서, 여기에 해당과정의 6분자 ATP를 합하면 전부 36분자의 ATP가 생기게 된다.

호흡작용은 전자전달과 ATP의 생산으로 그 과정이 일단 종료되지만, 호흡에너지가 작물체 내에서 대사에 실제적으로 사용되려면 후에 ATP가 ADP와 인산으로 분해되어야 한다. 즉, 광합성에 의하여 당에 저장된 잠재에너지는 호흡작용에 의하여 이 에너지가 생리적 활동에 공급된다.

포도당 1분자가 산화될 때 자유에너지(free-energy)는 -2,870kJ이 생긴다. ATP의 인산결합이 가수분해될 때 유리되는 자유에너지는 -31.8kJ(-7.6kcal)이므로 36분자의 ATP는 -31.8×36=-1,145kJ이 생리적으로 유효한 에너지로 변한다. 그러므로 효율은 약 -1,145/-2,870, 즉 40%이고 남은 에너지는 호흡열로 잃어버린다.

## 14 정답 ④

질소(N)는 엽록소 구성원소의 하나이므로 질소결핍은 엽록소의 형성을 제한한다. 따라서, 질소의 시용이 엽록소 형성을 촉진하고 작물의 잎색깔을 짙게 하는 것을 흔히 관찰할 수 있다. 벼에 대하여 질소비료를 추비로 사용하면 엽록소 함량이 늘고 광합성이 촉진된다.

칼륨(K)은 광합성의 최초 단계인 기공의 개폐작용(開閉作用)에 영향을 미치고 $CO_2$의 고정반응단계의 효소활성에 영향을 끼친다. 마그네슘(Mg)은 질소와 마찬가지로 엽록소의 구성원소이므로 결핍되면 엽록소 형성이 방해되고 특징적인 황백화현상(chlorosis)이 묵은 잎에서 생긴다. 마그네슘은 망간(Mn)과 더불어 $CO_2$ 고정반응계의 효소활성을 발현시키는 역할을 한다. 철(Fe)은 엽록소의 구성분은 아니지만 작물체에 유효태 철이 결핍되면 엽록소가 형성되지 않으며 철결핍 후에 생긴 어린 잎에 뚜렷한 황백화현상이 생긴다. 구리(Cu)나 망간도 철과 마찬가지로 광합성에 필요한 필수원소들이다.

## 15 정답 ①

| 구분 | C₃식물 | C₄식물 | CAM식물 |
|---|---|---|---|
| 잎 해부 | 광합성세포에 뚜렷한 유관속초세포가 없음 | 잘 분화된 유관속초세포가 존재함 | 일반적으로 잎의 울타리 조직 세포가 없고, 엽육세포에는 커다란 액포가 있음 |
| carboxylase | ribulose bisphosphate carboxylase | PEP carboxylase ribulose bisphosphate carboxylase | 밤 : PEP carboxylase 낮 : 주로 RuBP carboxylase |
| 이론적 에너지요구량 ($CO_2$ : ATP : NADPH) | 1 : 3 : 2 | 1 : 5 : 2 | 1 : 6.5 : 2 |
| 증산율($gH_2O$/g 건량증가) | 450~950 | 250~350 | 18~125 |
| 잎 엽록소 a/b율 | 2.8±0.4 | 3.9±0.6 | 2.5~3.0 |
| 무기영양으로서 $Na^+$ 요구 | 없음 | 있음 | 있음 |
| $CO_2$보상점 (ppm $CO_2$) | 30~70 | 0~10 | 0~5(암소) |
| 21% $O_2$에 의한 광합성 억제 | 있음 | 없음 | 있음 |
| 광호흡 | 있음 | 유관속초세포에 만 있음 | 정오 후에 측정 가능함 |
| 광합성 적정 온도 | 15~25°C | 30~47°C | ≈35°C |
| 건물생산량 (ton/ha/연) | 22±0.3 | 39±17 | 낮고 변화가 심함 |

## 16 정답 ③

* **구리가 과잉이면** 엽록체 틸라코이드막의 파괴로 황백화현상이 발생하고, 뿌리의 생장이 억제되는 증상을 보인다. 반면에 구리가 결핍되면 생장이 억제되고, 어린 잎이 비틀리며, 정단분열조직이 괴사되는 증상을 보인다.
구리부족으로 정단분열조직이 죽으면 볏과작물은 분얼이 많아지고, 쌍떡잎식물은 곁눈이 많이 발생한다. 때로는 어린 잎이 시들기도 하는데, 이는 물관에 리그닌이 많이 축적되지 않아 수분의 수송이 잘 안되기 때문이다. 구리가 결핍되면 수정이 장해를 받는데, 이는 꽃가루가 잘 발달하지 않고 또 꽃밥(약(藥); anther) 세포벽에 리그닌이 발달하지 못하여 꽃밥이 터트지지 못하기 때문이다. 또, 구리의 결핍으로 콩과식물의 질소고정이 억제되는 것은 뿌리혹세균(근류균)의 활동에 구리가 필요하거나 간접적으로 탄수화물 공급이 억제되기 때문이라고 생각된다. 구리결핍을 교정하기 위해 무기구리염·구리산화염·구리킬레이트를 엽면시비 하면 효과적이다.

* **몰리브덴이 결핍되면** 옥수수에서 출웅(出雄; tasseling)이 지연되고, 개화와 꽃가루의 생산력이 떨어질 뿐만 아니라 생산된 꽃가루의 크기도 작아지고, 발아력이 떨어진다. 또, 산성토양에서 자란 멜론은 몰리브덴이 부족하면 꽃가루를 생산하지 못한다. 토마토에서는 엽맥 사이가 갈변하고, 잎자루 가까운 쪽이 황백화하는 증상을 보인다. 감귤류(citrus)에서는 엽맥을 따라 부분적으로 반점이 생기거나 조직이 괴사하며, 꽃양배추의 잎은 말 채찍의 끝처럼 좁게된다. 몰리브덴결핍은 토양 pH가 낮고 활성 철이 많을 때 일어나기 쉬우며, 몰리브덴을 엽면시비 하면 결핍증상이 없어진다.

## 17 정답 ④

* **통기조직의 발달**

작물이 근권에서 산소가 부족할 때 뿌리가 호흡작용을 할 수 있는 것은 기공이나 지상부 조직에서 뿌리로 산소를 보낼 수 있는 통기조직(通氣組織; aerenchyma)의 발달에 달려 있다. 습생식물 뿌리의 피층세포는 직렬로 배열되어 세포간극이 크다. 따라서, 세포가 사열(斜列)로 배열되고 세포간극이 작은 중생식물보다는 통기가 잘되므로 과습조건에 더 잘 적응한다.
벼는 산소공급과 관계없이 공기가 차 있는 통기조직이 발달되어 있지만, 과습으로 산소가 부족하면 피층의 세포가 죽어 파생통기조직(破生通氣組織)이 더욱 크게 발달한다.
옥수수는 산소가 부족하면 뿌리의 선단부에서 에틸렌(ethylene)과 그 전구체인 ACC(1-amino cyclopropane-1-carboxylic acid)가 생성되는데, 에틸렌은 세포를 괴사시켜 통기조직을 발달시킨다. 그리고 콩도 과습상태에서는 제1차 뿌리가 썩으면서 경근부(莖根部)에 통기조직이 발달하여 습지에서 산소부족에 적응한다.

## 18 정답 ②

벼의 냉해에는 지연형 냉해(遲延型 冷害), 장해형 냉해(障害型 冷害) 및 병해형 냉해(病害型 冷害)가 있다.
지연형 냉해는 영양생장기에 저온으로 인하여 생육이 제대로 이루어지지 않아 출수가 지연됨에 따라 등숙이 불량해져서 수량이 감소하는 저온에 의한 피해이다.
장해형 냉해는 저온에 의한 발아불량, 엽색의 갈변 등 영양기관의 장해도 있으나, 피해가 큰 것은 저온에 가장 예민한 벼 감수분열기 1~1.5일 후인 소포자 초기에 17℃ 이하의 저온이 오면 약벽(藥壁)의 바깥쪽을 둘러싸고 있는 융단층(tapetum)이 비대해지고 꽃가루가 불충실하여 꽃밥[약(藥); anther]이 열리지 않으므로 수분이 되지 않아 불임이 되는 경우와 개화기에 온도가 20℃보다 낮으면 개영(開穎) 되지 않아 수분이 안 되어 불임이 되는 경우가 있다. 또, 등숙기에 저온이 오면 임실(稔實)이 되어도 등숙이 불량하여 수량이 감소한다. 그리고 지연형 냉해와 장해형 냉해가 함께 오는 것을 복합형 냉해라고도 한다.

병해형 냉해는 저온으로 인하여 광합성이 활발하지 못하여 탄수화물이 충분히 생산되지 못하면 질소대사는 단백질합성까지 진행되지 못하고, 수용성인 아미노산이나 아마이드(amide)를 축적하게 된다. 그러면 도열병균은 분해해야 이용할 수 있는 단백질보다 아미노산을 직접 이용할 수 있으므로 벼는 도열병에 이병되기 쉬운데, 이와 같이 저온으로 인하여 도열병이 발생하는 것을 병해형 냉해라고 한다.

## 19 정답 ①

**※ 과실의 생장**

과실의 생장은 세포분열과 세포신장에 의해 이루어지는데, 나무딸기처럼 개화기 때 세포분열이 사실상 끝나는 것이 있는가 하면, 사과나 복숭아와 같이 개화기에서 수확기까지 소요되는 기간의 20% 정도 해당되는 기간에 세포분열을 완료하는 것도 있다. 한 과실에 있어서 최종 세포수가 확보되면 이후는 이들의 확대에 의하여 개개 과실 특유의 모양으로 생장을 계속한다. 그러나 아보카도나 딸기처럼 세포 분열 및 신장이 수확기까지 계속되는 것도 있다.

과실의 생장은 대부분의 식물에서 단일시그모이드곡선(single sigmoid curve) 형태를 보이나 핵과류나 포도처럼 2중시그모이드곡선(double sigmoid curve)을 나타내는 것도 있고, 콩과 같이 꼬투리는 단일시그모이드곡선, 종자는 2중시그모이드곡선을 나타내는 것도 있다.

단위결과인 경우를 제외하면 과실의 생장은 종자의 발육과 밀접한 관계가 있는데, 일반적으로 종자수가 많을수록 과실의 생장이 양호하다. 종자가 과실의 생장에 미치는 영향은 씨방의 비대 초기에 특히 큰데, 이는 종자가 합성·분비하는 식물호르몬의 영향으로 생각된다.

옥신 이외에도 지베렐린과 사이토키닌은 과실의 생장을 촉진시키는 효과가 있어 실용적으로 이용되는 경우가 많다. 예를 들면, $GA_3$ 처리로 무핵화시킨 포도는 개화 후에 GA를 재처리함으로써 비대생장을 촉진시킬 수 있는데, 생장촉진을 위한 지베렐린효과는 유핵 품종에서는 그 효과가 거의 없는 것이 보통이다. 배의 과실비대에는 지베렐린이, 사과의 비대촉진에는 지베렐린과 사이토키닌 혼합처리가 효과적이어서 농업현장에서 사용되고 있다.

한 작물에서 과실의 수가 많으면 많을수록 과실의 크기가 작아지는 것은 전형적인 보상적 생장상관의 한 예인데, 이는 동화산물을 포함한 모든 유기영양과 내생호르몬이 제한적이기 때문인 것으로 볼 수 있다.

## 20 정답 ②

종자의 발아는 암조건에서도 이루어지지만, 발아한 유묘를 암조건에 두면 유식물의 형태는 빛을 받고 자란 식물과는 아주 다르다.

황백화된 유식물의 하배축과 마디사이[절간]는 정상 식물보다 길게 신장하며, 떡잎과 잎은 확장하지 않고, 엽록체는 발달하지 않는다.

빛을 받은 식물의 전색소체는 엽록체로 성숙하는 반면, 암조건에서 자란 식물의 전색소체는 틸라코이드계와 광합성에 필요한 엽록소·효소·구조단백질들이 합성되지 않는 황백화식물(etioplast)로 발달한다.

빛을 비추기 전에 사이토키닌을 황백화된 잎에 처리하면 황백화된 잎도 틸라코이드를 갖는 엽록체를 만든다. 이 결과는 빛 또는 다른 발달조건 요인들과 함께 사이토키닌이 광합성 색소와 단백질의 합성 조절에 관여한다는 것을 암시한다.

작물생리학 400
동형모의고사

## 작물생리학 16회 정답 및 해설

| 01 | 02 | 03 | 04 | 05 | 06 | 07 | 08 | 09 | 10 |
|---|---|---|---|---|---|---|---|---|---|
| ④ | ③ | ③ | ② | ① | ④ | ④ | ① | ② | ② |
| 11 | 12 | 13 | 14 | 15 | 16 | 17 | 18 | 19 | 20 |
| ④ | ② | ④ | ② | ④ | ② | ④ | ① | ① | ③ |

### 01 정답 ④
**※ 미소체**
1. 미소체(微小體; microbody)는 지름이 0.2~1.7μm인 단일막으로 둘러싸인 기관으로, 이에는 페록시솜(peroxisome)과 글리옥시솜(glyoxisome)이 있다.
2. 페록시솜에는 과산화수소가 많이 들어 있는데 이것을 분해하는 catalase가 있어서 과산화수소를 물분자로 무독화시킨다.
3. 잎의 페록시솜은 엽록체와 미토콘드리아와 함께 광호흡을 진행한다.
4. 지질함량이 높은 종자의 발아과정에서 지방산의 분해를 돕는 역할을 하는 미소체는 글리옥시솜이다.
5. 글리옥시솜에서 분해된 지방산의 대사물질은 미토콘드리아를 거쳐 세포질에서 당으로 전환되는데, 이 과정을 포도당 신생합성(gluconeogenesis)이라고 한다.

### 02 정답 ③
보기 ③은 암반응(칼빈-벤슨회로)과정에 대한 설명이다.
탄소의 고정 및 환원 과정인 칼빈-벤슨회로를 간단히 요약해보면, ① $CO_2$ 고정단계(RuBP+$CO_2$→2PGA), ②환원단계(PGA+ATP+NADPH→PGald+ADP+NADP), 그리고 ③RuBP 재생성단계(PGald→RuBP)로 구분된다.

### 03 정답 ③
**※ 환경적 단위결과**
1. 특수한 환경조건에서 생기는 자극 때문에 단위결실이 되는 경우가 있다.
2. 오이는 단일과 야간의 저온에 의해 단위결과가 유도될 수 있다.
3. 토마토의 어떤 품종은 야간온도를 6~10℃로 낮게 하면 수정은 되지 않은 채 꽃가루에서 분비되는 물질의 자극으로 씨방이 비대해진다. 이러한 경우를 자극적 단위결과라고 하며, 자극의 원인이 되는 것으로는 온도·일장·환상박피·타가수분·곤충작용 등이 있다.
4. 고온에서 단위결과를 일으키는 것에는 배와 토마토가 있다.

### 04 정답 ②
파장에 따른 식물의 개화반응은 파이토크롬(phytochrome)에 의해 조절된다.
파이토크롬은 낮에는 대부분 Pfr형이지만 암기 동안 Pr형으로 전환되는데, Pfr의 농도가 한계수준 이하로 떨어지면 단일식물은 개화가 유도된다.
그러나 암기 동안에 적색광을 단시간 조사하면 Pfr형의 파이토크롬 비율이 높아져 개화유도가 이루어지지 않게(개화억제) 된다.
반대로, 장일식물은 Pfr에 의하여 개화가 촉진되므로 암기가 짧아야 한다.
즉, 광주기성에서 암기의 역할은 Pfr의 수준을 조절하는 데 있다고 볼 수 있다.

### 05 정답 ①
환원당인 포도당과 과당은 체관부 조직에서 검출되지만 이들 당은 전류물질이 아니고 자당이나 그와 관련된 당의 가수분해 산물이다.

### 06 정답 ④
과실이 성숙할 때에는 과육을 연하게 하는 세포벽 분해효소인 cellulase와 polygalacturonase 등의 합성이 증가하나, 잎이 노화할 때에는 이들의 효소의 생성이 뚜렷하게 관찰되지 않는다.
잎이 노화할 때 증가하는 단백질분해효소는 과실이 성숙할 때에는 증가하지 않는다.
식물의 잎이 노화할 때 특이적으로 증가하는 단백질에는 RNase, proteinase, lipase, alcohol dehydrogenase, methallothionein 및 pathogene-related protein(PR protein) 등이 있다.

### 07 정답 ④
**※ 옥신의 상업적 이용**
1. 옥신은 농업현장에서 널리 이용되고 있다.
2. 옥신은 과실과 잎의 탈리방지, 파인애플의 개화촉진, 단위결과 형성 유도, 열매 솎아내기, 삽목의 발근촉진 등에 이용되어 왔다.
3. 절단된 잎이나 줄기 삽목을 옥신용액에 담그면 발근이 촉진되는데, 이는 절편에서 부정근의 형성이 촉진되기 때문이다.
4. 수분되지 않은 꽃에 옥신을 처리하면 종자 없는 과실의 형성이 유도될 수 있다. 단위결과(單爲結果; parthenocarpy)는 옥신에 의한 종자착생 유도작용 때문이다.

5. 합성옥신인 2,4-D, 디캄바(dicamba) 등은 과다한 세포팽창을 유도하여 식물을 고사시키는 제초제로 널리 이용된다.
6. 합성옥신은 논, 잔디밭에서 광엽잡초 방제에 이용된다.
7. 광엽잡초와 비교하면 벼와 잔디 같은 외떡잎식물은 합성옥신을 신속하게 불활성화시키거나 합성옥신에 대한 친화도가 낮은 옥신 수용체를 갖고 있어 합성옥신에 의한 식물체 고사 반응에 덜 민감하다.

## 08  정답 ①

**※ 아연의 엽면시비**

1. 과수의 아연결핍은 아연염을 토양에 시용해도 교정되지 않는 경우가 많지만 엽면시비를 하면 효과적이다.
2. 감귤의 경우 아연결핍에 의한 반엽증상(斑葉症狀)은 황산아연·산화아연·탄산아연 등의 용액을 1회 처리하면 완전히 회복되며 2~3년 동안 효과가 지속된다.
3. 그러나 효과는 작물의 종류와 처리방법에 따라 다른데, 사과나무와 배나무는 눈이 트기 전 휴면하는 가지에 황산아연을 살포하면 효과적이지만, 앵두나무와 호두나무는 엽면시비의 효과가 없어 주사법을 이용한다.
4. 또, 석회암지대에서는 토양 pH가 높아 아연이 불용화하므로 벼에 아연결핍증이 나타나는데 모내기 전에 황산아연·산화아연·탄산아연 등의 1% 용액을 모에 살포하거나 2% 용액에 침지하였다가 심으면 된다.

## 09  정답 ②

**※ 광질**

1. 잎에 도달하는 광은 대개 혼합광으로 다양한 파장이 섞여있는 형태이다. 일반적으로 특정 파장의 광은 식물의 생장에 독특한 영향을 끼친다.
2. 식물의 생육에는 390~760nm의 가시광선이 중요한 역할을 한다.
3. 보통 400~700nm의 광선을 광합성유효광(光合成有效光; photosynthetically active radiation, PAR)이라고 부르는데, 이 가운데 광합성에 가장 효과적인 파장은 650~680nm의 적색광과 430nm 부근의 청색광이다.
4. 파장 400~450nm의 청색광 또한 식물의 생장에 큰 영향을 미친다. 특히, 청색광은 굴광반응, 마디의 신장생장 등에 관여하는 것으로 알려져 있다.
5. 자외선은 200~400nm 파장 영역으로 UV-A(320~400nm), UV-B(280~320nm), UV-C(200~280nm)로 나누어진다. UV-A는 플라보노이드와 각종 색소의 합성에 관여하고, UV-B와 UV-C는 DNA 구조를 변화시킬 수 있어 색물의 생장에 해롭게 작용한다.
6. 장파장(750nm)의 빛은 광합성에는 효과적이지 못하나 광형태형성 유도에는 중요한 신호로 작용하며, 작물체온의 상승 효과가 크다.
7. 적외선은 중배축(mesocotyl)의 신장을 촉진시킨다. 특히, 군락상태에서 초관 하부에는 원적색광의 비율이 높아 웃자라기 쉽다.

## 10  정답 ②

**※ 호흡급증형 과실과 비호흡급증형 과실**

| 구분 | 과실 |
| --- | --- |
| 호흡급증형 | 사과·복숭아·배·감·자두·토마토·아보카도·바나나·캔탈로프·무화과·망고·올리브 |
| 비호흡급증형 | 딸기·수박·파인애플·포도·귤·피망·체리 |

## 11  정답 ④

**※ 1차대사와 2차대사의 주요 특성 비교**

| 구분 | 주요 특성 |
| --- | --- |
| 1차대사 | 개체의 성장과 발달을 담당함.<br>필수적, 보편적, 획일적, 보존적 특성을 지님.<br>대사과정에 관여하는 유전자는 필수기능을 엄격하게 조절함. |
| 2차대사 | 개체의 환경과의 상호작용을 담당함.<br>개체의 생장과 발달에는 비필수적이나 환경에서의 생존에 필수적임.<br>특이적이고 다양하며 적응하는 특성을 지님.<br>대사과정에 관여하는 유전자는 가변적인 환경의 선발압력을 받는 기능을 유연하게 조절함. |

## 12  정답 ②

**※ 기공의 개폐(開閉)**

1. 최근에 기공개폐 기구의 학설에 의하면, 공변세포가 수분을 흡수하려면 당, 유기산, $K^+$를 포함하는 많은 용질을 갖고 있어야 하는데, 기공이 열릴 때에는 주위 세포에서 공변세포로 $K^+$의 이동이 일어남으로써 삼투퍼텐셜이 저하되어 기공이 열린다고 한다.
2. 공변세포에 저장되어 있는 전분과 포도당은 해당작용에 의하여 PEP(phosphoenol pyruvate)로 분해되어 PEP carboxylase 효소작용에 의하여 $HCO_3^-$와 결합하여 옥살초산(oxaloacetic acid)이 되고 환원작용에 의하여 말산이 생성되며, 공변세포에서 말산 음이온과 $H^+$를 방출한다.
3. $H^+$이온은 표피세포, 특히 주변 세포로 이동하고, $K^+$양이온은 $H^+$-$K^+$교환에 의하여 공변세포로 들어간다. $K^+$양이온은 유기음이온(말산)에 의하여 평형을 이룬다. 또한, 일부 $Cl^-$ 음이온은 $K^+$양이온을 중화시킨다.
4. $H^+$-$K^+$교환은 능동적 과정으로 ATP를 필요로 하며, ATP는 광합성(광인산화반응) 또는 호흡작용에 의하여 공급된다.

5. 공변세포의 액포에 있는 $K^+$양이온과 말산 음이온의 증가로 인하여 삼투퍼텐셜은 감소되어 공변세포의 수분퍼텐셜을 감소시킨다.
6. 따라서, 물은 주변 세포로부터 공변세포로 들어감에 따라 공변세포의 팽압을 증가시키며, 팽만된 공변세포는 기공의 열림을 유도할 수 있다.

## 13 정답 ④

**※ 담수와 에틸렌**

1. 침수상태에서는 산소가 고갈되어 ACC가 에틸렌으로 전환되는 과정이 억제되어 에틸렌 생성이 저하된다.
2. 또한, 생성된 에틸렌은 공기 중으로 확산되지 못하고 뿌리 근처에 축적되게 된다(물에서의 에틸렌 확산은 대기상태와 비교해 10,000배 정도 낮아짐). 그 결과, 축적된 에틸렌은 cellulase를 활성화시키게 되며, cellulase는 세포벽을 가수분해하여 원활한 산소공급을 위한 통기조직(aerenchyma)을 만든다.
3. 그러나 이와 같은 현상 이전에 축적된 ACC는 물관부를 통해 줄기로 이동하게 되고 줄기에서 에틸렌으로 신속히 전환되어, 그 결과 잎은 상편생장현상을 보인다.
4. 상편생장현상(上偏生長現象)이란 잎자루의 위쪽이 아래쪽보다 빨리 자라 아래로 구부러지는 현상을 말한다. 이는 에틸렌에 대한 잎자루 조직부위간 서로 다른 반응(신장) 정도에 기인하는 것으로, 형태학적으로 유사한 세포가 한 호르몬에 대해 생리적으로 다른 반응을 보이는 예이다.

## 14 정답 ②

**※ 다양한 외부요인은 종자를 배 휴면으로부터 타파하며, 휴면 종자는 일반적으로 다음의 세 가지 요인 중 한 가지 이상에 반응하여 휴면이 타파된다.**

1) 후숙 : 많은 종자는 건조에 의해서 어느 수준까지 수분함량이 감소하면 휴면이 소실되는데, 이 현상을 후숙(後熟; after ripening)이라고 한다.
2) 저온 및 변온 : 저온(chilling)은 종자를 휴면에서 타파시킬 수 있다. 완전히 침윤된 상태에서 일정 기간의 저온(0~10℃)은 많은 종의 휴면타파에 효과적이다. 주야의 온도차이는 종자 내부의 생리·생화학적 반응 유도와 종피의 기계적 파괴를 유도하여 아주 효과적이다.
3) 광 : 많은 종자는 발아에 광을 필요로 한다. 광을 잠깐만 쬐여야 하는 경우(상추), 간헐적으로 쬐어주어야 하는 경우(Kalanchoe속의 다육식물), 단일과 장일을 포함하는 특정 광주기를 필요로 하는 경우 등이 있다.

※ 지베렐린(gibberellin, GA), 사이토키닌(cytokinin) 등은 휴면타파에 효과가 있다고 보고되어 있다. 특히, 지베렐린은 배의 휴면과 그 밖의 원인에 의한 종자휴면을 타파하고 발아를 촉진시킨다. 지베렐린처리에 의하여 종자휴면이 타파되는 식물로는 땅콩, 양딸기, 조의 일종, 명아주의 일종, 앵두나무, 시클라멘(cyclamen), 셀러리, 양배추 등이 있다.

## 15 정답 ④

**※ 식물체 내에서 수분퍼텐셜의 수준**

1. 수분퍼텐셜은 토양에서 가장 높고 대기에서 가장 낮으며, 식물에서는 중간 값을 나타낸다. 즉, 토양으로부터 식물을 통하여 대기 중으로 구배가 이루어진다. 그러나 수분퍼텐셜의 구성분자는 상당히 달라진다.
2. 토양수에서 토양용액은 희석되기 때문에 압력퍼텐셜이 0이면 삼투퍼텐셜은 이보다 약간 낮은 -값이므로 수분퍼텐셜도 다소 낮은 -값을 나타낸다.
3. 물관 내에 있는 물은 용질이 거의 없기 때문에 삼투퍼텐셜은 다소 낮은 -값을 나타내나 물은 장력을 받게 됨으로써 (압력퍼텐셜은 -값) 수분퍼텐셜은 토양수보다도 더 낮은 -값을 갖게 됨에 따라 식물체 내로 흡수, 이동된다.
4. 잎의 세포는 더 진한 용액을 갖게 되므로 삼투퍼텐셜은 매우 낮은 -값이되어 물은 안으로 이동되어 압력퍼텐셜이 생기지만, 세포 내 수분퍼텐셜은 물관 내에서보다 더 낮은 -값을 유지하게 된다. 대기의 수분퍼텐셜은 좀 더 낮은 -값을 나타낸다.
5. 뿌리세포는 보통 약 -0.5MPa의 수분퍼텐셜을 나타내고, 통기가 잘되는 토양에서 뿌리를 내린 대부분의 식물의 잎은 약 -0.2~0.8MPa의 수분퍼텐셜을 가진다.
6. 토양수분의 공급이 감소됨에 따라 잎의 수분퍼텐셜은 -0.8MPa보다 낮게 되어 잎의 생장속도는 감소된다.
7. 수분퍼텐셜이 약 -1.5MPa로 떨어지면 대부분의 식물조직은 생장이 완전히 정지된다. 대부분 초본식물의 잎은 수분퍼텐셜이 -1.5MPa 이하가 될 때 생장하지 못한다.
8. 일반적으로 수분퍼텐셜이 약 -2.0~-3.0MPa 이하로 떨어지면 초본식물의 잎은 회복하지 못한다.
9. 사막지대에 있는 관목의 잎은 수분퍼텐셜이 낮은 상태에 놓여도 살아남을 능력이 매우 높아 오랫동안 생존할 수 있다. 사막지대 관목의 잎은 매우 건조한 조건에서 -3.0~-6.0MPa 범위로 매우 낮은 수분퍼텐셜을 나타내고 있다.
10. 해안지대나 간척지의 식물도 -0.5MPa 또는 그 이하의 수분퍼텐셜을 갖고 있다.
11. 식물의 종류와 건조 정도에 따라 발아력이 있는 건조한 종자도 매우 낮은 수분퍼텐셜을 갖고 있으며, -6.0~10.0MPa 또는 이보다 더 낮은 수분퍼텐셜을 나타낸다.

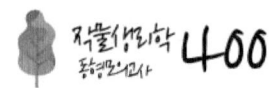

## 16 정답 ②

**\* 아스파라진산 유래 아미노산의 생합성**

1. 라이신(lysine), 트레오닌(threonine) 및 메티오닌(methionine)은 아스파라진산(aspartate)에서 유래하며, 엽록체 등의 색소체에서 합성된다.
2. 트레오닌의 탄소골격은 모두 아스파라진산에서 제공된다.
3. 모든 아스파라진산 유래 아미노산 생합성의 첫 번째 개입단계는 아스파라진산이 aspartate kinase에 의해 인산화되어 아스파라진산-4-인산이 생성되는 반응이다.
4. 아스파라진산-4-인산은 2회의 환원반응과 1회의 인산화반응을 거쳐 호모세린-4-인산이 된다.
5. 트레오닌은 threonine synthase가 진행하는 호모세린-4-인산의 탈인산화와 수산기(水酸基)의 재배열 반응에 의하여 생성된다.
6. 라이신은 아스파라진산-4-인산의 첫 번째 환원반응 산물인 아스파라진산-4-세미알데하이드와 피루브산의 축합반응에 의하여 트레오닌 생합성 경로에서 분기하고, 이후 여러 단계의 반응을 거쳐 생성된다.
7. 메티오닌은 트레오닌 생합성 단계의 마지막 중간대사 산물인 호모세린-4-인산에 시스테인의 황이 전이되는 반응과 이후 methionine synthase에 의한 메틸기 전이반응을 거쳐 생성된다.

## 17 정답 ④

**\* 지방산**

1. 지방산(脂肪酸; fatty acid)은 극성을 갖는 카복실기와 비극성을 띠는 탄화수소사슬 꼬리 부분으로 되어 있으며, 양친매성(兩親媒性; amphiphilic)을 나타낸다.
2. 식물에 존재하는 지방산은 짝수의 탄소원자를 가지며 탄화수소사슬은 가지를 치지 않는다. 탄화수소사슬의 탄소-탄소결합이 모두 단일결합이면 포화지방산이며, 이중결합이 있으면 불포화지방산이다.
3. 불포화지방산은 입체화학적으로 트랜스(trans)형보다는 시스(cis)형 구조를 갖는다.
4. 불포화지방산은 포화지방산보다 융점이 낮아 불포화지방산 함량이 높은 식물성 기름은 상온에서 액체이다.

## 18 정답 ①

**\* 대기오염물질의 분류**

| 구분 | 오염물질 |
|---|---|
| 산화장해물질 | 오존, PAN, 이산화질소, 염소 |
| 환원장해물질 | 아황산가스 · 일산화탄소 · 황화수소 · 알데하이드류 |
| 산성장해물질 | 불화수소 · 염화수소 · 산화황 · 시안화수소 |
| 알칼리성 장해물질 | 암모니아 |
| 유기계 가스 | 에틸렌 · 아세틸렌 · 프로필렌 · 부틸렌 |
| 초체 입자상 물질 | 분진 · 부유미립자 |

## 19 정답 ①

**\* 작물의 요수량**

| 구분 | Briggs & Shantz | Shantz & Piemeisel | Dillman | 구분 | Briggs & Shantz | Shantz & Piemeisel | Dillman |
|---|---|---|---|---|---|---|---|
| 호박 | 834 | – | – | 메밀 | – | 540 | – |
| 앨팰퍼 | 831 | 835 | 795 | 보리 | 534 | 523 | – |
| 클로버 | 799 | {759 731} | – | 밀 | 513 | {491 550 455} | {130 403 –} |
| 완두 | 788 | 745 | – | | | | |
| 아마 | – | 752 | 618 | 사탕무 | – | 377 | 304 |
| 강낭콩 | – | 656 | – | 옥수수 | 368 | 361 | – |
| 잠두 | – | 646 | – | | | | |
| 목화 | 646 | – | – | 수수 | 322 | {380 287 285} | {335 253 268} |
| 감자 | 636 | 499 | – | | | | |
| 호밀 | – | 634 | – | 기장 | 310 | 274 | 251 |
| 귀리 | 597 | 604 | 536 | | | | |

## 20 정답 ③

**※ 몰리브덴(molybdenum, Mo) 결핍증상**

1. 몰리브덴이 결핍되면 옥수수에서 출웅(出雄; tasseling)이 지연되고, 개화와 꽃가루의 생산력이 떨어질 뿐만 아니라 생산된 꽃가루의 크기도 작아지고, 발아력이 떨어진다.
2. 산성토양에서 자란 멜론은 몰리브덴이 부족하면 꽃가루를 생산하지 못한다.
3. 토마토에서는 엽맥 사이가 갈변하고, 잎자루 가까운 쪽이 황백화하는 증상을 보인다.
4. 감귤류(citrus)에서는 엽맥을 따라 부분적으로 반점이 생기거나 조직이 괴사하며, 꽃양배추의 잎은 말 채찍의 끝처럼 좁게된다.
5. 몰리브덴결핍은 토양 pH가 낮고 활성 철이 많을 때 일어나기 쉬우며, 몰리브덴을 엽면시비하면 결핍증상이 없어진다.

작물생리학 동형모의고사 400

| 01 | 02 | 03 | 04 | 05 | 06 | 07 | 08 | 09 | 10 |
|---|---|---|---|---|---|---|---|---|---|
| ③ | ④ | ② | ③ | ③ | ③ | ① | ④ | ① | ② |
| 11 | 12 | 13 | 14 | 15 | 16 | 17 | 18 | 19 | 20 |
| ④ | ② | ② | ② | ④ | ① | ② | ④ | ① | ③ |

## 01 정답 ③

**※ 과실의 여러 가지**

1. 복숭아는 진과로 자방이 비대하여 외과피, 중과피, 내과피로 구분된다.
2. 사과는 단과이면서 위과로 화통의 피층이 발달하여 과육을 이룬다.
3. 딸기는 복과이면서 위과로 화탁이 비대하여 식용부위가 되고 그 위에 점점이 박혀 있는 것이 수과(과실적 종자)이다.
4. 블랙베리는 복과이고, 벼는 건폐과이며, 완두는 건개과에 속한다.

## 02 정답 ④

**※ 집단류**

1. 압력구배에 따라 분자들이 이동하는 것을 집단류(集團流; mass flow, bulk flow)라고 하며, 물질의 이동은 이동하는 물질에 중력과 압력과 같은 힘이 외부로부터 작용하기 때문에 압력구배에 따라 물질의 분자는 하나의 집단으로 같은 방향으로 모두 함께 이동한다.
2. 토양과 식물조직의 세포벽을 통하여 일어나는 물의 이동은 대부분 이에 속한다. 확산과는 대조적으로 집단류는 용질의 구배와 관계가 없다.

## 03 정답 ②

공기의 습도는 기공의 개폐에 대하여 광만큼 결정적인 영향을 끼치지 않지만 뿌리에 대한 물의 공급이 충분할 때에는 공중습도가 감소하면 어느 정도까지 기공이 잘 열리고 증산작용이 왕성해진다.

## 04 정답 ③

**※ 칼륨 결핍증상**

1. 칼륨결핍증이 생육 초기에 나타나는 일은 드물고, 발육이 어느 정도 진행된 다음에 나타난다.
2. 칼륨은 식물체 내에서 이동하기 쉬운 원소이고, 또 생육이 왕성한 어린 조직이 오래된 조직보다 부족한 성분을 끄는 힘이 더 크므로 늙은 잎에서부터 결핍증이 먼저 나타난다.
3. 처음에는 잎이 짙은 녹색이 되지만 심해지면 오래된 잎에서부터 잎의 가장자리가 황색, 갈색 또는 회색으로 변하며, 변색부는 점점 잎의 중심으로 퍼진다.
4. 줄기는 약해지고, 바람이 불면 도복하기 쉽다. 그리고 뿌리도 가늘어지고, 뿌리의 생장저해는 지상부보다 더욱 뚜렷해진다.
5. 종자는 성숙되지 않는 경우가 많아지고, 성숙하더라도 크기가 작아진다.

## 05 정답 ③

역방수송은 어떤 이온을 내보내고 같은 전하의 이온을 흡수하는 것으로, 양이온펌프에서 발생하여 방출된 $H^+$를 세포막 안으로 흡수하면서 동시에 $Ca^{2+}$, $Na^+$, $Mg^{2+}$ 등과 같은 양이온을 세포막 밖으로 유출하거나, 액포 내에 저장된 $H^+$를 세포질로 이동시키면서 동시에 이들 양이온이나 당을 액포로 이동저장하는 기작이다.

## 06 정답 ③

카로티노이드 중에서 케톤기 또는 수산기로서 O원자를 함유하는 것을 잔토필(xanthophyll)이라 하고 일반적으로 노란색을 띠며, 녹색 잎 중에는 보통 카로틴보다 많이 함유되어 있다.

## 07 정답 ①

해당과정(解糖過程; glycolysis)은 6탄당인 포도당이 두 분자의 피루브산으로 전환되는 과정으로서 Embden-Meyerhof-Parnass(EMP)회로라고도 부른다.
해당과정은 칼빈-벤슨회로의 역행은 아니며, 칼빈-벤슨회로가 엽록체에서 일어나는 반면에 해당과정은 세포질의 액상 콜로이드 상태인 시토졸(cytosol)에서 일어난다.

## 08 정답 ④

**※ 3당류**

1. 여러 가지 식물에 함유되어 있는 3당류(三糖類)에는 젠티아노스(gentianose)와 라피노스(raffinose)가 있다.
2. 이들 3당류는 환원력이 없으며, 젠티아노스가 가수분해되면

2분자의 포도당과 1분자의 과당이 생기고, 라피노스가 가수분해되면 각각 1분자의 갈락토스(galactose), 포도당 및 과당이 생긴다.
3. 라피노스는 여러 식물의 잎에 소량 함유되어 있지만 종자와 같은 저장기관에 다량 함유되어 있으며 발아할 때 소모된다.
4. 종자형성의 경우와 같이 식물조직에 의한 수분의 상실은 라피노스의 합성을 촉진한다.
5. 라피노스는 종자뿐만 아니라 나뭇가지나 겨울눈에도 존재하며, 종자나 겨울눈의 발아와 함께 없어지고 늦가을의 생장정지기에 다시 나타난다.

## 09 정답 ①

과수·화목·뽕나무와 같은 목본식물은 보통 줄기나 뿌리와 같은 영양기관에 양분을 저장하여 월동하며, 다음해 봄 초기생장에 이용된다.

## 10 정답 ②

운동에 관여하는 단백질로는 소위 동력단백질(motor protein)로 불리는 마이오신(myosin), 다이네인(dynein), 키네신(kinesin)이 있다.
대표적인 구조단백질에는 케라틴(keratin), 콜라겐(collagen), 엘라스틴(elastin)이 있다.

## 11 정답 ④

퓨린 뉴클레오티드의 고리형 유도체는 2차전달자(second messenger)로서 신진대사의 조절에 관여한다.
피리미딘 뉴클레오티드는 탄수화물의 합성과 분해 및 뉴클레오티드 당의 생성에 이용된다.

## 12 정답 ②

단순지질이란 가수분해에 의해 2종 이하의 주성분을 생성하는 지질을 말하고, 복합지질이란 3종 이상의 주성분을 생성하는 지질을 말한다.
단순지질에는 triacylglycerol, diacylglycerol, monoacylglycerol, sterol, sterol ester, 왁스, 토코페롤 등이 있다. 복합지질에는 glycerophospholipid, glycoglycerolipid, spingomyelin, glycospingolipid 등이 있다. glycerophospholipid에는 phosphatidic acid, phosphatidylglycerol, cardiolipin, phosphatidylcholine, phosphatidylethanolamine, phosphatidylinositol, phospholipid 등이 있다.

## 13 정답 ②

세스퀴테르페노이드는 테르페노이드에서 종류가 가장 다양하며, 식물의 페로몬(pheromone)과 유화(幼化)호르몬(juvenile hormone)으로 작용한다.
세스퀴테르펜인 artemisinin은 한방에서 2,000년 이상 이용되어 온 약쑥에 존재하는 성분으로 현재도 가장 효과적인 말라리아 구충제로 이용되고 있다.

## 14 정답 ②

지방종자는 지방이 주로 배유에 저장되어 있는 것(피마자·목화), 떡잎 속에 저장되어 있는 것(해바라기·콩), 그리고 배유와 떡잎 속에 고루 분포되어 있는 것(뽕나무)으로 나누어진다.

## 15 정답 ④

벼 종자와 밀 종자를 비교한 실험에 의하면 산소가 없을 때 밀은 전혀 발아하지 않으나, 벼는 정상 발아율보다 10% 정도밖에 감소하지 않는다고 한다.
벼 종자가 낮은 산소농도에서도 발아하고 유식물의 생장도 좋다는 것은 종자 속 무기호흡계가 잘 발달하여 필요한 에너지를 얻을 수 있기 때문이다.

## 16 정답 ①

완두·녹두 등 일부 콩과작물과 토마토·오이 등 과채류는 일정한 생육기까지 영양생장이 진행되면 개화, 결실하여 생식생장이 진행되지만 영양생장도 계속된다.
이들 작물은 영양부족·가뭄 등으로 광합성이 억제되어 영양기관의 발달이 제한되면 콩과작물은 꼬투리수, 과채류는 과실수 등 수용부위(受容部位; sink)의 수나 무게가 감소하여 수량이 떨어진다.

## 17 정답 ②

★ 광주기성과 광질

1. Paper 등(1946)은 광중단(光中斷; night break)에 의한 단일식물인 도꼬마리의 꽃눈분화 억제와 장일식물인 보리의 유수형성 촉진에는 적색광이 가장 효과적인 반면, 원적색광(far-red, FR)은 효과가 없음을 밝혔다.
2. 일반적으로 광주기성에는 적색광(660nm)과 등황색광이 효과적이며, 청색광(480nm)은 효과가 낮고, 녹색광은 효과가 전혀 없다.
3. 광주기성 개화반응에서 광질의 효과는 단일식물의 개화유도 기간 중에 적색광과 원적색광을 번갈아 약 2분씩 조사하면 적색광은 개화를 억제시키고, 원적색광은 적색광의 억제효과를 상쇄시켜 개화가 유도되는 현상에서 잘 증명된다.
4. 즉, 최종적으로 조사된 광 종류에 의해 단일식물의 개화반

응이 결정되는데, 광질에 대한 이러한 반응은 광발아종자인 상추의 발아 조절에서도 동일하게 나타난다.
5. 파장에 따른 식물의 개화반응은 파이토크롬(phytochrome)에 의해 조절된다.
6. 파이토크롬은 낮에는 대부분 Pfr형이지만 암기 동안 Pr형으로 전환되는데, Pfr의 농도가 한계수준 이하로 떨어지면 단일식물은 개화가 유도된다.
7. 그러나 암기 동안에 적색광을 단시간 조사하면 Pfr형의 파이토크롬 비율이 높아져 개화유도가 이루어지지 않게(개화억제) 된다.
8. 반대로, 장일식물은 Pfr에 의하여 개화가 촉진되므로 암기가 짧아야 한다.
9. 즉, 광주기성에서 암기의 역할은 Pfr의 수준을 조절하는 데 있다고 볼 수 있다.

## 18  정답 ④
### ✱ GA의 개화유도와 성 결정
1. 장일식물 또는 춘화처리를 요구하는 일부 식물에서 영양생장에서 생식생장으로의 전환은 지베렐린에 의해서 촉진된다.
2. GA는 많은 식물, 특히 로제트형 식물에서 개화에 필요한 장일 또는 저온 처리를 대체할 수 있다.
3. 장일식물인 시금치는 단일조건에서는 로제트 형태로 있으며 지베렐린 함량이 낮다.
4. 시금치를 장일처리 하면 생리활성형 지베렐린($GA_1$) 함량이 5배로 증가하고 다른 전구체 지베렐린류($GA_{12}$, $GA_{53}$, $GA_{19}$, $GA_{20}$)도 모두 증가하며 개화가 촉진된다.
5. 일반적으로 이들 식물에서 장일조건과 춘화처리는 지베렐린의 생합성을 촉진시킨다.
6. 애기장대의 GA 결핍 변이체인 gal-3은 장일조건 하에서도 개화하지 않으나, GA를 외부에서 공급할 경우에는 단일조건 하에서도 개화하여 지베렐린이 애기장대 개화에 필수적임을 입증하고 있다.
7. 식물의 성 결정은 영양상태와 광주기 같은 환경의 영향을 받으며, 이들 환경적인 영향을 GA에 의해서 중개된다. GA가 성 결정에 미치는 영향은 종에 따라 차이가 난다.
8. 옥수수에서는 GA가 수술의 발달을 억제하여 암꽃만 형성시킨다.
9. 반면, 오이·대마·시금치에서는 지베렐린을 처리하면 수꽃의 형성이 촉진되고, GA생합성 억제제를 처리하면 암꽃의 형성이 촉진된다.

## 19  정답 ①
### ✱ 초저플루언스반응
1. 어떤 파이토크롬반응은 $0.0001 \mu mol\ m^{-2}$ 정도의 아주 낮은 플루언스(반딧불이가 한 번 반짝일 때 플루언스의 1/10 정도)에서 개시되며, $0.05 \mu mol\ m^{-2}$ 정도에서 포화(극대값에 도달)된다.
2. 예를 들어, 적색광은 암조건에서 키운 귀리 유식물의 중배축(mesocotyl)의 생장은 낮은 플루언스에서 억제된다. 이와 같이 매우 낮은 플루언스에 의해 유도되는 반응을 초저플루언스반응(very-low-fluence response, VLFR)이라고 한다.
3. VLFR를 유도하는 데 필요한 소량의 광은 전체 파이토크롬의 0.02% 이하를 Pfr의 형태로 전환시키며, VLFR는 비가역적 반응을 나타낸다.

## 20  정답 ③
### ✱ 영양기관과 생식기관
1. 식물의 기관은 크게 영양기관과 생식기관으로 나눌 수 있는데, 이들 두 기관의 형성과 발달은 상호 밀접한 관련이 있다. 그리고 작물을 재배하는 경우 이들 기관의 균형된 생장은 매우 중요한 의미를 갖는다.
2. 일반적으로 생식기관의 발달은 영양기관의 생장을 억제시킴으로써 촉진시킬 수 있다. 예를 들면, 줄기를 수평으로 유인하거나 환상박피 등을 해주면 꽃눈분화가 촉진되고 생식기관의 생장이 촉진된다.
3. 생육환경이 불리하여 영양생장이 억제되면 생식기관이 빨리 분화되고 더 많이 형성되는 것을 볼 수 있다. 반대로, 과도한 질소시비로 영양생장이 왕성해지면 생식기관의 형성이 지연되거나 억제된다.
4. 토마토의 경우 적엽(摘葉)이나 겨드랑이눈[액아(腋芽)] 제거로 꽃눈형성이 촉진되기도 하고, 영양생장을 억제하는 TIBA(triiodobenzoic acid)를 처리하면 꽃눈형성이 크게 촉진된다. 또한 낙엽과수 대부분은 신초생장이 멈추는 시기에 꽃눈분화가 시작된다.
5. 꽃눈의 원기를 제거하면 영양생장이 촉진되고 수명이 연장된다.
6. 구근류에서도 꽃을 일찍 제거해버리면 구근의 생장이 촉진되며, 마늘과 감자에서도 주아 또는 꽃을 일찍 제거하면 인편 또는 괴경의 생장이 촉진된다.
7. 이러한 현상들은 모두 영양기관과 생식기관의 생장상관을 보여주는 예이다.

작물생리학 400
동형모의고사

| 작물생리학 |
| --- |
| 18회 |

# 정답 및 해설

| 01 | 02 | 03 | 04 | 05 | 06 | 07 | 08 | 09 | 10 |
|---|---|---|---|---|---|---|---|---|---|
| ① | ③ | ② | ① | ④ | ④ | ④ | ④ | ① | ② |
| 11 | 12 | 13 | 14 | 15 | 16 | 17 | 18 | 19 | 20 |
| ③ | ④ | ③ | ① | ③ | ② | ① | ② | ① | ② |

## 01 정답 ①

**＊ 1차세포벽**

1. 1차세포벽(一次細胞壁; primary cell wall)의 주성분은 섬유소(cellulose)이며, 세포벽의 약 15~30%를 차지한다.
2. 섬유소는 수십 개가 동일한 방향으로 정렬하여 수소결합으로 연결되어 5~12nm의 불완전한 결정 상태의 섬유소 집합체인 미세섬유(微細纖維; microfibril)를 형성한다.
3. 섬유소 중합체에는 포도당 외에 만노스나 갈락토스와 이들 단순당의 산인 우론산(uronic acid), 그리고 5탄당인 자일로스(xylose)와 아라비노스 등도 포함되어 있다.
4. 또 다른 주성분은 비섬유소성 다당류인 헤미셀룰로스(hemicellulose)와 펙틴(pectin)이다. 헤미셀룰로스와 펙틴은 각각 1차세포벽의 25~50%와 10~35%를 차지한다.
5. 헤미셀룰로스는 미세섬유를 서로 연결하여 망상구조를 형성하며, 자일로스, 우론산 및 아라비노스 등의 당으로 구성되어 있다.
6. 펙틴에는 갈락투론산이 풍부하지만 다른 당들이 포함되어 있으며 분지되어 있고 수화도가 매우 높다.

## 02 정답 ③

**＊ 뿌리의 수동적 흡수**

1. 뿌리에 의한 물의 흡수는 뿌리의 표면에 접해 있는 토양 또는 용액으로부터 뿌리의 내부에 존재하는 물관부까지 수분퍼텐셜의 구배가 존재하기 때문에 일어난다.
2. 물은 토양으로부터 표피, 피층, 내피를 통하여 뿌리의 유관속 조직으로 들어가 물관요소를 통하여 위로 올라가서 잎으로 이동되며, 마지막으로 증산작용에 의하여 대기 중으로 날아간다.
3. 증산작용이 왕성하게 일어나는 식물에서 수분흡수를 일으키는 원동력은 뿌리보다는 오히려 지상부의 증산작용에 의하여 생기며, 물의 흡수속도는 잎의 증산작용에 의한 물의 손실속도에 크게 지배되는데, 이는 흡수와 증산이 식물체 물관부의 연속된 물기둥에 의하여 상호 연결되어 있음을 의미한다.
4. 증산작용에 의하여 엽육세포가 상당한 양의 물을 잃으면 잎의 세포 내에서 수분퍼텐셜은 감소되어 엽맥의 물관 내의 물기둥을 잡아당겨 물은 잎 안으로 들어온다. 물관으로부터 물이 없어지면 물관 내 수액(樹液)에 압력이 감소되며, 이때 뿌리로부터의 물의 흡수보다 잎으로부터의 증산이 많은 경우에 물관내에서의 물은 장력(부압)이 생긴다.
5. 엽맥의 물관은 줄기의 물관부로부터 뿌리의 물관부까지 이어져 있고 이 안의 물기둥은 잎에서 뿌리까지 이어져 있으므로 엽맥에서 생긴 부압은 이 물기둥을 집단류에 의하여 끌어올리고 뿌리의 물관부에도 부압을 생기게 한다.
6. 이 부압, 즉 장력에 의하여 물은 물관을 둘러싸는 세포를 통하여 수동적으로 흡수된다. 증산작용이 왕성할 때에는 수동적 흡수가 능동적 흡수의 10~100배에 달한다고 한다.

## 03 정답 ②

**＊ 호흡원의 양**

1. 당류・전분 등의 탄수화물이 체내에 많아지면 호흡이 증가하고, 이들이 줄어들면 호흡이 저하한다는 것에 관해서는 많은 보고가 있다.
2. 잎을 따로 떼어내서 어두운 곳에 두면 호흡원이 되는 당류의 소모와 함께 호흡은 차차 저하되는데, 이와 같은 잎에 당액을 흡수시키면 다시 호흡이 증가한다.
3. 일조가 좋은 조건하에서 자라고 있는 작물은 일조부족의 조건에서 자라고 있는 것에 비하여 호흡이 왕성하며, 여기에는 광합성에 의한 탄수화물의 생산량이 상당히 많이 관계하고 있다.
4. 사과나무 등의 과실, 고구마의 괴근, 감자의 괴경 등의 저장기관을 한번 저온(0~5℃)에 두고 그 후 온도가 높은 곳으로 옮기면 처음부터 높은 온도에 둔 것에 비하여 호흡이 왕성하다.
5. 괴경・괴근 등에 상처를 주면 호흡이 한때 높아진다.
6. 당의 증가는 절단면에 가까운 세포일수록 많고, 호흡원이 되는 당류가 부상에 의하여 증가한다는 것은 호흡작용의 상승이 주요한 원인을 이루고 있는 것으로 생각된다.
7. 생육중인 작물체의 체내 당류가 감소하면 호흡작용이 약해진다.

## 04 정답 ①

**＊ 일액현상** : 뿌리에서의 물의 흡수가 왕성하게 이루어지고 또 증산작용이 억제되어 있을 경우에는 외떡잎작물에서는 잎의 선단에서, 쌍떡잎식물에서는 잎의 가장자리에서 물이 물방울 형태로 되어 배출된다. 이것이 일액현상(溢液現象)인데, 밤에 토양온도가 높고 토양함수량이 많으며, 공기의 온도가 낮고 습도

가 높아 포화상태에 가까울 때 일어난다. 따라서, 낮에는 따뜻하고 밤에는 차가워지는 날의 밤중이나 이른 아침에 일액현상에 의한 물방울이 많이 생기며, 흔히 이슬과 혼동되는 일이 있다.

## 05 정답 ④
* **구리(copper, Cu)**
1. 구리가 과잉이면 엽록체 틸라코이드막의 파괴로 황백화현상이 발생하고, 뿌리의 생장이 억제되는 증상을 보인다.
2. 반면에 구리가 결핍되면 생장이 억제되고, 어린 잎이 비틀리며, 정단분열조직이 괴사되는 증상을 보인다.
3. 구리부족으로 정단분열조직이 죽으면 볏과작물은 분얼이 많아지고, 쌍떡잎식물은 곁눈이 많이 발생한다. 때로는 어린 잎이 시들기도 하는데, 이는 물관에 리그닌이 많이 축적되지 않아 수분의 수송이 잘 안되기 때문이다.
4. 구리가 결핍되면 수정이 장해를 받는데, 이는 꽃가루가 잘 발달하지 않고 또 꽃밥(약(葯); anther] 세포벽에 리그닌이 발달하지 못하여 꽃밥이 터지지 못하기 때문이다.
5. 구리의 결핍으로 콩과식물의 질소고정이 억제되는 것은 뿌리혹세균(근류균)의 활동에 구리가 필요하거나 간접적으로 탄수화물 공급이 억제되기 때문이라고 생각된다.
6. 구리결핍을 교정하기 위해 무기구리염·구리산화염·구리킬레이트를 엽면시비 하면 효과적이다.

## 06 정답 ④
많은 다육식물은 밤에 $CO_2$를 고정하여 다량의 말산 또는 시트르산을 액포에 축적한다. 낮에는 말산에서 $CO_2$가 유리되면서 피루브산이 되며, 유리된 $CO_2$는 칼빈-벤슨회로에 의하여 RuBP와 결합하여 PGA를 만든 다음에 탄수화물로 전환된다. 이와 같은 식물은 밤에 $CO_2$를 효율적으로 포착하여 기공이 닫히는 낮에 잎 안에서 광합성을 하는 데 이용한다.
따라서, 밤에는 이와 같은 다육식물의 산 함량은 증가되고 탄수화물 함량은 급격히 감소되지만, 낮에는 이와 반대로 산 함량은 감소되고 탄수화물 함량은 증가된다.

## 07 정답 ④
* **아스파라진산 유래 아미노산의 생합성**
1. 라이신(lysine), 트레오닌(threonine) 및 메티오닌(methionine)은 아스파라진산(aspartate)에서 유래하며, 엽록체 등의 색소체에서 합성된다.
2. 트레오닌의 탄소골격은 모두 아스파라진산에서 제공된다.
3. 모든 아스파라진산 유래 아미노산 생합성의 첫 번째 개입단계는 아스파라진산이 aspartate kinase에 의해 인산화되어 아스파라진산-4-인산이 생성되는 반응이다.
4. 아스파라진산-4-인산은 2회의 환원반응과 1회의 인산화반응을 거쳐 호모세린-4-인산이 된다.
5. 트레오닌은 threonine synthase가 진행하는 호모세린-4-인산의 탈인산화와 수산기(水酸基)의 재배열 반응에 의하여 생성된다.

## 08 정답 ④
* **스핑고지질**
1. 스핑고지질(spingolipid)은 지방산과 아마이드 결합을 형성한 긴 사슬 아미노당으로 구성되어 있으며, 글리세롤의 에스터가 아니다.
2. 지방산의 탄화수소사슬은 보통 탄소가 18개 이상이다.
3. 식물세포에서 스핑고지질은 총지질의 5% 이하를 차지한다. 스핑고지질은 주로 원형질막에 존재하며, 막 성분의 약 26%를 차지한다.
4. 스핑고지질 염은 일반적으로 독성을 나타내며, ceramide나 glycoceramide와 같은 형태로 낮은 농도로 존재한다.

## 09 정답 ①
* 쿠마린(coumarin)은 식물에 널리 분포하는 benzopyranone 대사물질군에 속한다. 식물의 종피·과실·꽃·뿌리·잎·줄기 등에 분포하나 과실과 꽃에 많이 함유되어 있다. 이들 성분은 항균, 섭식저해, 발아억제 및 자외선 차단 등의 활성을 나타내어 식물의 방어반응에 관여한다.
동물이 쿠마린 함량이 높은 식물을 섭취하면 대량의 내장출혈이 발생할 수 있다. 이러한 특성을 이용하여 쥐약인 warfarin이 개발되었다.

* 리그닌(lignin)은 섬유소 다음으로 가장 풍부한 천연 유기화합물로 유관속(관다발)식물 조직의 20~30%를 차지한다. 리그닌은 리그놀 단량체가 산화중합반응을 통해 단계적으로 중합도가 증가하여 형성된 중합체이다. 리그닌이 축적되어 수목의 2차물관조직이 형성되고 초본식물의 유관속조직이 강화된다.

## 10 정답 ②
* **체관을 통한 무기양분의 이동**
1. 잎에서 흡수되거나 물관을 통하여 체관으로 들어온 무기양분은 환상박피에 의하여 무기양분의 이동이 억제되나 증산작용과는 관계가 없다. 이것은 생육이 왕성하지만 증산작용은 활발하지 않은 어린 잎이나 새가지에 무기양분이 많이 집중되는 것으로 증명할 수 있다.
2. 목화의 줄기에서 목부와 표피를 분리한 후 잎에 32P를 처리한 결과 인산은 물관을 통하지 않고 체관을 통하여 아래쪽으로 이동하였다. 뽕나무에서도 32P가 뿌리에서 흡수되면

물관을 통하여 잎으로 이동된 후에 다시 체관을 통하여 이동하기도 한다. 일부 무기양분은 물관에서 체관으로, 또 체관에서 물관으로도 이동하므로 주로 뿌리에서 흡수되는 질소·인산·칼륨·마그네슘·염소 등이 체관에서 발견되기도 한다.

3. 이상의 결과를 종합하면 무기양분이 상승하는 경우에는 주로 목부에 있는 물관과 헛물관을 통하여 상승하고(침엽수에는 헛물관만 있음) 일부는 체관을 통하여 이동하지만, 하강할 때에는 거의 체관을 통하여 이동한다.

## 11 정답 ③

제1광계와 제2광계의 반응중심을 각각 P700, P680으로 지칭한다.

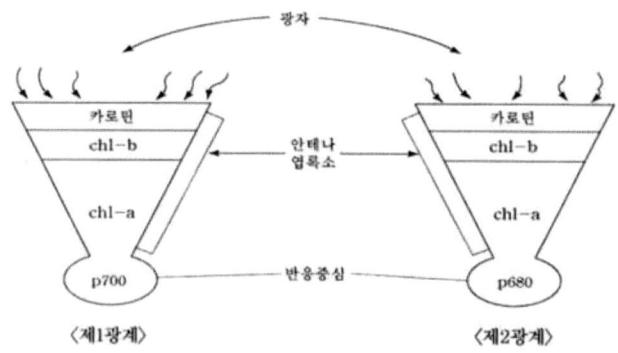

## 12 정답 ④

보통 어린 잎은 묵은 잎보다 삼투퍼텐셜이 낮고, 같은 줄기에 착생하는 잎에서는 선단에 가까운 것일수록 삼투퍼텐셜이 낮으며, 또 줄기 자체의 선단은 비교적 삼투퍼텐셜이 낮아서 어린 잎과 거의 같거나 약간 낮다. 또, 잎은 어린 열매보다 삼투퍼텐셜이 낮고, 지상부의 조직은 뿌리의 세포보다 삼투퍼텐셜이 낮다. 그러므로 작물체 안의 수분이 감소하면 어린 잎이나 줄기의 선단은 묵은 잎이나, 열매와 지하부에서 수분을 빼앗는다.

## 13 정답 ③

### ✻ $CO_2$ 농도와 광합성

1. 작물이 광포화점에 있을 때 그 이상 광의 강도를 늘려도 광합성이 증가되지 않는 것은 광 이외의 조건이 한정요인(限定要因)으로 되기 때문이며, 공기 중의 $CO_2$ 농도가 가장 중요한 한정요인 이라는 것은 앞에서 설명하였다. 따라서, 작물이 행하는 최대의 광합성은 광의 강도와 $CO_2$ 농도 이 양자에 의하여 달라진다.
2. 즉, 충분한 광조건 하에서는 $CO_2$ 농도가 광합성의 제한요인이 되고, 충분한 $CO_2$ 농도 조건에서는 광의 강도가 광합성의 제한요인이 된다.
3. $CO_2$ 농도가 극히 낮을 때에는 비교적 약한 광에서 광합성이 최대로 되고 광의 강도를 늘려도 $CO_2$ 흡수는 그 이상 일어나지 않는다. 즉, 이 경우에는 $CO_2$ 농도가 광합성의 한계요인으로 된다. $CO_2$ 농도가 높을수록 광포화점에 도달하는데 더욱 강한 광을 필요로 하므로 충분한 광조건 하에서는 $CO_2$ 농도를 높이면 광합성은 증대한다.
4. 작물 주위의 공기 중에 $CO_2$ 농도가 보통공기 중의 $CO_2$ 농도(0.03%)보다 낮을 경우가 적지 않다. 옥수수 포장의 공기 중에 있는 $CO_2$ 농도는 바람이 없고 맑은 날에 0.01%로 저하하는 경우가 있다고 한다. 이 경우 작물포장의 공기 중 $CO_2$ 농도가 광합성의 제한요인이 된다. 바람이 부는 날은 작물 주위의 공기가 그 상층의 공기와 교환되므로 $CO_2$ 농도는 저하되지 않는다.

## 14 정답 ①

### ✻ 미숙배의 휴면타파

1. 장미과 식물(장미·사과나무·복숭아나무·배나무 등), 메귀리, 배암차조기, 여뀌 등은 채종 당시에 종자가 형태적으로는 완전히 발달한 것처럼 보이나 발아에 필요한 외적 조건을 주어도 발아하지 않는데, 이는 배 자체의 생리적 원인에 의해 휴면상태에 있기 때문이다. 이러한 종자는 땅에 떨어져서 습한 흙으로 종자가 덮이고 겨울의 저온을 경과하면 후숙이 진행되어 휴면이 타파되고 이듬해 봄에 발아한다.
2. 이와 같은 종자의 후숙을 인위적으로 촉진시키기 위해서는 저온에 수일~수개월 저장해야 한다. 0℃ 이하의 저온은 효과가 없고, 5℃ 내외에서 효과가 가장 크다.
3. 습한 모래 또는 이끼와 종자를 번갈아 층으로 쌓아 올리고 이것을 저온에 두어서 휴면을 타파하는 방법을 충적법(層積法; stratification) 또는 저온습윤처리라고 한다.
4. 저온습윤처리는 종자 내에 다음과 같은 여러 가지 생리·생화학적 변화를 유도한다.

   가. lipase·peroxidase·oxidase·catalase 등 효소활력의 증가가 일어난다.
   나. 조직형성에 많이 쓰이는 당류·아미노산 등과 같은 단순한 유기물질의 집적이 일어난다.
   다. 불용성 물질이 분해되어 가용성 물질로 변하고 삼투퍼텐셜이 낮아진다.

5. 삼투압 관련 물질의 증가는 배에 있어서 물의 이동이 쉬워진다는 것을 의미한다.
6. 또, 휴면배에는 발아억제물질(ABA, coumarin 등)이 있으나 저온습윤 처리에 의하여 이들 물질이 감소되면서 발아촉진물질(gibberellin, cytokinin 등)의 축적이 일어난다.

## 15 정답 ③

1. 전분의 분해는 가수분해효소인 amylase에 의하여 촉매된다. amylase는 전분종자에 다량으로 함유되어 있으며, 종자가 발아할 때 저장전분을 급격히 가수분해하여 어린 식물에 대한 당류의 공급을 가능하게 한다.
2. 전분의 분해에 관여하는 amylase에는 α-amylase, β-amylase, iso-amylase(R-효소) 등이 있다. β-amylase는 아밀로스와 아밀로펙틴을 말단으로부터 맥아당(maltose) 단위로 가수분해하며, α-amylase도 아밀로스와 아밀로펙틴을 가수분해한다.
3. α-amylase는 전분에 작용하여 긴 전분의 중합체(重合體; polymer)의 중간부분에서 덱스트린(dextrin)이라는 6분자의 포도당단위를 분해시킨다.
4. α-amylopectin의 최초 단계에서는 두 분자의 α-D-glucose가 α-1,6결합에 의하여 이루어진 isomaltose를 생성한다.

## 16 정답 ②

**\* 단순단백질**

단순단백질(單純蛋白質; simple protein)은 가수분해되었을 때에 오직 아미노산만을 생성하는 단백질이다. 단순단백질은 주로 용해성을 기준으로 분류된다.

1. 알부민(albumin) : 물이나 낮은 농도의 염류용액에 녹고, 열을 가하면 응고한다. 보리의 β-amylase는 알부민의 좋은 예이다.
2. 글로불린(globulin) : 물에 불용성이거나 약간 녹고, 낮은 농도의 염류용액에 녹으며, 열을 가하면 응고한다. 종자의 저장단백질로서 존재한다.
3. 글루텔린(glutelin) : 중성용액에는 녹지 않으나 약산이나 알칼리성 용액에는 녹는다. 주로 화곡류의 종자 속에 존재하며, 밀의 글루테닌, 벼의 오리제닌(oryzenin) 등이 좋은 예이다.
4. 프롤라민(prolamin) : 물에는 녹지 않으나 70~80% 알코올에 녹는다. 이들 단백질이 가수분해되면 비교적 다량의 프롤린(prolin)과 암모니아가 생성된다. 식물체에 존재하는 프롤라민으로는 옥수수의 제인, 밀이나 호밀의 글리아딘(gliadin), 보리의 호르데인(hordein) 등이 있다.
5. 히스톤(histone) : 아르지닌(arginine)이나 라이신(lysine)과 같은 아미노산이 많고, 물에 녹는다. 이들 단백질은 세포핵에 다량 존재하며 염색체의 뉴클레오좀 입자를 형성한다.
6. 프로타민(protamine) : 물에 녹고, 히스톤과 같이 세포핵에 존재하며, 핵산과 관련되어 있다. 이들 단백질에는 아르지닌이 많고 타이로신(tyrosine)이나 트립토판(tryptophan)과 같은 아미노산은 없다.

## 17 정답 ①

**\* 파이토크롬에 의해 유도되는 대표적인 광가역반응**

| 구분 | 식물 | 발달단계 | 적색광의 효과 |
|---|---|---|---|
| 속씨식물 | 상추 | 종자 | 발아촉진 |
| | 귀리 | 유식물(황백화) | 탈황백화 촉진(잎 펼침) |
| | 겨자 | 유식물 | 엽원기 형성, 1차엽 발달 및 안토시아닌 생성촉진 |
| | 완두 | 성체 | 절간신장 저해 |
| | 도꼬마리 | 성체 | 개화(광주기반응) 저해 |
| 겉씨식물 | 소나무 | 유식물 | 엽록소 축적 촉진 |
| 양치식물 | 야산고비 | 어린 배우체 | 생장촉진 |
| 선태식물 | 솔이끼 | 포자 발아체 | 색소체 발달 촉진 |
| 녹조식물 | 판해캄 | 성숙한 배우체 | 방향성을 갖는 약광에 대한 엽록체의 방향성 |

## 18 정답 ②

포도당신생합성 경로의 글리옥시솜에서 진행되는 아세틸-CoA가 숙신산으로 전환되는 과정을 글리옥실산회로(glyoxylic acid cycle)라고 한다.

글리옥실산회로에서는 β-산화에 의해 지방산으로부터 생성된 아세틸-CoA가 글리옥실산과 반응하여 말산을 생성하고, 말산은 말산탈수소효소에 의해 산화되어 옥살초산으로 전환된다. 옥살초산은 β-산화에서 생성된 아세틸-CoA와 반응하여 시트르산을 형성하고, 시트르산은 아이소시트르산(isocitric acid)으로 전환된 다음, 숙신산과 글리옥실산으로 분리된다. 즉, 글리옥실산 경로의 말산의 생성에서 아이소시트르산의 생성까지의 반응이 미토콘드리아에서 진행되는 시트르산회로와 동일하게 진행된다.

## 19 정답 ①

**\* 지상 및 지하 자엽형 식물의 예**

| 구분 | 지하자엽형 | 지상자엽형 | 구분 | 지하자엽형 | 지상자엽형 |
|---|---|---|---|---|---|
| 배유식물 | 밀 | 피마자 | 무배유식물 | 상추 | 덩굴강낭콩 |
| | 옥수수 | 메밀 | | 완두 | 오이 |
| | 보리 | 마디풀 | | 붉은강낭콩 | 땅콩 |
| | 자주닭개비 | 양파 | | | |

**20** 정답 ②

종자는 건조상태로 보존될 때 그 수명이 길다. 종자의 발아력을 상실시키지 않고 어느 정도까지 종자를 건조시킬 수 있느냐 하는 것은 작물의 종류에 따라 다르다.

대부분의 종자는 함수량 2~3% 이하의 조건에서는 견딜 수 없다. 그러나 무의 일종에서는 0.4%까지 건조시켜도 발아력을 유지한다고 한다.

채소 종자를 실내에 방치하면 1년 이내에 발아력이 크게 떨어지지만, 건조제를 쓰지 않고 병에 넣어서 밀폐만 하여도 상당한 발아력을 유지한다고 한다.

종자의 건조도나 온도조건이 거의 같은데도 밀봉저장을 한 것이 실내에 방치한 것보다 양호한 발아력을 유지하는 이유는 실내에 방치한 종자는 외부의 습도변화에 따라 종자 함수량이 변화하는 데 반하여 밀봉저장을 한 것은 함수량의 변화가 없기 때문이다.

종자의 함수량 자체뿐만 아니라 함수량의 변화도 종자의 수명을 단축하는 원인이 된다.

# 작물생리학 400
### 동형모의고사

| 작물생리학 | | | | | | | | | |
|---|---|---|---|---|---|---|---|---|---|
| 19회 | | | | | | | | | |

| 01 | 02 | 03 | 04 | 05 | 06 | 07 | 08 | 09 | 10 |
|---|---|---|---|---|---|---|---|---|---|
| ② | ④ | ② | ④ | ① | ① | ③ | ④ | ① | ① |
| 11 | 12 | 13 | 14 | 15 | 16 | 17 | 18 | 19 | 20 |
| ③ | ① | ④ | ① | ④ | ② | ③ | ① | ② | ② |

## 01 정답 ②

**\* $K^+$양이온 축적에 의한 기공 열림을 나타낸 모식도**

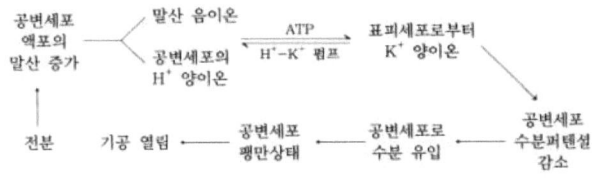

$H^+-K^+$교환은 능동적 과정으로 ATP를 필요로 하며, ATP는 광합성(광인산화반응) 또는 호흡작용에 의하여 공급된다.

## 02 정답 ④

**\* 작물의 요수량**

1. 작물이 생육기간 중에 축적된 건물량과 이 기간에 뿌리에서 흡수된 수분량을 대비하면 작물에 의하여 흡수된 물이 각종 생리작용을 통해서 얼마만큼 작물의 생장에 이용되었는가를 표시하는 수치를 얻을 수 있다. 요수량(要水量; water requirement)이란 단위중량의 건물량을 생산하는 데 필요한 수분량을 나타내는 수치이며, 생육기간 중에 흡수된 수분량을 그 기간 중에 축적된 건물량으로 나누어 구할 수 있다.

$$요수량 = \frac{증발산량}{건물생산량}$$

2. 이러한 경우 생육기간 중의 흡수량은 그동안의 증산량과 거의 같다고 간주하고 흡수량 대신에 증산량을 쓰는 것이 보통이며, 요수량을 일명 증산계수(蒸散係數; transpiration coefficient)라고도 한다.

3. 요수량은 작물의 종류에 따라 매우 다르며, 이것에 의하여 작물의 수분요구도를 어느 정도 짐작할 수 있다. 즉, 옥수수·수수·기장 등은 가장 유효하게 물을 이용하고, 화곡류는 같은 건물량을 생산하는 데 있어서 이들보다 약 2배의 물을, 콩과작물은 약 3배의 물을 소비한다. 대체적인 경향을 보면 건성작물의 요수량은 일반작물에 비하여 적다.

4. 작물의 수분이용효율(水分利用效率; water use efficiency, WUE)은 요수량의 역수(逆數)로 나타내며, 다음과 같이 정의할 수 있다.

$$수분이용효율 = \frac{건물생산량(g)}{증발산량(kg)}$$

5. 수분이용효율은 작물의 수량을 생산하는 데 소비된 수분과 관련된 수량을 의미한다. $C_4$식물의 수분이용효율은 일반적으로 $C_3$식물보다 높다. $C_4$식물에서 수분이용효율이 높은 요인은 높은 광도와 온도 조건에서 광합성이 높고 생장속도가 빠르며, 낮은 광도에서는 기공저항이 높아 증산작용이 낮기 때문이다. $C_3$식물과 $C_4$식물의 수분이용효율은 CAM식물보다 낮다. 그러나 CAM식물의 작물로의 이용은 $CO_2$고정과 CAM식물의 생산성이 낮기 때문에 제한을 받는다.

## 03 정답 ②

**\* 기계적 저항성 종피**

1. 종피가 딱딱해져서 배의 팽창을 기계적으로 억제하기 때문에 종자가 휴면을 하는 경우가 있는데, 이는 나팔꽃, 땅콩(소립종), 잡초 종자 등에서 볼 수 있다. 털비름의 종피는 물이나 산소를 쉽게 통과시키지만 종피의 기계적 저항때문에 발아하지 못한다.

2. 그러나 종피가 물을 충분히 함유하고 있는 동안은 10수년 이상이나 휴면상태에 머물 수 있지만 종피가 건조하면 종피 안의 교질물에 변화가 일어나서 그 기계적인 저항력이 약해지므로, 그 후에 종자가 다시 물을 흡수하면 배가 팽창하는 힘으로 종피가 터져서 발아한다.

3. 나팔꽃의 종자는 채종 직후에는 쉽게 발아하지 않으나 건조시키면 종피의 물리적 저항이 감소되어 발아할 수 있다.

4. 땅콩(소립종)도 채종 후 얼마 동안은 종피의 기계적 저항 때문에 발아하지 않으나 건조하면 그 저항이 줄어들어 발아한다.

**\* 미발달된 배**

1. 종자가 모식물에서 성숙하였더라도 채종 당시에는 배가 발달하는 도중이므로 채종해도 발아하지 않는 종자가 있다.

2. 이와 같이 종자는 채종기에는 외관만 성숙해 있을 뿐이고, 내적으로는 휴면 상태에 있어 이어지는 후숙(後熟; after ripening) 시기에 배가 발달해야 발아할 수 있다. 은행나무와 몇 종의 수목에서 이와 같은 예가 알려져 있다.

3. 인삼 종자는 7월 하순 채종 당시에는 배가 극히 미발달된 상태에 있으며, 그대로 모식물에 착생해 있더라도 배의 생장은 진행되지 않는다.

## 04 정답 ④

뿌리의 호흡은 무기양분의 흡수와 관계 있으므로 호흡원인 당함량이 뿌리 무기양분의 흡수와 축적에 영향을 끼친다. 보리의 경우 당함량이 적은 뿌리는 무기양분의 축적이 적었다.

질소·인산 등 무기양분을 충분히 공급하면 광합성에서 생성된 당이 이들과 결합하여 식물체 구성분을 합성하는 데 많이 소모되어 호흡에 이용될 양이 감소하므로 무기양분의 흡수력은 감소한다. 그러나 무기양분이 결핍된 조건에서 자란 식물은 당에 축적되고, 무기양분의 흡수력이 커진다.

## 05 정답 ①

철(Fe)은 엽록소의 구성분은 아니지만 작물체에 유효태 철이 결핍되면 엽록소가 형성되지 않으며 철결핍 후에 생긴 어린 잎에 뚜렷한 황백화현상이 생긴다.

## 06 정답 ①

**2차대사물질 중에서 1차적 기능 또는 1차적 및 2차적 기능을 동시에 갖는 대표적 물질**

| 구분 | 주요 특성 |
| --- | --- |
| 1차적 기능을 획득한 2차대사물질 | diterpenoid(지베렐린〈식물호르몬〉) sesquiterpenoid(앱시스산〈식물호르몬〉) triterpenoid(브라시노스테로이드〈식물호르몬〉) tetraterpenoid(카로티노이드, 잔토필〈광보호〉) flavonoid(플라보노이드 중 일부〈발달조절자〉) benzoate(살리실산〈스트레스 신호〉) |
| 1차적 및 2차적 기능을 동시에 갖는 대사물질 | lignin(세포벽 강화 및 화학적 방어) canavanine(화학적 방어 및 종실 질소 저장) |

## 07 정답 ③

많은 식물의 발아하는 종자에서 종피가 산소를 받아들일 수 없는 초기에는 무기호흡을 하는데, 이와 같은 현상은 수중에서 보통 발아하는 벼에서 볼 수 있다.

그러나 밀·옥수수·완두·해바라기와 같이 산소가 조금 더 있어야 발아하는 종자도 발아 초기에 상당한 무기호흡을 할 수 있다.

## 08 정답 ④

**토양 중에서 질소를 전환시키는 미생물**

1. 암모니아나 암모니아태질소가 Nitrosomonas속과 Nitrobacter속 세균의 작용으로 아질산이나 질산으로 변화하는 것을 질화작용(窒化作用; nitrification)이라고 한다.
2. 이들 질화세균은 생육에 필요한 에너지를 암모니아 또는 질산염의 산화를 통해 얻으므로 자급영양세균(自給營養細菌; autotrophic bacteria)이라고 한다.
3. Nitrosomonas속 세균은 암모니아를 아질산염으로 전환시키며, 아질산염을 질산염으로 전환하는 데는 Nitrobacter속 세균이 필요하다.

$$NH_4^+ \xrightarrow{Nitrosomonas} NO_2^- \xrightarrow{Nitrobacter} NO_3^-$$

4. 질산염이 아산화질소($N_2O$)와 질소($N_2$)로 전환하는 과정도 역시 여러 가지 토양미생물의 작용으로 진행되는데, 이 과정을 탈질작용(脫窒作用; denitrification)이라고 한다.
5. 대기 중으로 질소가스를 유리하는 탈질작용으로 자연의 복잡한 질소순환이 완결된다.

## 09 정답 ①

고복사조도에 의해서 유도되는 일부 식물의 광형태형성 반응

| 구분 | 광형태형성 반응 |
| --- | --- |
| 여러 쌍떡잎 유식물 및 사과껍질 | 안토시아닌 합성 |
| 겨자, 상추, 그리고 피튜니아 유식물 | 하배축 신장의 저해 |
| 사리풀(Hyoscyamus) | 개화 유도 |
| 상추 | 유아의 후크 열림 |
| 겨자 | 떡잎의 확장 |
| 수수 | 에틸렌 생산 |

## 10 정답 ①

**＊ 에틸렌과 노화**

1. 에틸렌(ethylene)이 과실의 성숙을 일으키는 물질이라는 것은 잘 알려져 있다.
2. 잘 익은 사과와 익지 않은 토마토를 비닐봉지에 함께 넣어두면 토마토가 붉은색으로 쉽게 변하는 것을 관찰할 수 있는데, 이는 사과가 방출하는 에틸렌에 의한 노화촉진 작용 때문이다.
3. 식물이 기계적인 손상, 침수, 병원균 감염 등을 받게 되면 노화 또는 괴사가 촉진되는데, 이때에도 에틸렌의 생성이 크게 증가한다.
4. 에틸렌에 의해 유도되는 일반적인 노화현상으로는 호흡률의 증가, 막투과성의 증가, 그리고 엽록소의 파괴 등을 들 수 있다.
5. 특히, 과실과 꽃에서는 여러 종류의 색소합성, 탄수화물·유기산 및 단백질의 함량 변화, 과육조직의 경도변화, 휘발성 향기성분 발생 등이 에틸렌에 의해 유도된다.

## 11 정답 ③

줄기에서 뿌리의 분화는 옥신농도가 높을 때 촉진되므로 뿌리는 해부학적 기부에서 형성된다. 반대로, 새가지[신초] 발생은 옥신농도가 가장 낮은 정단 부위에서 형성되는 경향이 있다.

## 12 정답 ①

왁스는 1가알코올과 긴 사슬을 가진 지방산의 에스테르이다.
왁스의 지방산은 보통 포화되어 있으며 에스테르의 약한 극성 때문에 매우 불용성이다.
왁스는 보통 큐티클의 외부에 존재하며 수분의 손실을 크게 감소시킨다.

## 13 정답 ④

카페인은 purine계의 대표적 화합물이다.

## 14 정답 ①

발아는 종자가 물을 흡수하는 것으로부터 시작된다. 종자의 물 흡수는 침윤(浸潤; imbibition)과 삼투에 의하여 일어난다.
보통 종자가 발아에 필요한 만큼 충분한 물을 흡수하려면 종자가 직접 물에 접촉해야 한다.
그러나 밀·보리·호밀 등의 종자는 수증기로 포화된 공기 중에서도 발아에 충분한 물을 흡수할 수 있다.
수분흡수에 영향을 미치는 요인으로는 종자의 크기, 종자의 교질(膠質) 조성, 종피의 투수성, 물과의 접촉상태, 온도 등이 있다. 종자의 물 흡수량이 최고에 도달하는 시간은 작물의 종류에 따라 다를 뿐만 아니라, 온도에 따라서도 다르다.
대체로 작물 종자의 흡수속도는 온도가 높아짐에 따라 빨라지지만 온도가 너무 높아지면 오히려 늦어진다.

## 15 정답 ④

**＊ 생리활성형 파이토크롬**

1. 파이토크롬반응은 적색광 조사에 의해서 유도되므로 파이토크롬에 의한 생리반응은 이론상으로 Pfr의 생성이나 Pr의 소실 때문이라고 해석할 수 있다.
2. 이와 관련된 연구 결과에 따르면 생리적 반응의 정도와 광에 의해 만들어진 Pfr의 양 사이에는 비례관계가 성립하나, 생리적 반응과 Pr의 소실 사이에는 이러한 관계가 성립하지 않는다고 한다.
3. 이러한 증거는 Pfr가 생리적으로 활성을 나타내는 형태의 파이토크롬임을 입증한다.

## 16 정답 ②

과실이 성숙할 때에는 과육을 연하게 하는 세포벽 분해효소인 cellulase와 polygalacturonase 등의 합성이 증가하나, 잎이 노화할 때에는 이들의 효소의 생성이 뚜렷하게 관찰되지 않는다.
또한, 잎이 노화할 때 증가하는 단백질분해효소는 과실이 성숙할 때에는 증가하지 않는다.
식물의 잎이 노화할 때 특이적으로 증가하는 단백질에는 RNase, proteinase, lipase, alcohol dehydrogenase, methallothionein 및 pathogene-related protein(PR protein) 등이 있다.
한편, 과실이 노화할 때 특이적으로 발현이 증가하는 유전자들은 에틸렌의 합성에 관여하는 효소, 섬유소 분해효소, polygalacturonase, glutathionine S-transferase 등이다.

## 17 정답 ③

식물 종자의 발아성과 광의 관계는 종자의 발아 시 빛에 대하여 감수성을 나타내는 것(광감수성 종자; photo-sensitive seed)과 반응을 나타내지 않는 것(광불감수성 종자; photo-insensitive seed)으로 크게 나눌 수 있으며, 광감수성 종자는 다시 광에 의하여 발아가 촉진되는 것(광발아성 종자; light-promotive seed)과 광에 의하여 발아가 억제되는 것(암발아성 종자; light-inhibitive seed)으로 나눌 수 있다.

### 1. 광감수성 종자

가. 광발아성 종자(빛이 발아에 필요한 충분한 에너지를 배에 주어 발아가 촉진됨) : 담배·상추·뽕나무·배암차조기·우엉·켄터키블루그래스

나. 암발아성 종자(빛이 배의 생장을 불활성화하여 발아가 억제됨) : 파·양파·가지·수박·호박·수세미·오이

### 2. 광불감수성 종자(광의 존재 유무에 관계없이 발아함) : 화곡류, 옥수수, 대다수의 콩과작물

## 18 정답 ①

### ✱ 식물에서 지질분자의 주요 기능

| 기능 | 지질의 종류 |
|---|---|
| 막의 구성 | 글리세롤지질·스핑고지질·스테롤 |
| 에너지와 탄소의 저장 | 중성지질·왁스 |
| 전자전달 | 엽록소와 기타 색소, 유비퀴논, 플라스토퀴논 |
| 광보호 | 카로티노이드 |
| 자유기로부터 막 보호 | 토코페롤 |
| 방수 및 표면보호 | 긴 지방산과 지방산 유도체(큐틴·수베린·표면왁스) |
| 단백질 변형 막의 닻 부가 | |
| 아실화 | 주로 14 : 0 및 16 : 0 지방산 |
| 프레닐화 | 파네실과 제라닐제라닐 피로인산 |
| 다른 막의 닻 구성요소 | 포스파티딜이노지톨·세르아마이드돌리콜 |
| 당화 | |
| 신호전달 | |
| 내부 | 앱시스산, 지베렐린, 브라시노스테로이드, 자스몬산의 18 : 3 지방산 전구물질, 이노시톨인산, 다이아실글리세롤 |
| 외부 | 자스몬산, 휘발성 곤충 유인성분 |
| 방어와 섭식저해 | 정유, 라텍스 및 수지 구성성분 |

## 19 정답 ②

**＊ 개화기 조절**

1. 화훼작물에 있어서 개화기를 인위적으로 조절하여 출하하는 것은 시장성을 높이는 데 매우 효과적이다.
2. 국화의 경우 전등조명에 의한 억제재배 또는 단일처리에 의한 촉성재배로 개화기를 조절하고 있다.
3. 우리나라에서 겨울~봄철까지 가을국화를 공급하기 위한 억제재배의 경우, 꽃눈이 분화되기 전에 장일처리로 영양생장을 유지시킨 다음 자연일장인 단일조건 하에서 개화시킨다.
4. 이와 반대로, 단일처리에 의한 가을국화의 개화촉진 재배의 경우 5~9월에 걸쳐 출하하게 된다.
5. 국화의 개화촉진에는 9~10시간의 일장이 적당하며, 단일처리 기간은 품종에 따라 차이는 있지만 보통 30~50일이다.

## 20 정답 ②

식물호르몬은 수용부 세포의 활성에 영향을 미쳐 동화물질의 분배에 큰 효과를 나타낸다. 인돌초산(IAA), 사이토키닌(cytokinin), 에틸렌 및 지베렐린을 줄기 절단면에 처리하면 처리한 부위에 동화물질의 축적이 유발된다.

# 작물생리학 400
## 동형모의고사

| 01 | 02 | 03 | 04 | 05 | 06 | 07 | 08 | 09 | 10 |
|---|---|---|---|---|---|---|---|---|---|
| ② | ① | ② | ④ | ① | ③ | ③ | ② | ① | ① |
| 11 | 12 | 13 | 14 | 15 | 16 | 17 | 18 | 19 | 20 |
| ④ | ② | ③ | ① | ④ | ② | ② | ② | ③ | ③ |

## 01 정답 ②

물속에서 발아하지 못하는 식물은 산소요구도가 높고, 물속에서 발아가 크게 저하되지 않는 작물은 산소요구도가 낮은 것으로 볼 수 있다.

1. 물속에서 발아하지 못하는 식물 : 귀리·밀·무·양배추·코스모스·과꽃·후추·가지·파·머스크멜론·메밀·콩·앨팰퍼
2. 물속에서는 발아가 저하되는 식물 : 담배·토마토·흰토끼풀·금강아지풀·석죽·미모사
3. 물속에서도 발아에 이상이 없는 식물 : 상추·당근·셀러리·티머시·켄터키블루그래스·피튜니아

## 02 정답 ①

**★ 눈휴면 유도**

1. 눈(bud)의 휴면유도를 지배하는 가장 중요한 외적 요인은 일장이며, 온도도 영향을 미친다.
2. 일반적으로 장일조건은 영양생장을 촉진하며, 단일조건은 신장생장을 억제하고 휴면눈의 형성을 촉진한다.
3. 사과·배·복숭아 등의 휴면형성은 비교적 일장에 대한 반응 정도가 낮다. 반면에 아까시나무·자작나무·잎갈나무 등의 식물은 장일조건을 주게 되면 휴면하지 않고 생장을 계속한다(18개월 이상). 그러나 이들을 단일조건으로 옮기면 10~14일 사이에 즉시 생장이 정지되면서 휴면눈을 형성하게 된다.
4. 단일조건 하에서 휴면눈이 형성될 때에도 개화유도에서 관찰되는 광주기성 반응과 같은 한계일장이 적용된다. 이때에도 명기의 길이보다는 연속암기의 길이에 의하여 휴면유도가 결정된다.
5. 한계암기보다 긴 암기의 존재에 의하여 휴면눈의 형성이 촉진되며, 야간에 광중단 처리를 하면 장암기(단일조건)의 효과가 소실되어 휴면눈이 형성되지 않는다. 이 경우 적색광이 가장 효과적인 것으로 나타나 파이토크롬이 관여함을 암시하고 있다.
6. 잎갈나무에서는 이 광중단효과에 적색광과 원적색광과의 광가역성까지 관찰되는 것으로 알려져 있다. 이때 휴면눈 형성은 암기 중에 주어진 적색광에 의해 억제되고, 적색광 직후의 원적색광에 의해 촉진된다.

## 03 정답 ②

**★ 광질**

1. 잎에 도달하는 광은 대개 혼합광으로 다양한 파장이 섞여있는 형태이다. 일반적으로 특정 파장의 광은 식물의 생장에 독특한 영향을 끼친다.
2. 식물의 생육에는 390~760nm의 가시광선이 중요한 역할을 한다.
3. 보통 400~700nm의 광선을 광합성유효광(光合成有效光; photosynthetically active radiation, PAR)이라고 부르는데, 이 가운데 광합성에 가장 효과적인 파장은 650~680nm의 적색광과 430nm 부근의 청색광이다.
4. 파장 400~450nm의 청색광 또한 식물의 생장에 큰 영향을 미친다. 특히, 청색광은 굴광반응, 마디의 신장생장 등에 관여하는 것으로 알려져 있다.
5. 자외선은 200~400nm 파장 영역으로 UV-A(320~400nm), UV-B(280~320nm), UV-C(200~280nm)로 나누어진다. UV-A는 플라보노이드와 각종 색소의 합성에 관여하고, UV-B와 UV-C는 DNA 구조를 변화시킬 수 있어 색물의 생장에 해롭게 작용한다.
6. 장파장(750nm)의 빛은 광합성에는 효과적이지 못하나 광형태형성 유도에는 중요한 신호로 작용하며, 작물체온의 상승효과가 크다.
7. 적외선은 중배축(mesocotyl)의 신장을 촉진시킨다. 특히, 군락상태에서 초관 하부에는 원적색광의 비율이 높아 웃자라기 쉽다.

## 04 정답 ④

**★ 세포막의 변화**

1. 세포막은 선택성을 갖는 역동적인 막으로서, 세포의 생리·생화학적 현상을 조절하는 데 필수적인 요소이다.
2. 노화가 진행되면서 점차 세포막의 총체적인 구조가 와해되고 세포소기관들이 파괴되며, 또한 투과성이 증가하여 세포 속에 존재하는 용질이 유출된다.
3. 식물에서 노화가 일어나면서 세포막·소포체막·액포막 등으로부터 활성산소의 하나인 과산화물(superoxide, $O_2\cdot-$) 유리기의 생성이 증가하며, 이로 인하여 지방의 과산화반응(peroxidation)과 지방산의 탈에스터반응(de-esterification)이 일어난다.

4. 노화가 진행되면서 불포화지방산의 산화 중간산물의 양이 크게 증가하며, 이와 함께 원형질막의 지질가수분해효소(lipoxygenase)의 양이 급격하게 증가한다.
5. 막 유동성의 변화는 막에 존재하는 다양한 효소와 신호전달 수용체(receptor)의 기능에 영향을 미친다.
6. 노화가 진행되고 있는 조직으로부터 분리된 막을 X-선회절법으로 조사해 보면, 노화가 진행될수록 막의 지질조성이 변하는 것을 알 수 있다.

## 05 정답 ①
* 사이토키닌 생합성과 대사
1. 사이토키닌은 isoprene의 전구체인 deoxyxylulose로부터 $\Delta 2$-isopentenyl pyrophosphate를 거쳐 생합성된다.
2. cytokinin synthase에 의해 $\Delta 2$-isopentenyl pyrophosphate는 AMP와 결합하여 isopentenyl-AMP로 바뀐다. 이어 isopentenyl-AMP는 ribosylzeatin을 거쳐 zeatin으로 변환되며, zeatin은 환원되어 dihydrozeatin으로 바뀐다.
3. 근단분열조직은 식물체에서 유리 사이토키닌을 합성하는 주요 부위이다.
4. 뿌리에서 합성된 사이토키닌은 물관부를 거쳐 줄기로 수송된다.
5. 그러나 뿌리만이 사이토키닌을 합성할 수 있는 유일한 기관은 아니다.
6. 애기장대에서 IPT(iso-pentenyl transferase) 유전자는 근단 물관부, 체관부, 엽맥, 배주, 미성숙 종자, 근원기, 중축 근관세포, 어린 꽃차례[화서]의 상부, 그리고 열매의 이층을 포함하는 다양한 조직에서 발현되는 것을 확인할 수 있다. 이와 같은 결과는 식물의 여러 조직이 사이토키닌을 생합성한다는 것을 뒷받침하고 있다.

## 06 정답 ③
종자의 배(embryo) 안에 있는 탄수화물 함량과 춘화처리 효과는 정의 상관관계가 있다.
배지에 탄수화물의 유무가 가을호밀 배의 춘화처리에 미치는 영향을 조사한 결과 탄수화물이 있어야 춘화처리 효과가 있음이 확인되었다.

## 07 정답 ③
* 광합성과 온도
1. 작물에 따라 광합성에 알맞은 온도가 다르다. 벼·옥수수·콩 등 여름작물은 생육적온이 25~30℃이므로 일찍 재배하면 봄에 늦서리 피해를 받거나 유묘기에 냉해를 받기 쉽고, 늦게 재배하면 가을에 첫서리 피해를 받거나 등숙이 불량하기 쉬우므로 알맞은 시기에 재배해야 한다.

2. 일반적으로 종실작물을 조식재배 하면 온도가 높고 일장이 긴 시기에 개화하여 등숙기간에 광합성량이 많아 수량이 증가한다.
3. 호냉성(好冷性) 작물은 온도가 높으면 오히려 생육에 불리하므로 여름이 되기 전에 수확하거나 여름이 지난 후에 재배한다.
4. 즉, 감자는 20℃ 이상에서는 광합성보다 호흡이 우세하여 괴경이 잘 비대하지 않으므로 여름에 온도가 높은 평야지에서는 봄에 일찍 파종하여 온도가 아주 높아지지 않은 6월 하순~7월 중순 이전에 수확하거나 가을에 재배하지만, 여름에도 온도가 크게 높지 않은 강원도 산간에서는 봄에 심어 가을에 수확하므로 높은 수량을 올릴 수 있다.

## 08 정답 ②
* 대기오염물질이 작물생육에 미치는 영향

| 오염물질 | 피해엽 | 피해조직 | 피해한계 ppm | 피해한계 $\mu g/m^3$ | 노출시간 | 잎의 피해증상 |
|---|---|---|---|---|---|---|
| $SO_2$ | 성숙한 잎 | 엽육조직 | 0.30 | 785 | 8시간 | 엽맥 간 갈색 점 표면 작은 반점 |
| $O_3$ | 늙은 잎 | 해면조직 | 0.03 | 59 | 4시간 | 표면 작은 반점, 엽맥 간 갈색 점 |
| PAN | 어린 잎 | 해면조직 | 0.01 | 50 | 6시간 | 이면 광택화, 엽맥 간 갈색 점 |
| $NO_2$ | 성숙한 잎 | 엽육조직 | 2.50 | 4,700 | 4시간 | 엽맥 간 갈색 점 표면 작은 반점 |

## 09 정답 ①
* 체관부 속에서 전류하는 탄수화물
1. 체관부에서 전류되는 물질 중 90% 또는 그 이상의 고형물은 비환원당(非還元糖; nonreducing sugar : 알데하이드나 케톤기를 갖고 있지 않은 당)인 자당(설탕)이나 라피노스와 같은 탄수화물이다. 그리고 전류하는 탄수화물 중에서는 자당이 대부분을 차지한다.
2. 그러나 작물의 종류에 따라서는 자당 이외에 라피노스(raffinose), 스타키오스(stachyose), 버바스코스(verbascose) 등과 같은 과당류(oligosaccharide)도 전류한다.
3. 또, 장미과 식물에서는 당알코올인 만니톨(mannitol)과 소비톨(sorbitol)이 탄수화물의 주요 이동형태인데, 실제로 소비톨은 사과나무에서 탄수화물을 전류하는 데 가장 큰 역할을 한다.
4. 환원당인 포도당과 과당은 체관부 조직에서 검출되지만 이들 당은 전류물질이 아니고 자당이나 그와 관련된 당의 가수분해 산물이다.

## 10 정답 ①

**\* 대기습도와 증산작용**

1. 대기가 건조하면 증발이나 증산은 촉진된다. 이 대기의 건조 정도를 표시하는 것이 상대습도(相對濕度; relative humidity)이며, 이는 일정한 공기가 함유하는 수중기량을 포화수중기량에 대한 비율로 나타낸 것이다.
2. 그러나 증발이나 증산에 직접 관계가 있는 것은 그 공기가 현재 얼마만큼의 수증기를 보유하고 있는가 보다 앞으로 얼마만큼의 수증기를 더 함유할 여지가 있는가 하는 것이며, 이를 표시하는 방법에는 다음의 두 가지가 있다.
3. 하나는 포화부족량이며, 이것은 일정한 대기 또는 공기에 함유되어 있는 수증기의 실량을 w, 그 공기가 수증기로 포화되었을 때 함유되는 수증기 양을 W라고 하면 W-w로 표시된다. 그리고 이 차(差)를 양자의 수증기 차로 나타낸 것이 증기압부족량이며, 이것은 대기의 증기압을 e, 그 공기의 포화수증기압을 E라고 하면 E-e로 나타낼 수 있다.
4. 잎의 증산작용은 잎의 수증기압(엄밀히 말하면, 엽육세포가 함유하는 물의 증기압)과 대기의 증기압과의 차에 비례한다. 엽온은 보통기온과 거의 같거나 또는 이보다 약간 높으므로 증기압의 차는 대기 자체의 증기압부족량과 같다. 따라서, 대기의 증기압부족량이 커지면 커질수록 증산작용은 왕성해진다.

## 11 정답 ④

**\* 무기물의 엽면시비가 효과적인 경우**

1. 토양 속에서 불용태가 되기 쉽고, 요구량이 적은 무기양분을 사용할 경우 : Mn, Zn, Cu 등은 토양에서 불용태가 되기 쉽고, 작물의 요구량이 극히 적으며, 많이 흡수하면 오히려 유해작용이 우려되므로 토양에 알맞은 양을 시용하기 어려울 경우 낮은 농도로 엽면시비를 하면 효과적이다.
2. 지효성 무기물을 시용할 경우 : 사과나무에 마그네슘이 결핍되었을 때 마그네슘을 토양에 사용하면 3년 정도 걸려야 회복되지만 epsom염($MgSO_4 \cdot 7H_2O$)을 엽면살포 하면 빨리 회복된다.
3. 토양조건에 따라 무기물의 흡수가 저해되는 경우 : 추락답에서 자란 벼나 답리작 맥류가 습해를 받아 상했거나 활력이 떨어져서 무기물의 흡수력이 떨어졌을 때 요소를 엽면시비하면 효과적이다.
4. 영양부족 상태를 급속히 회복시키는 경우 : 작물이 동상해나 그 밖의 기상장해, 병충해 등으로 인하여 질소가 부족할 때에는 요소의 엽면시비가 토양시비보다 더 빨리 회복된다.
5. 작물의 생육시기 때문에 토양시비의 효과가 적은 경우 : 가을에 뽕나무의 잎은 단백질이 줄고 탄수화물이 많아 잎이 거칠고 딱딱하여 품질이 떨어지는데, 이때 요소를 엽면시비하면 품질저하를 막을 수 있다. 또, 사과나무도 낙엽기에 요소를 엽면시비 하면 이듬해 봄에 토양시비 하는 것보다 생육이 좋아진다.
6. 시비를 원하지 않는 작물과 같이 재배할 경우 : 과수원에서 초생재배를 할 때 토양시비를 하면 피복작물은 비료의 흡수율이 높고 과수는 비료의 흡수율이 낮은데, 엽면시비를 하면 과수에만 효과적으로 시비할 수 있다.

## 12 정답 ②

**호흡급증형 과실과 비호흡급증형 과실**

| 구분 | 과실 |
| --- | --- |
| 호흡급증형 | 사과·복숭아·배·감·자두·토마토·아보카도·바나나·캔탈로프·무화과·망고·올리브 |
| 비호흡급증형 | 딸기·수박·파인애플·포도·귤·피망·체리 |

## 13 정답 ③

**\* 광호흡**

1. 광호흡(光呼吸; photorespiration)이란 광조건에서만 호흡작용이 일어나는 현상을 뜻하며, 페록시솜(peroxisome)이라는 특정 기관에서 일어난다.
2. 광호흡의 기질(基質)은 칼빈-벤슨회로의 RuBP가 $CO_2$와 결합하지 않고 $O_2$와 결합하여 생성된 글리콜산(glycolic acid)이며, 산소의 농도가 높고 $CO_2$의 농도가 낮은 조건에서 글리콜산의 생성이 촉진된다.
3. 글리콜산은 페록시솜으로 확산되어 그곳에서 빨리 산화되어 글리신·세린 등이 생성되며, ATP를 생성하지 못하고 유리된 에너지는 모두 소실되는 셈이다. 어느 경우에는 광합성에 의하여 환원된 탄소의 30% 이상이 광호흡을 통해 $CO_2$로 재산화되는 것으로 관찰되었는데 상당한 손실이라고 할 수 있다.
4. 광호흡은 높은 광도 외에도 높은 $O_2$ 수준과 낮은 $CO_2$ 수준, 그리고 고온에서 촉진된다.

## 14 정답 ①

**\* 전분**

1. 광합성에 의하여 엽육세포 안에 형성된 전분을 동화전분(同化澱粉; assimilation starch)이라고 하며, 이것이 당화되어 작물체의 다른 부분으로 전류하고 생활작용에 의하여 소비되며 그 나머지는 저장전분(貯藏澱粉; reserve starch)으로서 종자·괴경·인경과 같은 저장기관 안에 축적된다. 저장전분의 모양이나 크기는 작물의 종류에 따라 다르다.
2. 전분은 아밀로스(amylose)와 아밀로펙틴(amylopectin)의 2종의 다당류로 구성되어 있으며, 아밀로스는 물에 녹아서 확산용액이 되지만 아밀로펙틴은 물에 잘 녹지 않는다.
3. 다당류는 가수분해되면 다 같이 α-D-glucose가 생기지만 아밀로스는 단지 200~1,000개의 D-glucose 단위가 α(1→

4)글리코시드결합에 의하여 이루어진 직쇄중합체인 데 대하여 아밀로펙틴은 2,000~200,000개의 포도당 단위가 α(1→4)글리코시드결합에 의하여 이루어진 주연쇄(主連鎖)에 α(1→6)글리코시드 결합과 α(1→3)글리코시드결합에 의하여 생긴 여러 개의 분지로 된 측쇄를 갖고 있는 구조적 차이가 있다.

4. 식물체의 아밀로스와 아밀로펙틴의 양의 비율은 식물에 따라 다르지만 일반적으로 전체 전분함량의 70% 이상이 아밀로펙틴이다.

## 15 정답 ④

**※ R : FR 비와 발아**

1. 충분한 저장양분을 갖고 있는 큰 종자는 발아하는 데 광이 반드시 필요하지 않다.
2. 그러나 크기가 작은 종자들은 광이 없는 조건에서 발아하면 광에 도달하기 전에 저장양분의 고갈로 죽게 될 것이다.
3. 빛이 도달하기 힘든 깊이에 종자가 파묻혔을 경우에는 발아에 필요한 다른 모든 요건이 충족되더라도 발아하지 않고 휴면상태를 유지한다.
4. 뿐만 아니라 종자들이 토양 위에 노출되더라도 초관에 의해 그늘이 심할 경우 이들 종자는 이러한 광 환경을 감지하여 발아를 조절한다.
5. 즉, 원적색광 비율이 높아지면 발아는 저해된다.

## 16 정답 ②

**※ 복합단백질**

자연계에는 단순단백질 이외에 단백질 부분과 비단백질 부분이 결합한 복합단백질(複合蛋白質; conjugated protein)이 있다.

1. 핵단백질(核蛋白質; nucleoprotein) : 핵단백질이 가수분해되면 단순단백질과 핵산이 생성된다.
2. 당단백질(糖蛋白質; glycoprotein) : 당단백질은 보결분자단(補缺分子團; prosthetic group)으로서 소량의 탄수화물을 함유하는 단백질이다. 세포벽에 존재하는 엑스텐신(extensin)과 많은 수의 효소들이 이에 포함된다.
3. 지질단백질(脂質蛋白質; lipoprotein) : 지질단백질은 레시틴(lecithin)이나 세팔린(cephalin)과 같은 지질을 보결분자단으로 함유하고 있으며, 세포벽, 핵, 엽록소의 라멜라 등에 존재한다.
4. 색소단백질(色素蛋白質; chloroprotein) : 색소단백질은 플라빈단백질과 광합성복합단백질 등을 포함한다. 모든 색소단백질은 보결분자단으로서 색소기를 갖고 있다.
5. 금속단백질(金屬蛋白質; metalloprotein) : 활성제로서 금속을 요구하는 여러 가지 효소가 이에 속한다.

## 17 정답 ②

지방산 합성에는 acetyl-CoA carboxylase(ACCase)와 fatty acid synthase(FAS)가 관여한다. 반응산물은 보통 포화지방산인 팔미트산과 스테아르산이지만, 스테아르산의 양이 2~3배 많다.

긴사슬 지방산이 합성되면 사슬연장과 불포화 및 변형 반응이 진행된다.

ACCase와 FAS는 색소체의 내강에 존재하나 지방산 신장효소(fatty acid elongase)는 소포체의 막에 결합되어 있다. 지방산 불포화효소(fatty acid desaturase)는 보통 색소체의 막에 존재하나 예외적으로 일부 효소는 내강(內腔)에 존재한다.

지방산의 생합성은 아세틸-CoA를 전구체로 이용하여 탄소 2개를 아실기에 첨가하는 반응을 일반적으로 아실기의 탄소가 16개 또는 18개가 될 때까지 반복적으로 진행하는 과정이다. 식물에서 지방산의 생합성은 색소체에서 진행되며, 진행과정은 대장균에서와 유사하다.

## 18 정답 ②

**※ 저장 중인 종자의 수명**

| 구분 | 수명(년) | 발아율(%) | 구분 | 수명(년) | 발아율(%) |
|---|---|---|---|---|---|
| 아스파라거스 | 3 | 60 | 양파 | 1 | 70 |
| 비트 | 4 | 65 | 호박 | 4 | 75 |
| 브로콜리 | 3 | 75 | 시금치 | 3 | 60 |
| 당근 | 3 | 55 | 토마토 | 4 | 75 |
| 배추 | 3 | 75 | 수박 | 4 | 80 |
| 오이 | 5 | 80 | 무 | 5 | 75 |
| 가지 | 4 | 60 | | | |

## 19 정답 ③

**※ 수동적 수송**

1. 무기양분이 세포막을 통하여 흡수되는 방법에는 전기화학적 퍼텐셜의 차이에 의하여 무기양분이 퍼텐셜이 높은 곳에서 낮은 곳으로 확산되는 수동적 수송(passive transport)은 수송관단백질과 운반체단백질이 담당하고, 에너지를 소모하여 퍼텐셜이 낮은 곳에서 높은 곳으로 이동되는 능동적 수송(active transport)은 펌프가 담당한다.
2. 수동적 수송에는 산소·물·이산화탄소 등과 같이 인지질2중층을 통하여 단순히 확산되는 것도 있지만, 무기양분은 인지질을 투과할 수 없으므로 수송관과 운반체를 통하여 확산된다.
3. 수송관은 입구의 크기와 내부의 전하에 의하여 통과할 수 있는 이온이 결정되므로 이온화된 무기양분을 선택적으로 흡수한다. 이와 같이 수송단백질은 각 이온에 대한 특이성

이 있어 다른 이온을 투과시키지 않는다.
4. 예외적으로 K+ 수송단백질은 K+를 우선적으로 투과시키지만 Rb+, Na+도 투과시켜 흡수에 경합을 보인다.
5. 운반체를 통하여 무기양분이 확산될 때에는 에너지를 소모하지 않지만 단순확산보다는 확산속도가 훨씬 빠르므로 이를 촉진확산(facilitated diffusion)이라고 한다.

## 20 정답 ③

**✽ 광의 파장과 발아**

1. 광의 파장과 발아와의 관계는 광발아종자인 상추로 자세히 연구되었는데, 암조건 하에서 상추 종자에 물을 흡수시키고 수초 동안 광을 쬐면 어두운 곳에서도 발아하게 되는데, 그 반응성 정도는 사진건판의 민감도만큼 예민하다.
2. 여러 영역의 광파장에 대한 효과를 보면 520~700nm는 촉진적으로 작용하며, 그중에서도 660nm(적색광)에서 촉진효과가 가장 크게 나타난다.
3. 반면, 420~520nm와 700~800nm에서는 억제현상이 나타나며, 특히 730nm(원적색광)에서 억제효과가 가장 크게 나타난다.
4. 양상추 종자의 발아는 단시간의 적색광 조사에 의하여 촉진되며, 이 적색광에 의하여 촉진된 효과는 뒤이어 조사한 원적색광에 의하여 소멸된다. 이 현상은 수없이 반복되는 전형적인 '광가역성 반응'이라는 것이 밝혀졌다.

## 저자 김동이

- 고려대학교 생명산업과학부 졸
- 고려대학교 대학원 원예생명공학과 졸
- 前, 농촌진흥청 산하 원예연구소 연구원
- 現, 지안공무원학원 농업직 전임강사

## 저서

- 김동이 조림학(도서출판 탑스팟)
- 김동이 임업경영학(도서출판 탑스팟)
- 김동이 재배학(도서출판 탑스팟)
- 김동이 식용작물학(도서출판 탑스팟)
- 재배학 동형모의고사 500(도서출판 탑스팟)
- 식용작물학 동형모의고사 400(도서출판 탑스팟)
- 작물생리학 동형모의고사 300(도서출판 탑스팟)
- One pass 종자기능사(도서출판 탑스팟)

---

### 작물생리학 동형모의고사 400제

**편 저 자** | 김 동 이
**발 행 인** | 박 태 순
**발 행 처** | (주)지안에듀
**주　　소** | 서울특별시 동작구 노량진로188, 3,4층(노량진동)
　　　　　　 Tel : 02) 816-1724
　　　　　　 Fax : 02) 816-1721
**홈페이지** | www.zianedu.com

**초판발행** | 2024년 07월 01일
**정가** | 18,000원

ISBN : 978-89-6611-224-1 (13520)
등록번호 (제2005 - 000043호)

※ 본서의 무단전재 또는 복제행위는 저작권법 제97조의5에 의하여 5년 이하의 징역 또는 5천만원 이하의 벌금에 처하게 됩니다.

본서에 관한 의문점은 홈페이지에 오셔서 자료실 또는 저자와의 대화코너를 활용하십시오.